安全技术大系
SECURITY

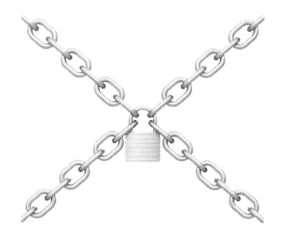

System Assurance: Beyond Detecting Vulnerabilities

系统安全保证
策略、方法与实践

Nikolai Mansourov　Djenana Campara　著

莫凡　赵见星　杨勇　莫非　译

U0350164

机械工业出版社
China Machine Press

本书由国际对象管理组织（OMG）KDM 分析部门 CTO 和 CEO 共同执笔，美国国土安全部、国家网络安全部、全球网络安全管理组的软件质量保证总监鼎力推荐。

全书用系统化方式描述了软件系统的安全保证方法，充分利用了对象管理组的软件安全保证体系标准，最终形成一个综合系统模型用于系统的分析和证据收集。主要内容包括：第一部分（第 1~3 章）介绍网络安全基础知识，以及对象管理组的软件安全保证体系。第二部分（第 4~7 章）介绍网络安全知识的不同方面，以建立网络安全论据，包括系统知识、与安全威胁和风险相关的知识、漏洞知识，还描述了网络安全内容的新格式，即机器可识别的漏洞模式。第三部分（第 8~11 章）介绍对象管理组的软件安全保证体系的协议，包括通用事实模型、语义模型、业务词汇和业务规则语义标准，以及知识发现元模型。第四部分（第 12 章）通过一个端到端的案例研究来阐释系统安全保证方法、综合系统模型和系统安全保证案例。

本书内容广泛，系统性强，适合信息安全领域的研究人员、技术开发人员、高校教师等参考。

System Assurance：Beyond Detecting Vulnerabilities
Nikolai Mansourov, Djenana Campara
ISBN：978-0-12-381414-2

本书版权登记号：图字：01-2011-6598

图书在版编目（CIP）数据

系统安全保证：策略、方法与实践/（俄）曼索洛夫（Mansourov，N.）等著；莫凡等译 . —北京：机械工业出版社，2012.6
书名原文：System Assurance：Beyond Detecting Vulnerabilities
ISBN 978-7-111-38860-9

Ⅰ. 系… Ⅱ.①曼… ②莫… Ⅲ. 信息系统 – 安全技术 Ⅳ. TP309

中国版本图书馆 CIP 数据核字（2012）第 130798 号

机械工业出版社（北京市西城区百万庄大街 22 号　邮政编码　100037）
责任编辑：吴　怡
三河市杨庄长鸣印刷装订厂印刷
2012 年 9 月第 1 版第 1 次印刷
186mm×240mm · 16.25 印张
标准书号：ISBN 978-7-111-38860-9
定价：69.00 元

凡购本书，如有缺页、倒页、脱页，由本社发行部调换
客服热线：（010）88378991；88361066
购书热线：（010）68326294；88379649；68995259
投稿热线：（010）88379604
读者信箱：hzjsj@hzbook.com

译 者 序

　　这不是本轻松的书，无论是对于读者还是译者，都不轻松。最大的难点，不是它谈及的知识，不是它引用的术语，而是它站的角度。不同于其他介绍安全技术的书籍，本书的视野相当开阔，高屋建瓴地指点安全工作可能涉及的每个环节。如果作者的本意是想把安全工作从刺刀见红的战术层面提升到运筹帷幄的战略层面，从各有异同的实践中抽象出广泛适用的理论，那么，他成功地做到了这一点。但是要理解一套理论，显然比掌握一门技术需要更多的思考和精力。

　　我们学习安全技术，总是爱问一个问题：哪款工具最好用？我们总爱幻想掌握那么一款工具，能够一劳永逸地解决所有问题。市面上大多数安全类书籍也迎合了这一需要，对一款或者一类工具进行介绍，当然，其中也不乏优秀者，字里行间不经意就流露出丰富的实战经验，只是我们读着读着，很容易就只见树木不见森林。

　　安全技术领域包含了方方面面，仅凭一款工具甚至仅靠一个高手来包打天下都是强人所难，单枪匹马行侠仗义的英雄年代已经过去，分工合作才是这个时代最基本的生存法则。"安全"二字今天已经进化成一条环环相扣互相依存的产业链，可能涉及不同的工具、不同的社区，如何组织它们最快、最好地达到不同的目的，也许才是更需要安全从业人员关注的问题。

　　本书最大的特点，正是将日常繁琐纷乱的各类安全事务进行概括抽象，根据目的的不同分门别类，又以流程为线索串连起来，让安全人员在跳入茫茫的具体而琐屑的事务海洋之前，能够理清头绪，明确目的，时时刻刻都能回答这样三个简单而为难的问题："我在做什么"、"我要做什么"以及"我需要做什么"，而不至于在扑面而来的大小事务中迷失了自己，空耗了时间和精力。

　　本书由莫凡、赵见星、杨勇、莫非共同承担了翻译工作，尽管我们在翻译时字斟句酌，但受限于时间和精力，以及自身的经验和视野，译文难免存在疏漏，恳请广大读者包容和不吝斧正。

序　言

公元 20 世纪末，《Time-Life》杂志将 Johannes Gutenberg 发明的印刷机评为第二个千年里最为重要的发明，这说明印刷机比其他发明更深刻地影响了人们的生活。麻醉剂和种痘技术的发明革新了医疗领域，汽车和飞机的发明增加了人们的活动范围，电灯的发明也触发了众多的社会变革，但这些发明都不如印刷机的发明对人类的影响大，因为印刷机的发明促进了文化更广范围地传播。

印刷机中可交换部件这一概念使得印刷出版具有了灵活性，并成为一场具有如此影响力的变革。很久以前，书都是手工抄写得来的，抄写一本书很可能花费一人一年的时间，显然，只有极少的书可以抄写出来并流传下来。Gutenberg 并没有发明印刷术或活字印刷，印刷术早在几千年之前就已经出现了，活字印刷也在一千年前就出现了。尽管是他把活字印刷引入西方并为活字印刷进行了机械化生产的改造，但是，他最重要的贡献在于将这些技术组合使用，并对社会的变革产生了深刻的影响。

本书的读者多为计算机从业人员，而计算机在《Time-Life》杂志列表上的排名远低于 Gutenberg 的印刷机，这一点儿都不奇怪，因为计算机只是在上个千年快结束时才出现的，那时它的影响才刚开始显现。那时我们只经历了计算机对人类产生影响的很小一部分，现在每天对计算机的使用都在迅速地改变着世界。但是，随着计算机快速的发展和革命性的改变，也出现了不少问题，比如：计算机可能被黑客入侵，我们所依赖的、以获得安全和隐私的代码也可能存在缺陷，使得代码并不是按照我们所预期的那样运行。

一些安全专家也在尝试使计算机更为安全。本书作者 Nikolai Mansourov 博士和 Djenana Campara 女士对 OMG 的软件质量保证体系所做的贡献，以及编写本书以便提供支持工作，为一场革命性的变革提供了基础，这场变革会改变软件如何决定和展示。基于这些知识，可以对软件获得更深刻的认识，并标识出潜在的漏洞。

OMG 的软件质量保证体系的主要优势是：以很多人开发的、并被广泛认可的标准为基础。这种基于标准的方法使得软件质量保证体系的组件可以与其他组件进行交换，这些交换可能是为了更高效地处理另一种编程语言。这种方法还使得组件之间可以进行交换，这与 Gutenberg 所发明的印刷机非常类似。人们正是使用这些组件构建了我们当今所使用的大多数产品。同理，由这个软件质量保证体系提供的可交换性，还能够从本质上改变如何在软件系统内标识缺陷并将其作为证据的方法。

软件质量保证（SwA）所基于的标准毫无疑问是至关重要的。贯穿于全书，本书作者详细地阐释了这些根本的标准，以及如何将它们组合起来以形成软件质量保证体系。对他们使计算变得更安全、更可靠方面所做的贡献致以崇高的敬意。

Larry Wagoner 博士

前　言

Claude Langton：我还没有听到任何关于谋杀的消息。

Hercule Poirot：你不会听到的。因为到目前为止，谋杀还没有发生。要知道，如果在谋杀发生之前就去调查，那么就可以阻止它。

　　　　　　　　　　　　　　　　　——阿加莎·克里斯蒂《波洛探案集：黄蜂的巢》

　　系统安全保证类似于侦探，因为侦探大部分时间都在外面搜集证据：采访潜在的证人，或者搜寻一个具有重要意义的"烟头"。搜集证据是至关重要的，证据驱动着调查，调查要遵循事实，而在进行侦探时还应该花些时间来计划如何进行调查。最后，证据要展示在法官和陪审团面前。

　　系统安全保证需要调查系统中的安全漏洞，漏洞是指系统中允许攻击者进行网络犯罪的弱点。系统漏洞可以是有意或无意植入系统中的，也可能是因为遗漏所造成的，甚至是因为存在设计问题的协议造成的。通常来讲，漏洞是跟某一特定种类的系统相关的，即某个系统中的漏洞在其他系统中未必成为漏洞。这正如我们教育孩子时，告诫他们不要跟陌生人讲话，而对于一个销售人员来说，同陌生人讲话是再正常不过的事情了。所以，漏洞是使得网络系统易于遭受攻击的地方，也是导致不安全的地方。

　　系统安全保证相当于在网络遭受攻击之前执行的取证调查。然而，系统安全保证需要搜集足够的证据，以得到一个综合的结论：该系统可防御某种类型的攻击。系统安全保证是确保我们的系统更加安全、更加可靠、可抵抗网络犯罪的一种方法。网络系统的安全风险是现实存在的，在一个新系统投入运行前，必须明白和承认这些风险。最后，广大用户需要明白并承认使用该网络系统的风险。所以，研发人员和公司需要对发布新的网络系统负责，而监管机构和广大用户是"陪审团"，公司需要向他们阐明系统的安全性。系统安全保证是建立清晰的、全面的、可防御的案例，以保证系统可以安全、可靠地运行，并且不存在漏洞。发布系统安全保证案例意味着开诚布公地与"陪审团"交流，解决他们所提出的尖锐问题，以此建立信任。

　　安全保证案例不是单单通过声明就能得到的，其可信度必须要有证据支撑。我们可以搜集很多东西作为证据来支撑关于系统安全性和可靠性的声明。但是不同的证据有着不同的证明能力，有些证据比其他证据更具有说服力。例如：某个著名专家声明"我相信这个投票机是安全的"，这很具有说服力。但是，另一个资深的道德黑客说："历经五天攻击，我也没能成功入侵这个系统。"这个声明可能更具有说服力。因为它是基于具体的、与所关心的系统直接相关的调查式行动得出的，而不是纯粹的专家意见。显然，第二个声明者对于所关心的系统更了解，这使得第二个声明比第一个更具有说服力。

　　表面上看来，防御方对于系统具有更深刻的认识，并在设计初期就考虑了安全问题以有效避免出现漏洞，从而得到一个健壮的系统。然而，防御方并不能面面俱到。有些系统由商业组件、遗留系统组件和开源组件组成，其安全性是未知的，这样混合得到的系统更加脆弱，易于遭受攻击而被破坏。所以，尽管在系统生命周期的初始阶段就开始考虑了系统的安全性，但系统仍然存在很多未知的缺陷，并且处于开发者的控制范围之外。况且，系统开发者并不能很好地预见会造成网络攻击的漏洞，因为他们缺乏攻击者的视角，即可以设计系统攻击的犯罪潜质。最后，系统知识的生命周期很短，随着开发者不断更换项目，对于之前的系统知识只会慢慢遗忘。所以，只有代码，甚至是机器码才是唯一可信的关于系统的知识。

黑客往往比我们更了解我们的系统，这一点我们必须要正视。优秀的黑客不断地研究我们的系统，并找到新颖的方法来入侵我们的系统。他们这样做一是为了好玩，二是为了利益。网络犯罪之所以成为人们讨论的焦点，是因为攻击者在成功入侵系统后，会将攻击方法在黑客之间共享，从而形成更大的犯罪圈。这些犯罪圈中的人则更关注利用这些漏洞来获取利益，而非乐趣。网络犯罪更为严重的是攻击者的规模可以很大，而又分散于世界的各个角落，跨越了国界。黑客们不仅共享攻击技术，还武装自己，编写很容易就可以使用的脚本，使得攻击成为可重复的、可支付的。而今利用我们系统中漏洞的恶意软件已经可以养活有组织的犯罪集团，而这些犯罪集团正在形成更大的犯罪产业。

攻击者和防御者都钟爱自动化的代码分析工具，用于检测系统漏洞。然而，事实上双方有根本的不同点：攻击者可以进行特定的或碰巧的漏洞检测，而这些方法却不适合于防御者，防御者需要系统地、精细地了解系统风险并设计安全机制。因此，我们应当把重点放在通过系统、合理地调查安全威胁来实现系统的安全保证上。

那么如何才能使得网络防御是系统的、可重复的和可支付的？解决之道在于采用综合治理方案：积累公共网络安全知识，建立自动化的工具来扩大防御者的优势，从而超越攻击者。建立这些协作性方案需要注意如下几个方面。首先，需要标准化的协议将用于处理现代复杂系统的分析工具组织起来。通常，一个公司或者安全研究人员所做的工作有一定的局限性，会使得解决方案有诸多限制、效率低下、方案折中。同时还需要一个支持互操作组件的更大市场，与使用乐高积木块类似，通过不同厂商的组件，组建强健的分析方案。其次，需要开发标准协议以支持网络安全内容的存储和信息交换。为了使得网络安全内容和漏洞知识是可重复的、可支付的，它们必须是机器可识别的，并且对于防御者是可用的。换句话说，对于安全保证来说，既要有工具组成的基本系统，还要有机器可识别的内容。

我们之所以将本书命名为《System Assurance：Beyond Detecting Vulnerabilities》，是因为系统的、可重复的、可支付的网络防御远远超出了漏洞检测方面的知识，此外本书还包括系统知识、风险和威胁知识、安全防护知识、安全保证论据知识，以及回答系统为什么安全的相应证据。换句话说，当检测到至少一个潜在漏洞并将其作为证据呈现时，就可以声明系统是不安全的。但是，如果没有检测到任何漏洞，就真的意味着系统是安全的吗？实际上并不是这样的。为了证明系统是安全的，还需要有力的证据，包括：工具被正确使用；在理解不同人编写的代码时，没有任何歧义；没有任何代码被落下，等等。系统安全保证工具远远超出了漏洞检测的范围，它还要包括提供证据以支持系统安全的声明。

我们被授权参加正在解决此问题的网络安全社区，其中，对象管理组（Object Management Group，OMG）是一个开放成员的非营利性国际计算机组织，目的是开发企业整合标准。本书介绍了对象管理组的软件安全保证体系（Software Assurance Ecosystem，SAE），这是一个发现、整合、分析、发布现存软件系统中事实的通用框架，它的基础是系统事实交换的标准协议，是对象管理组的知识发现元模型（Knowledge Discovery Metamodel，KDM）。业务词汇和业务规则的语义（Semantics of Business Vocabularies and Business Rules，SBVR）定义了安全策略规则和安全保证模型交换的标准协议。综合使用这些标准，网络安全社区就可以积累并发布机器可识别的网络安全内容，并实现系统保护的自动化。最后，安全保证论据已由对象管理组的软件安全保证案例元模型（Software Assurance Case Metamodel，SACM）定义为机器可识别的内容。我们描述了一个特有的系统安全保证方法，它充分利用了对象管理组的软件安全保证体系标准，最终形成一个综合系统模型（Integrated System Model），该系统是一个通用表示形式，用于系统分析和证据收集。

对象管理组（OMG）的软件安全保证体系的核心叫做通用事实模型（Common Fact Model，CFM），它是一个形式化的方法，为信息交换、通用 XML 交换格式和面向事实的整合建立通用词汇库。

本书涉及内容广泛。第一部分（第 1 ~ 3 章）介绍了网络安全基础知识，用于建立系统的、可重复的、可支付的网络防御解决方案，以及对象管理组创建软件安全保证体系的动机。接着讨论了系统安全保证的本质及其与漏洞检测的区别，并简要介绍了对象管理组的软件安全保证体系的标准。对象管理组的软件安全保证体系描述了一个端到端的方法，该体系综合了风险分析、架构分析和代码分析方法来建立一个完整的安全保证方案，该体系以 KDM 的面向事实的可重复的系统安全保证方法（Fact-Oriented Repeatable System Assurance，FORSA）为基础。

第二部分（第 4 ~ 7 章）介绍了网络安全知识的不同方面，以建立网络安全论据。这些知识包括系统知识、与安全威胁和风险相关的知识以及漏洞知识。最后，描述了网络安全内容的新格式，即机器可识别的漏洞模式。在描述网络安全知识时，我们使用业务词汇和业务规则的语义（SBVR）来概述通用网络安全词汇，而这些词汇由通用事实模型和 SBVR 标准开发生成。

第三部分（第 8 ~ 11 章）介绍了对象管理组的软件安全保证体系的协议。首先，介绍了通用事实模型（CFM）方法的细节。然后，描述了业务词汇和业务规则的语义（SBVR）标准。最后，介绍了知识发现元模型（KDM）。读者可以通过阅读规范来了解更多的对象管理组标准。

第四部分（第 12 章）通过一个端到端的案例研究来讲解系统安全保证项目的某些部分，以阐释第 3 章所定义的系统安全保证方法（System Assurance Methodology，ASM）、综合系统模型和系统安全保证案例。

本书还包括一个在线附录[⊖]，详细地介绍了如何使用综合系统模型为安全保证案例收集证据。附录是针对技术人员的，并包括了 KDM Analytics 中 KDM Workbench 工具的截图。这也是没有将该部分材料作为本书主要部分的原因。

本书主要面向以下读者：希望更详尽地理解系统安全保证是什么，如何证明一个系统的安全状况，及如何进行综合安全评价；希望了解基于架构的安全评价过程、建立系统安全保证案例和搜集系统安全证据的安全专业人员。

⊖ 本书英文网站是：www.books.elsevier.com，本书英文书号为 ISBN 978-0-12-381414-2 可上网查询该附录。也可从华章网站下载：www.hzbook.com。——编辑注

　　安全专业人员在阅读本书后可以熟悉标准的系统安全保证方法。本书还可以引导读者了解对象管理组的知识发现元模型、通用事实模型和相关标准，这有利于建立支持互操作的解决方案，充实网络安全内容，并通过多个工具厂商来形成解决方案。对象管理组软件安全保证体系中越来越多的组件成为开源项目，这对于大学里的安全研究人员、开源软件开发人员具有相当大的吸引力。

　　本书对安全保证研究实验机构也很有价值，因为本书提供了将多种商业工具整合为一个功能强大的、高度自动化的评价方案的蓝图，在这个整合过程中，知识发现元模型（KDM）和通用事实模型（CFM）发挥了巨大作用。

　　安全工具厂商也可以从本书学习如何通过简单的导入导出以插入端到端的方案，从而利用安全体系，并扩大产品市场份额。

　　接受系统安全服务的用户可以从本书受益。除了获得更好、更便宜、更快、更综合的系统安全评估外，还可以了解并非由清晰的、具有说服力的论据所支持的漏洞检测的缺陷。

　　系统设计相关人员也可以从本书受益，本书可以帮助理解开放标准的、协作式网络安全的架构。这样就可以选择最好的工具来满足要求，并要求厂商开发额外的功能，使得工具开发厂商和安全研究人员能够高效地协作。在网络攻击面前，这对于做好安全工作至关重要。

目　　录

第 1 章
为什么黑客更了解我们的系统

我们生活在充满规则和风险的世界里。
　　　　——Clifton A. Ericson Ⅱ，"Hazard Analysis Techniques for System Safety"

纵观历史，每一个技术的进步，必然成为攻击者的目标。
　　　　——David Icove，"Computer Crime"

1.1　网络操作的风险

为实现网络空间中的高效操作，在提供灵活的面向服务的用户体验的同时，组织机构需要保持敏捷、可移动和健壮性。这一目标的实现严重依赖于基于 Web 和 Internet 的服务技术，这些技术能达到系统间自动化端到端的无缝信息交换和全自动化、24/7 无人值守操作，使得组织机构和客户的协同工作成为可能。然而，随着信息交换能力的增强，安全、隐私和监管等方面出现了新的问题和挑战。

随着全球范围内的网络互联和服务日趋普及，例如目前大量金融和商业交易都是基于网络的，网络犯罪也发生了显著转变 [Icove 1995]。开始由好奇心驱使的、以信息自由为目标的单个黑客行为，向高级的、跨国的、有组织的犯罪转变，这些罪犯通常为了经济利益而进行大规模的在线犯罪活动。在过去的三十年中，黑客已经积累了大量网络攻击的方法。根据澳大利亚议会发起的网络犯罪调查报告 [Australia 2010] 表明，网络犯罪"已经形成行业规模，成为一个日益重要的全球性社会问题"。

此外，网络战也成为 21 世纪战争不可忽视的战场。新世纪的战场不仅包括玉米田、沙漠、山路和松树林等物理空间，还包括由信息高速公路组成的网络空间，以及背后支持的计算机、移动电话、光纤、双绞线、各种网络设备和电磁频谱 [Carr 2010]。这些设备涵盖了国家关键基础设施和企业信息系统，以及所有商业和家用桌面台式机和笔记本电脑。关键基础设施由国家核心产业部门和日常民众所依赖的基础服务设施组成。国家核心产业部门包括化工、电信、银行、金融、能源、农业和食品等；基础服务设施包括水、邮政和运输、电力、公共健康和紧急服务及运输。每个组成部分都极其复杂，并在一定程度上依赖于其他组成部分。

网络空间和物理空间越来越交织在一起，并均由软件控制。每个系统都对安全和保障措施施加影响，并均有其独特设计和独特系列部件组成。此外，它们还包含内在固有的灾害风险。因此，我们经常需要在可能出现的风险和得到的系统效益之间进行权衡。当开发和构建系统时，我们就需要关注如何消除和降低灾害风险。安全服务需要无缝集成到新环境，以协助民用企业管理者和军事指挥官认识到由 Web 和 Internet 服务活动带来的信息安全威胁、计算残余风险，并采取适当的安全应对措施以维持秩序和控制。一些较小风险可以很容易地接受，而巨大风险需要立即处理。目前，安全问题已经引起世界足够的重视，但随着对 Web 和 Internet 服务的依赖加深，依靠传统的认证过程依然不能缓和所产生的安全问题。虽然，判断信息是否可信仍然很重要，但验证该信息是否存在与威胁相关的活动，已成为必要的检验措施之一。

开发有效的方法，用以验证系统是否如预期运作、信息是否足够可信、是否没有与威胁相关的活动是实现系统安全保证、防止当前和未来攻击的关键。

OCED/APEC 在 2008 年报告中提到，OECD 国家和 APEC 经济体中政府、企业和个人对于恶意软件威胁越来越重视。由于政府依靠互联网为公民提供服务，在信息系统安全及恶意人员的网络攻击和渗透方面面临更为复杂的挑战。公众也需要政府能够阻止和保护消费者免受在线威胁的侵害，如身份盗取等。过去五年中，使用恶意软件攻击信息系统的案例急剧增加，如收集信息、窃取金钱和身份、甚至拒绝用户获得基本的电子资源等。值得注意的是，这些案例表明，恶意软件具有干扰大型信息系统运作、修改数据完整性、攻击某些信息系统（主要用于监控和操纵关键基础设施的主要系统）的能力［OECD 2008］。

1.2　黑客屡次攻击成功的原因

黑客似乎更了解我们的系统。这听起来十分奇怪。我们的设计人员、开发人员、实施人员、管理人员和维护人员，不具有"主场优势"吗？但黑客依然能不断发现新的、能够控制我们系统的方法。每周有新的安全事故被报告，而软件厂商则为自己的产品发布补丁来解决安全事故。整个安全行业看起来像是为了赶上黑客，希望"好人"会比"坏人"更快发现漏洞，以便软件开发商能在发生安全事故之前修补系统。

现在我们假设"漏洞"是由特定系统的错误知识组成，这些错误可以使得黑客未经授权访问系统，甚至以更加恶意的方式访问系统。这些错误主要由以下原因造成：人为错误、糟糕的需求规格说明和开发过程、快速变化的技术和对威胁认知的不足，也有些错误是通过供应链故意引入的，并由于不当的开发和获取过程而进入了已交付的系统。相对于传统系统安全工程，业内人士认为在系统生命周期内，一定成本和时间限制下无差错，无故障和无风险的操作通常是不可实现的［ISO15443］。

那么，为什么攻击者比系统开发人员和防御者更了解我们系统呢？因为他们能高效地发现我们们的系统信息，并通过其社区进行分发。黑客怎样发现这些信息？黑客坚持不懈地学习我们的系统，并找出新的攻击方法来攻击系统。一些黑客对所攻击的系统具有访问整个系统开发过程的优势，甚至有实际使用系统的信息。黑客研究以非法或合法手段获取的源代码，特别是对基于网络的关键专有系统。同时，黑客也学习机器代码，或者通过交互（该过程无需了解源代码）了解该系统。黑客的优势在于：

- 现实中系统往往基于现有商业系统组件，包括一小部分基本的硬件和软件平台；
- 时间的灵活性。黑客可以在不受时间限制的情况下分析我们的系统，即使该分析过程可能极其耗时；

- 遗留系统的脆弱性。绝大多数系统依然采用的是原始的、缺乏安全预防措施的遗留系统。

然而，使得攻击者更高效的主要原因是广泛的知识共享。这也是防御者重点关注的方面。现在，我们来看看黑客知识共享是如何完成的。

攻击者知识和能力各不相同，每个攻击者都比防御者和系统开发人员更了解我们系统，是比较夸张的说法。在攻击者社区，每个人拥有不同的技能，并扮演不同的角色。这些人包括少数资深的安全研究人员（称为"精英黑客"），以及大量熟练的攻击者（称为"脚本小子"）。然而，攻击者社区作为一个志同道合的群体，在通过计算机交流和社交网络共享知识方面是十分高效的。事实上，早期黑客往往开始于对计算机新技术的热情和网络交流。借此，攻击者能够迅速积累足够的所攻击系统的知识。此外，也有专门人士将攻击理论知识转化为攻击脚本或工具，这使得攻击知识更具实用性，并且这些工具在攻击网络系统的过程中，确实起到了重要作用。而理论知识转化为自动化攻击武器并不需要复杂的技术技能。攻击者不仅分享他们的知识，也分享其工具和"武器"，这些对想发动攻击的个人来说都是可以获知的。这导致一个高效攻击系统的诞生，它放大了少数资深黑客的能力，并培养了大量虽缺少专业技能，但有足够犯罪动机的攻击者。黑客所做的事情，可能并不具备系统性，但他们成功地将黑客知识产业化。

大部分现代攻击武器都是恶意软件。援引早些时候的 OECD 报告 ［OECD 2008］，恶意软件是插入信息系统的软件，用于影响本系统或其他系统，或使系统无法按使用者的意图来使用。恶意软件可以获得信息系统远程访问权限、在用户没有察觉的状态下记录并向第三方发送数据、隐藏信息系统被入侵事实、取消某些安全措施、破坏信息系统，甚至影响数据和系统的完整性。恶意软件依据不同类型，通常分为病毒、蠕虫、木马、后门程序、按键记录程序、Rootkits 或间谍软件。恶意软件通过缩小发现软件产品漏洞和利用该漏洞的时间间隔，提高了网络攻击的可重复性，降低了当前安全技术和其他防御措施的有效性。

防御者社区成员所掌握的技能也有很大的差别，从精英安全研究人员（有时很难将其与精英黑客之间进行区别）到普通家用电脑使用者对安全技能知识的掌握有明显差距。然而，防御者社区由于为保持竞争优势、扩张市场空间、增强产品功能等原因设置了各种障碍，无法有效进行知识共享。

1.3　网络系统防御的挑战

网络系统安全防御涉及安全风险分析、漏洞管理、增加安全防御措施和事故响应。理解这些内容的基础涉及以下知识：1）什么是安全防御；2）安全防御对象是什么；3）需要防护的漏洞是什么；4）需要采取怎样的安全防御措施。安全防御贯穿系统的整个生命周期。采用更好的安全工程以开发更加安全的系统是长期战略，而网络防御社区也需要对已经存在的系统进行防御，增加一些防御措施，包括对当前系统打补丁、增加安全组件、完善安全规程、改善配置策略和安全培训等。

1.3.1　理解和评估安全风险的难点

多年来行业和防御机构已经开发出评估和度量系统安全态势的方法，这些方法可以分为内部方法和第三方方法。虽然对评估内容和期望结果的理解和记录已经取得重要进展（例如通用标准［ISO15408］），但缺乏有效的方式将这些评估方法组合起来应用到实际工作中。目前，希望（或有希望）认证其软件系统安全性的厂商，受到"越少越好"口号影响，即以较少的安全评估需求，增加其通过评估的机会，并且整个评估过程也更快、成本更低。这也是某些高健壮性需求的系统，没有被评估的一个关键原因。

理解和评估网络中风险是一件非常有挑战性的任务。曾经整个行业都在试图破解这一挑战，也正是由于这个原因，通过检查整个生命周期中系统和开发管理，以及系统的复杂性，来理解这一挑战的影响是十分重要的。同时，检查关键开发趋势及其管理手段，可以帮助理解安全评估方法所必须覆盖的领域。

随着新技术和新特性的引入，导致软件快速演化，对复杂网络系统和自治软件组件引入更高层次的复杂性，都使得系统日趋复杂。

1.3.2 复杂的供应链

目前，大多数软件开发的发展趋势，都使得对系统安全态势的评估更加困难，使得用于开发和获取软件的过程和软件存在弱点。一些主要软件开发趋势包括：

1）由于严重依赖 COTS 和开源产品，软件开发更受全球化影响。这主要是由于现代软件开发和供应链支持逐渐向世界范围扩展。快速生产低成本系统的趋势最初看起来很好，对于部署了这些系统的商业应用来说，很快将面临一场噩梦。由于使用外包，来自国外的开发人员和未经评估的国内供应商，或者使用一些廉价的、仅关注功能而不考虑抗攻击性的供应链组件，这些都增加了暴露漏洞和遭受攻击的风险。由于这些原因，评估系统安全态势比评估软件应用更难，这需要评估软件供应链、开发过程、开发团队的资质，以解决针对颠覆软件供应链和内部人士攻击的不断增长的关注。

2）升级遗留系统。大量有用的、已部署的、可运行的遗留系统是在较低安全需求下开发完成的，但这些旧的软件系统依然有巨大的商业价值。因此，通过维护来延长其使用寿命是很有必要的，同时还有必要提高其适应新市场需求和政府法规的能力。现有系统变得更加庞大和复杂，并侵蚀原有的设计原则，这影响了对系统的理解，破坏了系统的完整性，降低了产品的可维护性。随着时间推移，问题也更加突出，系统更容易发生缺陷，升级也更加困难。在这种情况下，任何试图增加安全代码来解决安全问题的操作，都将导致修改大量数据，并可能触发组织业务新的不可预见风险。但这些昂贵的高风险方法从未付诸实施，反而是经常见到引入很多快速修复程序，其中包含了很多捷径，并且很少检查其中可能存在的薄弱环节。为回应对安全的恐慌，新功能通常"塞进"到现有架构，这也使得系统安全大打折扣。所以最大的问题是："怎样评估这样一个系统的安全态势？"

3）另一个主要趋势是加速迁移到网络环境和面向服务的架构。因此，评估必须保证软件组件在没有监管情况下的交互是可信的。通常系统安全保证涉及以下几点：

- 不遵守开放标准和协议。复杂的协议被认为是过分的和多余的，因此，改变一些步骤在当时看起来很好，虽然可能不影响正常运作，但肯定会危及协议提供的安全保障。
- Web 服务配置文件导致的漏洞。Web 服务设计目的是为应用平台提供更多的灵活性。但是，由于这也可能由于复杂的服务文件配置，导致服务中存在漏洞，给系统安全带来新问题。

- **软件漏洞。**大多数情况下，原先不为网络环境设计的遗留软件，迁移到以网络为中心的系统时，很容易出现大量的代码漏洞，这使得整个系统更加脆弱。

1.3.3 复杂的系统集成

"特定系统的复杂性基本上和根据部分系统性质预测整个系统性质一样艰难。" ［Weaver 1948］。这极大地影响了评估方法，并应该作为风险评估和管理中的重要组成部分。

我们都认为，当前软件系统将变得更加庞大和复杂。软件开发项目很少从零开始启动，现今的大多数代码都基于现有功能的维护和增强。通常，在现有代码库上增加的新特性或功能，本身就很复杂庞大，它不可避免地与原设计有冲突，引入错误信息。此外，市场整合过程中，对于网络系统中组件的合并和调用，也是一种挑战。因为这使得原有系统更加庞大、复杂且更难以理解。系统结构包括相互连接的软件组件，这些组件通常用不同的方法、技术，并在不同的制约因素和假设条件下开发。同时，这类系统的文档没有及时更新，而且可用信息往往基于判断且难以获得。唯一可信且及时更新的内容是源代码本身。然而，理解系统源代码也十分困难，因为系统经常不加控制地使用多种编程语言，不同的开发人员编码风格也不一样，这也会降低对软件架构控制的力度，导致对初始系统架构理念的侵蚀，更增加了系统的复杂性。这是评估工作应当揭露的重大潜在安全缺陷的根源。

1.3.4 系统评估方法的局限性

大多数系统评估主要侧重于评估开发过程和产品文档，而较少关注正式构件。并且存在侥幸心理，很少进行正式的安全分析。开发过程提供了开发系统的结构化方法，而正因为此，极大地影响系统安全态势。这也为证实系统安全提供了切入点。以下介绍一些主要评估方法：

- **获取非正式评估信息：**评估信息通常通过访谈和文件样本收集来获得，这些资料提供的结果是比较客观的，故不可能重复。
- **非最新文档：**产品文档，即使保持最新，通常是手动生成并进行人工审核。因此，这类资料带有主观性，并不能完全反映已实现系统构件的属性。
- **获取的信息和系统构件之间缺乏可追踪性：**获得的信息通常不能很好地与系统构件进行"关联"。因而，不能找到系统中存在的漏洞，也不能为安全态势的改善提供建议。

系统开发通常遵循以下开发模型：瀑布模型、迭代模型（例如敏捷、快速应用开发（RAD）、能力成熟度模型（CMM）、模型驱动架构（MDA））和一些自定义过程。这些模型除了提供结构化方式来开发产品外，也提供建立多阶段可追踪性的框架，该框架是通过将高层次策略与目标，需求、设计规格说明（文档或原型形式）以及系统构件实现相结合来实现的。一旦产品开发完成，该框架就以在需求和相应实现之间建立跟踪痕迹的形式融入项目。但正因为其可追踪性，阻碍了自动化评估方法的开展。因此对系统构件的正式分析，既不能整个忽略，也不能在特定场合下用代价高昂的手工开发应用来代替。这两种方法都涉及软件供应链和开发团队构成。

最近，随着白盒漏洞测试和黑盒漏洞测试领域新技术的发展，使得对软件和网络系统进行自动化安全测试成为可能。这对检查现有系统构件是很强大且代价很低的一种方式，但结果不足以完全证明系统的可信度。这与这些技术在商业工具上的实现方式，以及应用这些工具的系统有关。接下来，将介绍关于这些技术和工具的更多细节。

1.3.5 白盒漏洞测试的限制

有两种类型的安全测试方法：白盒测试和黑盒测试。

白盒测试基于直接从代码（源代码或二进制）推导系统内部知识。白盒测试是软件测试一部分，侧重于关注不同输入对应的输出。其测试目标为特定结构、声明、代码路径和代码段。有一种用于产品安全的白盒漏洞测试技术称为静态分析，该技术已经在商用源代码和二进制代码分析工具上。这项技术承诺被测系统的代码路径覆盖率达到100%。然而，实现该技术的工具，在证明系统完全可信度方面存在以下几个漏洞：

1. 工具不提供完整系统覆盖

不同测试工具提供了一些专有或受限制的功能，而且每个工具提供的功能都只是企业需求的一部分。这使得为完整评估系统安全性，需要组合使用多种静态分析工具来增强评测效果，从而避免每种工具的弱点。最近 NSA［Buxbaum 2007］对静态分析工具比较研究的结果表明："如果组织想进行自动化软件漏洞测试过程，只能部署多种工具。"由于源/二进制代码分析工具互操作性不强，针对特定语言、平台和技术而言，在评估、选择和集成提供足够覆盖率的工具时，需要的技术代价较高。由于漏洞报告没有必要考虑模式和漏洞产生条件，因此，对同一漏洞不同工具的报告有可能不同。例如，缓冲区溢出漏洞的证据分散在整个代码中：涉及缓冲区写操作、数据写覆盖、缓冲区分配、甚至在缓冲区长度计算时。通过应用的特定输入，攻击者执行特定代码路径后，就可以利用缓冲区溢出漏洞。此外，缓冲区溢出也可能由其他问题引发，如整数溢出。所有这些证据都被在一个单独的缓冲区溢出报告中列出，并用相似的词汇表和结构来报告，这种情况下，如果无法使用一个通用的报告标准，很难将不同探测工具报告的漏洞合并起来，也就不能对整体报告质量做出重大改进。由于缺乏互操作性和通用词汇表，我们面临以下困难：1）选择被多个工具报告的漏洞；2）对给定的漏洞，评估整个系统中存在类似模式漏洞的覆盖情况；3）用多种工具测试时，获取系统测试覆盖率。

2. 理解系统时缺乏辅助

漏洞检测工具在评估实施时，并不能帮助团队理解系统。因此，评估团队须对系统可信度要有大致理解，并检查那些特定评估系统的漏洞，这些知识是通过现有漏洞检测工具无法获得的。

静态自动化分析工具遍历代码，对其进行解析及分析，并搜索特定漏洞模式，结果将通过报告呈现。作为过程的一部分，分析过程也产生大量的系统细节知识，因为查找漏洞需要对系统结构、控制流及每个应用的数据流有更细粒度的理解。一旦生成报告，这些细节方面的信息也就没有了，不能被系统下次分析重复使用，也不能用于辅助评估团队理解系统。分析结果仅提供漏洞列表。这和编译过程一样，编译器生成大量系统的细粒度信息，但一旦生成目标文件，这些信息就被丢弃。

不过，坚持重现和积累这些系统知识的做法，对于安全评估的成本有效性和系统性有关键作用。因为不仅是所有具有代码分析能力的工具需要共享这方面信息，而且由于系统的基础知识不同，将导致生成的报告也有很大差异。

漏洞利用是一个复杂的现象，所以同一漏洞可能有多种报告方式。漏洞检测行业的工具还不成熟。虽然有些组织正在为此努力，但到目前为止，依然没有标准化漏洞命名方式或通用的报告样式。

举一个特定漏洞检测能力的例子，例如采用集成系统评估模型"数据源"进行多阶段漏洞分析，具体过程如下：

- 首先，在原有的漏洞分析基础上，增加额外的评估证据。这通常不是现有工具能完成的。这些评估证据大多来源于人、过程、技术和系统所处的评估环境。此外，在大多数情况下，自动漏洞检测结果，往往需要手工代码评审或正式模型的评估来证实。
- 其次，在自动化工具查找出的现有漏洞和给定的具有独特安全功能需求和威胁模型的系统之间存在一定的区别。通常，在自动化工具没有足够输入来检测漏洞时，就需要采用上述分析方法。额外漏洞分析所需要的输入和原分析类似。这方面的知识可能包括具体的系统环境，如应用运行的软件和硬件环境、威胁模型、具体系统架构及其他因素。
- 再次，扩展系统安全保证还需进行额外分析，如架构分析、软件复杂性指标或渗透性（黑盒）测试等。

为了获得安全的应用，软件评估团队需要将现有漏洞检测能力和工具，进行点到点的集成。由于该集成十分艰难，实际上，很少有机构或组织采用这种方法。

3. 太多的误报和漏报

在代码综合分析方面，有一些基本障碍，限制了漏洞检测工具的功能，导致了这些工具的误报和漏报。为了进行计算分析，所有系统组件都应加以考虑，这些组件包括：应用代码、运行时平台和所有运行时服务、运行时框架提供的关键控制流和数据流之间的关系、通过应用代码进入运行时平台和服务并返回应用代码的计算流。由于应用代码通常使用多种语言编写，大多数情况下，工具并不提供计算的充分流程图。因为某些片段的流程由运行时平台决定，而且对应用代码来说是不可见的。例如，大多数的控制流关系在应用代码不同活动之间是明确的（如连续的语句或过程调用），也有一些控制流关系在代码中不可见，例如，应用代码利用运行时框架（例如事件句柄和中断句柄等）注册特定事件的回调函数，其初始化过程也由运行时框架完成。由于缺乏这种明确的关系，这些系统信息并不完整，导致报告中出现大量的误报和漏报。由于使用这些评测工具，当不知道误报数量时，产生的漏报也惊人的高。在这种情况下，识别报告中正确结果也变得十分困难，从而限制了这些工具的使用。为避免错误的报告结果，一些工具对一段时间内不能完全分析的潜在漏洞，直接予以忽略。

1.3.6 黑盒漏洞测试的限制

黑盒测试也称为动态测试，旨在观察系统特定操作的行为，它由外到内测试目标功能需求，测试活动包括模拟恶意攻击的专家。测试者可以利用工具，简化针对所有弱点、技术错误和漏洞的系统动态测试。当前这一领域的工具都是按照针对的目标领域分类的。这些领域包括网络安全和软件安全。软件安全涵盖数据库安全、子系统安全和 Web 应用安全。

- 网络安全测试工具侧重于识别外部可访问的网络连接设备中的漏洞。该检测活动的实现方式大多是主动向网络上发送数据包探测主机上运行的服务及漏洞，或者嗅探网络流量，识别活动系统、活动服务、活动应用、甚至活动漏洞。相比较而言，"嗅探"对目标系统干扰程度较低，并可进行持续分析，而包注入技术在某个指定的时间点，对指定的目标产生明显的网络流量。网络安全工具的优势和弱点可以总结如下：

  - 包注入技术
    - 优势：不依赖网络管理和系统管理信息。这使得对任何系统或者网络进行客观的安全审计时，能够提供目标运行服务、主机是否在线、是否存在漏洞等准确信息。
    - 弱点：由于扫描时间长，并具有一定的侵入性，在有其他可选方案来降低扫描端口数量和漏洞检查时，很少采用该方案。这将会漏掉一些未发现的新主机和漏洞。此外，受限于安全策略，在很多大企业中，限制扫描特定主机和网络，也遗漏很多漏洞。

  - 嗅探技术
    - 优势：网络影响较小，并可以在任意时间（24 小时/7 天）进行。
    - 弱点：对扫描的主机或服务器，需要其与网络进行通信。而这些通信信息可能是由其他黑客探测时引发。

  这两种技术都需要处理非常复杂的日志文件，因此需要专业知识进行解析，但大多数网络管理员，都没有足够的经验和专业知识来识别误报，并为安全漏洞设置恰当的修复优先级。由此，可能导致一些关键的漏洞没有被及时处理。

  总之，每种技术的优缺点都会导致误报和漏报，这使得评估代价高昂（剔除误报）且使得安全保证不是十分可靠（可能遗漏部分漏洞）。

  黑盒软件安全测试中所使用的技术称为渗透测试。渗透测试用恶意攻击者行为确定漏洞是否可以被利用及可以得到的访问权限级别。其与网络安全工具区别在于，渗透工具通常关注端口 80 （HTTP）和 443 （HTTPS）。通常防火墙开放这些端口，以支持 Web 服务器。因此，渗透测试可以识别 Web 应用和基于 Web 服务的应用的漏洞和异常行为。

  下面介绍典型渗透测试的一些基本特征：

- 优势：仅需要一个较小的工具集和可作为深度漏洞测试的入手点。当发现漏洞时，能够提供高准确度的漏洞信息。
- 弱点：大量漏报和误报。渗透测试可运用的目标领域范围较窄，基本上限于 Web 应用、数据库服务器以及一些结构化程度较低的过程（至少在系统探测和枚举阶段）。这些技术的效果与运行测试的效果一致。渗透技术不能提供系统完整的安全状况，对只由内部访问的网络系统尤其如此，同时，该技术对时间也十分敏感。这些弱点使得很多漏洞被遗漏（高漏报率），部分服务器响应被误解，造成错报。

  然而，近来系统安全保证技术的发展，为提升厂商的开发和交付软件系统的能力，提供了一种非常有前景且实用的方式。这种方式打破了目前评估和认证高安全保证系统的瓶颈，使得评估过程从费力的、不可预测的、冗长且代价昂贵中解放出来，这些突破性的技术使得系统安全保证过程的自动化能够实现。

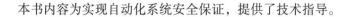

本书内容为实现自动化系统安全保证，提供了技术指导。

1.4 本书内容简介

系统评估必须发现系统中的安全漏洞。目前大多数评估方法都是非正式的，且有一定主观性。由于发展趋势和系统本身的复杂性带来的困难，相对于评估系统构件，系统安全评估更侧重于评估开发过程和产品文档。安全测试也很少实施，而且测试也带有随机性质。唯一一例外的是评估高安全需求系统时所使用的方法，因为必须用形式化方法评估系统的正式构件。然而，这个过程代价十分昂贵，这也是大多数系统不采用这种方式评估的原因。正因为上述这些原因，很难验证软件是否足够可信。由于该问题将持续制约软件安全性，因此有必要找一种方法来评估系统的安全性。该方法应该提供可信、可验证并低成本地评估系统可靠性的方式，并能够管理安全保证风险，识别并降低系统安全保证中的脆弱点。

考虑到系统内部复杂性、开发趋势和开发环境的复杂性，采用模型驱动的自动化评估是实现上述方案的唯一方式。

多年来，我们遵循模型驱动开发，因而越来越多的新特性、应用、甚至系统都用采用了与实现相独立的方式建模，来展现技术、运营和业务需求及设计。这些模型都是原型，在设计被检查、核实、验证之前实现。在大多数情况下，一旦设计被实现，模型及其原型将被丢弃。其原因在于整个实现过程中，一些设计由于种种原因（例如所选的实现技术的影响）改变了，而更新模型和原型代价太高。也就是说，可信的可追踪性被破坏了。

如果能够从最新系统构件，即代码本身，直接重新生成可信模型，也就能创建一个新的过程。在这个过程中，可以采用更实际、系统化且较低成本的方式来评估生成的模型。为达成重建可信模型目标，须遵循以下要点：

1）捕获并以统一方式呈现目标系统中系统构件的知识，确保在更高的抽象层次发现并以统一方式呈现系统构件（如设计、架构和过程），而不丢失与源代码的可追踪性。

2）重新发现并捕获概要需求、目标和实现系统构件的策略信息，并提供端到端的可追踪性。

3）收集、捕获并管理与系统构件相关的风险信息，这些信息通常作为系统的输入。

4）掌握漏洞相关信息，捕获并以标准化机器可识别的格式管理这些知识。为方便地与IT、网络系统和工程组织沟通，漏洞知识十分关键。

5）构建基于标准化工具的基础设施，以收集、管理、分析并报告所需的知识，提升自动化操作程度。为尽可能实现这一目标，通常通过集成大量独立的工具，从而抵消各自的局限性和弱点，并融入各自优势。

1.4.1 成本范围内的系统化和可重复防御措施

接下来介绍的方法，将能够对目标系统安全态势做出可信的评估。通过重新获取系统信息，并掌握攻击者方面的知识和方法，我们能够分析系统自身的安全机制，从而能够清晰地与用户沟通并证明解决方案。这涉及一个清晰而全面的比赛计划，使得参与者能够领先对手，并利用主场优势，构建一个相当强大的防御。

对于目标系统中采用的应对措施是否充分降低该系统的安全风险，安全评估本身必须提供一个合理、公正的回答，即当前系统的安全态势。安全态势评估需要详细的知识，特别是系统内部因素知识，如系统边界、组件、访问点、应对措施、优势、影响、策略和设计等，还需要系统外部因素知识，如威胁、危害、能力和威胁代理的动机等。漏洞也可以描述为特定类型威胁没有减轻，这意味着存在攻击的可能性。攻击者发现该漏洞，就可以执行相应的攻击步骤。

由于不确定因素，确认网络是否安全是个复杂问题。因为对目标系统知识掌握的不完全，除了需要考虑大量与外部相关的不确定因素外，还需要考虑与内部相关的不确定因素。安全事故对业务的影响是不确定的，甚至验证安全策略也可能导致一些不确定因素。从某种程度上来说，系统不确定行为与当前系统状态相关，这可以通过深层次的系统分析（一定代价基础上）剔除这些因素。

安全工程和风险评估，这两种方式从不同角度解决网络安全问题。**安全工程**通过选择应对措施并构建目标系统，以一种实用的方式解决该问题。虽然设计文档是实施工程过程的一个输出，但相对于交流系统知识而言，安全工程更强调构建系统。该方式通常使用基于最佳实践的"尝试和测试"方法，并从分类中选择应对措施。这种务实的做法，避免了分析威胁和安全架构过程。所以通过查看推荐的应对措施，就可以明白采用该策略原因。一个清晰、全面和合理防御的系统安全架构是安全工程主要活动中的一部分，然而，很少有人切实执行这些操作。部分原因是由于系统工程、系统验证和核实的需求，与安全验证、核实和安全保证的所需的资质之间，存在不匹配的情况。将存在不确定性的系统推向市场，或在其他人发现漏洞并向工程团队反馈漏洞时，才开始发布补丁修复漏洞，是很常见的。

风险评估通常是系统管理和系统治理的一部分，通过评估系统回答网络安全问题。大多数情况下，风险评估在系统生命周期内的两个关键点进行。其一：尽可能的早，一旦选定应对措施就应该开始进行；其二：尽可能的晚，在整个系统实现并准备投入运营时进行。风险评估的决策过程涉及分析系统威胁、应对措施和漏洞。其关键是在不与系统进行知识沟通情况下，识别必须被控制的风险。此时一个清晰、全面且合理防御的系统安全架构并不是风险评估的目标结果。风险评估本质是识别问题，而不是证明可用解决方案是否充分。

风险评估采用概率方法来处理系统中系统知识中的不确定性。一些经验不足的风险评估团队通常基于"最好猜测"方式提供"最佳实践"方法来处理风险。这种方式是可行的，因为风险评估是务实的网络安全处理方式，能够生成风险管理清单并推荐相应的降低风险的应对措施。风险评估是持续风险管理的一部分，在获取足够的运营数据后，能够发现任何失误。风险评估为安全工程提供输入，安全工程则评估推荐的应对措施并实现应对措施。

从上面可以看出，证明系统安全态势和以清晰、全面且有效方式阐述安全问题，这两点并不在安全工程和风险评估中处理。工程建立解决方案，验证和核实过程证明解决方案符合对应的需求、目标和策略。风险评估查找并识别问题，并证明它们存在的重要程度。风险评估推荐降低风险的解决方案。另一方面，安全保证仅作为一个可选活动，仅在极少需要高可靠性和安全性的系统中使用，如核反应堆。其原因是安全保证活动成本极其高昂。然而，值得注意的是，安全保证弥补了安全工程和风险分析之间的鸿沟。

信息和通信技术（ICT）安全委员会定义"安全保证"为：产品或服务声明的功能和预期的

结果应该一致且可信，否则该产品或服务将是不可信的，应该被替换或重新调整。这表明完全符合当前状况需求，并满足安全需求的产品或服务才能称之为安全的产品或服务。

网络安全保证委员会将安全保证范围扩大到软件漏洞。国防工业协会（NDIA）在［NDIA2008］指南中，对系统安全保证定义为："安全保证是证明系统的可信度和期望一致，不包含可利用漏洞，且在整个系统生命周期内，没有被有意或无意设计和插入漏洞。"除了正面评价外，该新定义提出："功能如预期"以增加负面评价；"不包含可利用漏洞"需要更加全面的安全保证方法。本书描述了一个强调自动化实现的全面网络安全保证框架。

在业内，相对于系统安全保证、软件安全保证（强调软件漏洞本身重要性），更多使用"安全保证"。网络安全社区，系统安全保证被作为研究并证明网络安全方法的学科。它是一个系统性学科，侧重于提供安全态势是否充分的证明。系统安全保证为系统安全发展了一个清晰、全面且可防御的论据。为支持这一论据，应当收集具体且有说服力的证据。其中一个证据来源就是系统分析。系统安全保证通过对目标系统架构进行某种特定类型的推理来处理不确定性。相对于无休止地寻找更多数据，以清除固有的不确定因素过程，系统保证采用分层防御来避免未知因素。毫无疑问，安全保证论据能从网络安全外部和内部因素相关知识中受益。

系统保证学科提供的推理，在安全工程和风险评估中都有使用。系统安全保证是一种系统的、可重复的且可防御的系统评估过程，它比传统的"最佳实践"方法提供更加详细的结果。系统安全保证方法和传统风险评估的关键区别在于：系统安全保证证明了系统的安全态势，而安全保证是建立对系统信任最直接的一种方式。由于高昂的安全保证费用，我们可以在需求中明确是否需要额外的应对措施。另一方面，检测漏洞产生的风险依据，也可以转化为应对措施。这不增加对系统的信任，因为缺失的漏洞是间接降低系统安全态势的一种情况。这是需要系统安全保证，且需要比漏洞检测考虑更多的原因。

解决漏洞攻击和恶意软件对系统危害的出路，在于自动化安全分析、自动生成威胁检查清单，并进行风险分析，然后将安全保证案例作为建立深度防御的计划工具。

从系统安全保证角度来看，论据不足以表明防御中存在缺陷。尤其在安全系统架构中，妨碍我们建立一个可防御安全保证论据的那些点，可以作为工程修复的候选点。新改进的机制在直接支持安全保证论据的同时，还改善了系统安全态势。

在为安全保证收集证据时，尤其是分层防御论据，更需要深层次、准确的系统分析和精确的相关数据。

1.4.2　OMG软件安全保证体系

体系是指参与者在其中交换密集知识，包括显式增长的共享知识和相应的自动化收集、分析、报告各方面知识的工具集。像市场一样，参与者交换工具、服务和内容以解决相应问题。一个体系的关键特征是建立在以知识内容为产品基础之上。这一体系包括确定的通信基础设施，有时也称为"渠道"，即基于大量知识管理工具提供的知识共享协议。

网络安全社区认为安全保证体系的目的是使收集和积累安全保证所需知识更加便利，同时帮助这些知识有效及时地传递给系统防御者及其他利益相关者。网络安全知识通常被广义知识源（source of general knowledge）（适用于大多数系统）和具体知识源（source of concrete knowledge）

（与目标系统相关的准确事实）分隔开来。为说明这种区别，在图 1-1 中间标记区域表示具体知识
源，其余代表广义知识源。值得注意的是：具体事实指特定的系统关键点，所以具体知识源部分
代表了多个本地网络防御；而广义知识源部分是整个网络防御社区拥有的信息。图 1-1 图标中
"防御者"（Defender）、"监察者"（Inspector）和"利益相关者"（Stakeholder）代表对提供独立
系统安全保证信息关心的人员。通常这些人构成我们的安全保证团队。

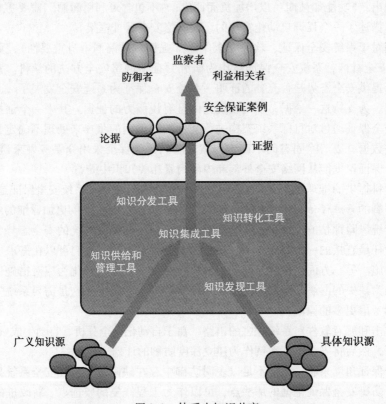

图 1-1　体系内知识共享

　　OMG 软件保证体系为基于知识的工具定义了一个标准协议栈，这些工具包括知识发现工具
（knowledge discovery tools）、知识集成工具（knowledge intergration tools）、知识转换工具（knowl-
edge transformation tools）、知识供给和管理工具（knowledge provisioning & management tools）、知识
分发工具（knowledge delivery tools）。

1.4.3　通用词汇表管理语言模型

　　安全保证体系内，工具之间知识交换的关键是统一的、表示参与者概念承诺的通用词汇表。
然而，目前个人和组织收集和传播的大多数计算机安全信息并不能进行合并或者比较，因为在计
算机安全领域还没有出现通用词汇表。很多个人和组织经常收集并传播与计算机安全相关信息，
这些信息描述安全事件，也描述计算机和网络系统特征。但遗憾的是，绝大多数计算机安全信息
在不经过繁重的手工努力情况下，并不能够合并使用。因为当前个人和组织在计算机安全领域使

用的术语各不相同。

为网络安全开发一个共同使用的通用词汇表是形成行业专属词汇逻辑上的第一步。而行业内部演化是形成这一词汇表十分有效的方式，这样也能充分利用网络安全体系的规模优势。建立标准词汇表能够带来实际利益，因而付出努力也是值得的。实际上，任何安全评估项目核心都需要管理和集成来源不同的安全信息。标准词汇表将网络安全知识生产者从网络安全信息消费者、传播渠道分离出来，并打开了能够充分利用规模经济效应的有效工具市场。一张足够准确且全面、清晰的网络安全图，对分析系统安全，并建立可防御安全保证案例是十分必要的。基于知识的系统和服务在建立、测试和维护方面成本十分高。同时在共享、重用基于知识的系统上也存在一些技术问题。和传统应用一样，基于知识的系统建立在混杂硬件平台、多编程语言和网络协议之上，而且，基于知识系统还具有互操作性的特殊需求。因此，该系统的运营和交流必须采用机器可识别的知识内容。该系统将背景知识作为输入，交换所生成的知识，并通过查询提供问题的答案。我们将知识层面沟通划分为三个层次：知识表示格式、沟通协议和共享知识内容规范。标准知识表示格式和沟通协议独立于转换和交流的知识内容。通用语言的作用即为标准化知识内容。通常来讲，共同采用通用词汇表，才能使得系统化研究成为可能，网络安全词汇表标准化带来以下好处：

- 入侵和漏洞采用通用语言，使我们能综合统计数据、观察模式，并从收集的入侵及漏洞数据中，方便地得出结论。该过程将扩展我们关于安全方面知识，为缩小与攻击者知识之间差距提供有效方式。同时，该过程也使得利用这些知识、增强系统抵抗入侵能力成为可能。
- 在向事故响应团队（如 CERT 协调中心）报告事故时，一个完善的分类方法将非常有用。另外，分类方法在安全响应团队发布公告时也有作用。这些公告将警告系统拥有者和管理员，相应系统中存在新的可被侵入的缺陷。
- 如果通用语言包含入侵和漏洞的严重程度或影响程度，将有助于系统拥有者和管理员优先处理严重问题。

通用语言是一个用于组成某个领域复杂陈述的领域语言模型。语言模型的基础是词汇表，一个有穷的、定义良好的词汇表能够组成大量连贯的句子。正式的知识体基于以下内容的概念化：对象及其概念和在相关领域假定存在的实体及其相互之间的关系。概念化是抽象的、出于某种目的简单化的世界观。所有知识库、基于知识的系统和知识层次代理，都显式或非显式地遵循这些概念化。这也是语言模型更关注词汇表而非格式的原因之一。能够用语言模型表达的对象的集合也称为语言的范围。这些对象集及其相互之间的关系，在词汇表内反映为术语集。在该词汇表中，定义了对象名和可理解文本描述之间的关联。此处可理解文本描述指受翻译和格式良好词汇约束的对象名所阐明的正式规则。

从实用角度出发，通用语言定义了安全体系参与者之间交流使用的查询和断言词汇表。概念承诺是指以一致协调的方式，使用共享词汇表。代理共享词汇表且不需要共享知识库；每个代理掌握其他代理没有的知识，代理遵循概念化，但代理并不需要响应能用共享词汇表形成答案的查询。总之，通用词汇表保证一致性，对使用词汇表的查询或者断言，能形成多种实现选择。词汇表与知识库的目的不同：共享语言仅需描述所讨论领域的词汇表，而知识库可能包括用于解决问题的知识，或解答某一领域任意问题的知识。即知识库包括了具体、特定的操作事实。

语言模型包括以下三个重要组成部分：

- 域内事物表示，也称作分类方法。分类方法关注名词概念。Landwehr 等基于网络安全分类工作经验提出："分类方法不是待分类样本的简单独立结构。它明显体现样本归类的普遍原理，也定义了所需的记录数据和相似与不相似样本之间的区别"［Landwehr 1994］。如果自动化支持的分类方法定义可以被解释为：对恰当知识库的查询，那么分类方法并不反对自动化。然而，令人遗憾的是，一些已经提出的网络安全领域分类方法并不支持自动化。合理的定义艺术需要仔细选择符合概念承诺的特征。
- 域关系表示。单独名词不足以构造出某领域内丰富的陈述。名词通常通过动词和适当相关动词组合的短语连接在一起。这些名词和动词的组合被称为句子形式或者基本块。这些句子或者基本块能在领域内构建复杂的句子。
- 词汇表名词和动词构建句子的机制。除了词汇表中术语和句子形式之外，语言模型还应该包括将它们组合成有意义句子的机制。

1.5 本书目标读者

本书目标读者是想详细了解如何以更客观、更系统、可重复和自动化的方式实施系统安全保证的任何人。本书的读者包括：

- 想完成高效、全面、可重复的评估过程的安全专业人员和安全评估专业人士。
- 安全评估需求者要了解评估的成本和收益，也需要掌握这些内容。这类人员包括组织机构内的技术人员、项目计划人员和安全管理人员等。

参考文献

The Parliament of the Commonwealth of Australia, House of Representatives, Standing Committee on Communications (2010) *Hackers, Fraudsters and Botnets: Tackling the Problem of Cyber Crime*. The Report of the Inquiry into Cyber Crime. Canberra, Australia. ISBN 978-0-642-79313-3.

Buxbaum, P. (2007). All for one, but not one for all. *Government Computer News,* March 19, 2007. http://gcn.com/Issues/2007/03/March-19-2007.aspx.

Carr, J. (2010). *Inside Cyber Warfare,* O'Reilly & Associates, Inc. Sebastopol, CA.

Icove, D., Seger, K., & VonStorch, W. (1995). *Computer Crime: A Crime Fighter's Handbook*. O'Reilly & Associates, Inc. Sebastopol, CA.

ISO/IEC 15443-1:2005 *Information Technology – Security Techniques – A Framework for IT Security Assurance. Part 1: Overview and Framework*. (2005).

ISO/IEC 15408-1:2005 *Information Technology – Security Techniques – Evaluation Criteria for IT Security Part 1: Introduction and General Model*. (2005).

Landwehr, C., Bull, A. R., McDermott, J., & Choi, W. (1994). A taxonomy of computer program security flaws. *ACM Computing Surveys, 26*(3), 211–254.

NDIA, *Engineering for System Assurance Guidebook*. (2008).

OECD. (2008). *Malicious Software (Malware). A security threat to the Internet economy, Ministerial Background Report.* DSTI/ICCP/REG(2007)/5/FINAL.

Weaver, W. (1948). Science and complexity. *American Scientist, 36*(4), 536.

第2章

受 信 产 品

一些人由于具有谨慎、判断力强和诚实的名声，而获得人们信赖。但这并不意味着，我们相信他们对所有问题的断言，我们只是相信他们发布的任何评论，都是经过慎重考虑，且有良好的事实基础和相应的完善解决方法，存在可取之处而值得关注。

——Stephen Toulmin，《The Uses of Argument》

2.1 如何确信漆黑房间不存在黑猫

评估系统安全态势时，为建立对系统运行安全的信心，位置概念非常重要。换句话说，是相信每一个系统位置都经过访问和评估，所有系统位置都受到保护，免受已识别的威胁的侵害，且没有位置存在弱点。

位置对于建立信心的重要性可以通过下面例子进行很好的解释："如何在黑暗的房间里找到一只黑猫？"

众所周知，在黑暗房间里很难发现一只黑猫。尤其在不知道这只猫是否存在的时候。搜索大片空间，如一座摩天大楼，可能需要很长的时间，而且代价高昂。出于这个原因，许多摩天大楼管理员会等待，一旦猫饿了，它就会自动出现。安全风险评估与此非常类似。

但是，如何主动找到这只猫呢？首先，必须做出一些假设：要寻找的是一只活生生的猫，而不是毛绒玩具猫，也不是猫的照片，更不是任何其他形式或形状像猫的东西；其次，需要明确范围，即限定要找的猫所在的范围。在给定的限制范围内找到某些东西（例如找到一只猫），主要是确定物体的位置。必须注意的是，这时有两种可能情况出现：1）房间里面至少有一只猫；2）房间里面没有猫。那么，怎样找到这只猫？我们执行一些搜索活动，例如，用网子搜这只猫。当抓到某些东西时（同时可以确定物体位置），判断其是否为猫（确定不是椅子、帽子或老鼠）。抓到的东西必须感觉像一只猫，看起来像一只猫，且和猫有相同行为。

所以在引导搜寻时，十分有必要关注对象的关键特征。在例子中，我们关注以下四组基本特征：

- 作为猫的特征：猫有尾巴、尖尖的耳朵、能喵喵叫、会捕老鼠、喜欢牛奶，有非常大的眼窝、特殊的下巴，甚至有 7 个腰椎。
- 作为活物的特性：作为活物能够呼吸、有温度、能够吃东西、能发出声音、有嗅觉、能够从一个地方移到另一个地方。
- 在房间里面的特征：房间外面的东西进入房子里，且其位置在房内，不在房外面。

- **存在的特征**：存在表明它有颜色、重量、高度、长度，可以被定位，即在指定时间存在于某个确定的位置。

从上面分析来看，并非所有关于猫的事实对搜寻都有同样的用处。显然，需要把搜寻重点放在可辨别的特征上，即可纳入搜寻过程的特征。例如，下面关于猫的事实对于搜寻没有任何作用：猫在古埃及时已被驯化；"cat"（猫）来源于土耳其语"qadi"；猫被当做人类同伴；猫与人类共处至少已有 9500 年等。一个可辨别的特征，应该给出一个判断猫存在于，或不存在于某个位置的客观且可重复的规程。

在漆黑房间里找到一只黑猫，可能激发一些有微妙不同的场景。这些场景决定了搜寻的不同结果，例如以下三个场景：

- 确定房间里有五只黑猫。
- 房间里面没有黑猫。
- 在接下来 12 个月内，房间里没有黑猫。

第一个场景，找到了 5 只黑猫。在说明这五个位置时，存在一个隐含的声明，暗示每个位置有一只黑猫。所以每个位置都通过了"有一只黑猫"的测试。现在我们假设猫不会离开自己位置。房间里有 10 只，甚至更多只猫，但我们仅找到五只，并声明仅有五只。这时，如何让旁观者信服我们的搜寻结果呢？首先，必须说服她，我们没有虚假报告（例如深褐色的猫）。验证"给定的位置包含一只黑猫"这个声明，需要系统地利用上述关键特征。某些关键旁观者可能会质疑确定黑猫的方式，并可能要求出示声明中每只猫存在的证据。但是，我们怎么知道房间里不超过 5 只黑猫？确认房间里只有 5 只黑猫，其重要性有多大？

在第二个场景中，搜寻目的为证明"房间里没有黑猫"。这与上个场景不同，首先，该场景没有明确的位置产生，否则，在某个位置存在黑猫这个事实将是声明的反证。这两种说法显然是不同的：在第一个场景中，我们肯定地声明"房间里某位置存在黑猫"；在第二个场景中，我们否定地声明"房间里没有黑猫"。但需要明确的是，此声明中也包含位置信息，即"房间里没有位置上有一只黑猫"。

验证否定声明"房间里没有黑猫"过程比搜寻过程更困难，因为需要收集额外的证据来证明该声明。这个声明引发许多关键问题：搜寻是否彻底？（是否搜寻了房间里每个角落？沙发下面找过了吗？）；在搜寻过程中都看到了什么？是否一点也没有看到猫的影子？你怎么知道你找到的不是猫？证明这一声明比第一个场景中的肯定声明需要更多的证据。

有两种方法可以证明我们的声明。"基于过程"的安全保证产生了能证明是否符合搜寻目标的证据，同时也就保证了搜寻团队依据他们的对工作的声明完成其职责。例如，认可搜寻团队在房间入口放碗牛奶，并说"kitty-kitty-kitty"至少三次来呼叫猫。基于过程的安全保证的优势是经常用于处理肯定声明，所以大多数情况下，证据也就是所作工作的记录。例如，作为证据，搜寻团队给我们展示一个短片，证明他们确实依照所需步骤进行了搜寻，但没有发现黑猫。该证据直接支持了声明需要的步骤都已切实执行这一论据。基于过程的安全保证方法的好处在于它与工作陈述一致，并要求具有直接证据来证明这种一致性。工作陈述为证明提供了论据框架，并且引导证据收集过程，所以当安全保证用户相信工作人员所宣称的工作时，也就被相应的证据说服了。

另一方面，"基于目标"的安全保证需要一个论据来为其否定声明进行辩护，在例子中即"房间里没有黑猫"。搜寻团队找到的证据必须支持这一论据。基于目标安全保证直接回答该关键问题。

设计一个论据需要一些规划。早些时候提出的"位置"概念，对推理搜寻过程十分关键，因为与论据相关的证据收集过程会处理位置信息。相似特征的位置表明搜寻策略通常按照"区域"或者"部分"来进行划分。区域通常有入口点，猫或者其他东西在此进入或者退出该区域。每个区域都限制了可在此区域采取的行为。位置的模式决定了在这些位置上发生的行为模式，具体如图 2-1 所示。

现实系统中，通常架构提供了描述系统不同位置的方式。各组件决定了其行为模式（例如猫从房间移动到藏身地的运动轨迹，或通过 Web 服务器的数据包流）。行为规则基于特定的连续流：猫不会简单出现在指定的位置，同样的原则也适用于网络系统中流过软件的控制流和数据流。

如图 2-2 所示，假设房间里有三个不同的区域。A 区有一个入口点，且采用猫不喜欢走的旋转门。另外，A 区没有其他任何特征，是一个开放的、没有藏身之地的空白空间。B 区仅有一个适合猫的入口点它还有一些额外的特征，猫可以隐藏其中。C 区有一个入口点，并且知道该入口点被声明为不适合猫进入。

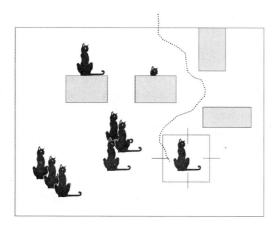

图 2-1　房间内黑猫示意图

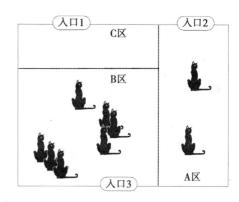

图 2-2　房间区域划分

位置的特征决定了论据的结构。例如，图 2-2 中区域知识决定了证明房间里没有黑猫的策略，即仅需分别证明每个区域中都没有猫。对于 C 区，还需要证明猫不能从其入口点进入该区域，同时确实没有其他入口点使猫可以进入 C 区。为验证声明"在 C 区中没有猫"，需要进行两次检查，并用检查报告作为证据。为准确起见，证明子声明"猫不能从 C 区入口点进入该区域"作为第一条证据。通过间接证据，即信任报告的执行人，我们能进一步支持该声明。支持第二个子声明"C 区仅有一个入口点"的证据，在第二份报告中提供。同样，通过间接论据提供相关证据，来证明分析方法的可信度和完整性。证明 C 区没有黑猫需要验证以下论据：如果一个区域仅有一个入口点，且任何猫都不能通过，那么猫不可能进入该区域，所以该区域要么没有猫，要么没有任何一只黑猫。这个声明是由两个子声明得出的，而非由直接证据证明（如图 2-3 所示）。

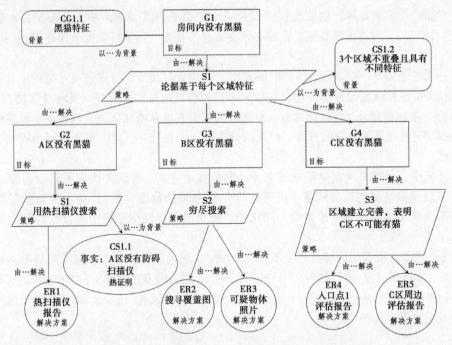

图 2-3　场景 2——房间里没有黑猫的安全保证案例

同样的论据应用在 A 区却没有任何防御性，因为 A 区入口点可能允许猫进入。定义"猫不喜欢"并不意味着"合理推断下，不允许猫进入该区域"。所以需要采用和 C 区不同的策略。我们依然检查 A 区有没有其他入口点，检查 A 区旋转门在大多数时候，不允许猫通过。但经过长时间尝试，猫也可能通过。这产生了不确定因素，所以并不能完全证明关于 A 区的声明。为弥补安全保证的缺陷，可以进行额外检查，例如基于对 A 区假设的特征，可以使用热扫描仪，如果该扫描仪没有报告温度超过 20 摄氏度的物体，我们可以将此视为支持声明"A 区没有猫"的证据。但安全保证案例的消费者可能依然有疑问：如果热扫描仪出现故障了呢？是否存在热扫描仪覆盖不到的区域？由此，还需要进行其他额外检查。可以让一只狗进入 A 区，并观察热扫描仪能够准确显示这只狗在 A 区内活动，且这只狗不叫。这些报告的事实可以添加作为进一步证据，回答评审者的质疑问题，并证明声明"A 区没有猫"。

B 区和 A 区假设不同，因而不需要使用热扫描。但需要采用不同的策略来支持"B 区没有猫"的声明。我们可以对 B 区进行穷尽搜索，并记录搜寻过程和照片作为证据，以证明搜寻方确实涵盖 B 区所有位置，且在搜寻时没有位置有猫。论据同时也需要描述搜索时采取的措施，以防止在搜寻过程中，猫在 B 区内漫游。

接下来是以可视化形式，明确提出安全保证案例。即将所有声明和假设都作为单独的图标显示，同时，清晰列出各个环节之间声明、子声明和证据之间的关系。可视化呈现安全保证案例，进一步明晰了论据，增强了评审安全保证案例的积极性，这有助于更多人参与系统安全保证。

房间结构方面的知识能够帮助我们在设计论据时，利用每个区域独特的特征，制定不同的搜寻策略。论据设计决定了执行搜寻过程中所搜集的证据。

现在考虑第三个场景："在接下来 12 个月，房间里没有黑猫"。该结论是一个完全声明，例如"在接下来 12 个月内，猫进入房间的风险的应降低到实际可接受的程度"。同样，这一声明针对所有位置："在接下来 12 个月内，房间里所有位置存在猫的可能性风险都不高"。这与第二个场景的声明显然不同。在第二个场景中，"没有位置"指的是过去时间内。隐含假设"房间里没有猫"受限于一个确定的时间段，即"房间内任何位置在搜寻时，没有猫"。而在"房间里将没有猫"场景中，我们更关注未来时间段。

当将时间段从"当前"扩展到未来一段时间时，我们也需要改变证明方法。通过单次搜索特征来证明这一声明是不可能的。相反，声明的证明来源于采用的减轻风险的应对措施，甚至能够声明：应对措施构建的方式能够保证房间里任何位置都不存在猫。该安全保证场景同样包含"没有位置"声明，而为证明该声明，必须有相应的应对措施及其效果的证据。对于任何复杂的声明，证据和声明之间的关联尤其重要，而且需要大量包含间接子声明及其理由的论据。

接下来，我们分析"将来没有猫"这一场景。同样，对每个区域采用不同的论据，以充分利用每个区域的不同特征（如图 2-4）。先前对 C 区论据适用此声明场景，因为如果入口点现在不允

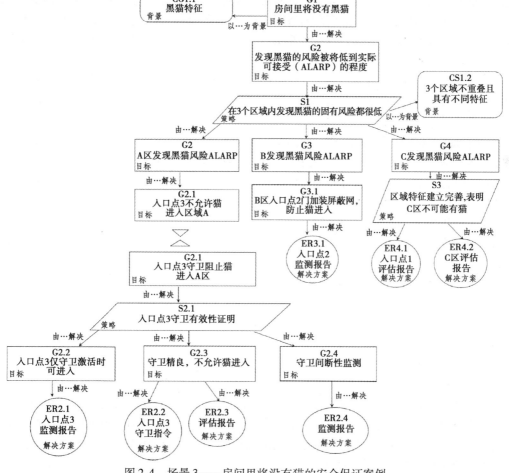

图 2-4　场景 3——房间里将没有猫的安全保证案例

许任何猫进入 C 区，那么将来也不允许猫进入。所以 C 区是密封的，没有猫能进入，因而能合理推断出第三场景的假设。

但是，上述论据对 A 区和 B 区不再适用。因为它们都涉及单一搜索，这足以证明当前状态，但不足以保证未来事件。换句话说，由于猫可能在搜寻完毕后进入区域，一次性搜索是一个不充分的应对措施。该论据有太多的"安全保证漏洞"。

为了设计安全保证论据，需要检查系统是否存在降低风险的特征，如修改系统，添加相应的应对措施。例如，在 B 区入口点设置安全守卫。在"安全保证场景"中，该守卫作为猫进入 B 区的对策，也作为证据收集机制。从守卫处证明在最近三个小时内没有猫进入 B 区，就能够支持没有猫进入 B 区这一声明。所有应对措施必须与证据收集机制关联起来，为了证明声明，需要所有的应对措施都切实执行。

在选择应对措施时，位置概念十分重要，因为特定位置特征和对应位置（例子中靠近入口点）的行为息息相关。尤其是 C 区入口点并不需要额外的应对措施，相反，A 区和 B 区入口点需要。考虑谨慎的安全保证案例评审人员可能识别出绕过应对措施的可能性，因此应对措施针对的位置也很重要。评审人员可能会问以下关键问题：是否可能存在应对措施不生效，使系统暴露的情况？如果关键问题在论据中没有满意的答案，那么论据是弱论据，应该通过风险评估活动，识别其他应对措施，从而修订论据。这种简单方式称为"深度防御"。通过不断增加应对措施，以消除任何遗留的不合规行为［NDIA 2008］。

安全保证过程类似于建筑学活动，通过识别安全保证案例揭示的弱论据位置，并据此采取必要的应对措施来修补这些位置，从而降低风险。安全保证证据通常以展示当前应对措施及其效果的报告形式呈现［NDIA2008］，［ISO15026］，［SSE-CMM 2003］。

弱论据导致糟糕的安全保证案例，因而系统不容易受到攻击的承诺也是脆弱的。从建筑学观点来看，意识到系统中某个位置存在漏洞是十分重要的。那么，如何知道漏洞所在区域？通常，该区域由威胁和不充分的系统暴露声明共同构成，这主要缘于缺失或者不充分的安全措施和实际存在的漏洞。例如，在黑猫例子中，B 区的漏洞区域在猫能进入该区域的入口点附近。暴露区域，即不可避免威胁区域，是整个 B 区。

第三种场景的安全保证案例比先前的更加复杂，因为涉及时间段及威胁和应对措施之间的关系。它引发更多的关键问题：什么是应对措施？每个应对措施针对性地降低了哪些威胁行为的风险？（是否考虑了所有猫进入房间的可能性？是否考虑了在房间里，所有猫可能的藏身位置？对于每个位置，如何判断没有猫？）人们也有可能会问：如何知道所有的应对措施都被切实执行？如何知道这些应对措施在接下来 12 个月中，依然存在，并且有效？

传统的漏洞检测，在一定程度上类似于第一个场景：专家团队分析系统，并找出 5 个问题。他们可能会强调为什么发现的问题是有风险的（为什么应该相信通过"猫测试"的情况？）。然而，在以机会主义识别漏洞和识别所有漏洞的可防御安全保证论据之间，依然存在差距。此外，场景 2 和场景 3 比场景 1 产生跟多知识。尤其是场景 1 中，找到五个有猫的位置，而场景 2 提供了房间里所有位置的知识。场景 3 不仅提供了所有位置的知识，还包括相应的应对措施和在所要求的一段时间内，所有位置特征和应对措施之间的关系。同样，可以认为场景 2 和 3 比场景 1 更可信，因为它们对声明提供了证明。

2.2 安全保证性质

围绕安全保证有很多困惑，尤其在相对较新的网络安全领域。某些安全保证伴随系统产生，已经取得普遍理解，但在构建系统时，如何在恰当的位置采用适当原则来实现安全保证，还没有取得一致意见。由于单一学科并不能完全解决这一问题，因此产生了很多关于安全保证的学科。所以安全保证的各部分知识分散在繁多的手册中，相互之间也可能使用冲突的观点和术语。这使得没有学科完全专注于安全保证，也没有学科专门处理网络空间中系统及其延伸的安全性和可靠性问题。

例如，国际安全工程协会（ISSEA）宣称安全工程学科的目标为理解与企业相关的安全风险。在此基础上，为其他工程活动提供安全指导，建立对完全正确的安全机制的信任，并将所有工程科学和专业结合起来，建立值得信任的系统。ISSEA 认为，安全工程和其他学科都有关联，包括企业工程、系统工程、软件工程、人为因素工程、沟通工程、硬件工程、测试工程和系统管理。安全工程被分为三个基本领域：风险评估、安全工程和安全保证［SSE-CMM 2003］。然而，这种划分可能导致人们认为安全保证是一个特别的安全工程。目前，安全保证已经在保险工程背景下发展了很多年［Wilson 1997］，［Kelly 1998］，［SafSec 2006］。

在质量保证领域，正在开发适合自身的方法和技术，涉及验证、核实和测试，通常重点关注产品。

最后，在 ISO/IEC 标准 15026 中，"系统和软件保证"将安全保证视为安全和可靠的结合。在标准中描述如下："……在生命周期，包括开发、运行、维护和系统消亡阶段内，提供需求；也对软件产品关键需求及保险、安全、依赖和其他特征拥有的性质进行展示。其定义的安全保证案例作为计划、监管、实现、成果展示及其性能维持和支持相关决策的关键构件。"［ISO 15026］。

安全和可靠保证共同点在于：相对于工程构件的开发，安全更强调工程构件分析。尤其是二者在分析、设计和实现构件过程中，使用相同的方法框架。工程科学需要用分析来评估可选设计，而验证和核实活动，如测试，被认为是一个分离的专业。在软件用工程领域，注重用工程方法开发新系统，关注验证和核实活动，如测试，但很少留意分析过程和被称为维护工程的代码修改过程。

所以，有必要将系统安全保证作为一个独立的工程学科，以专门讨论这些共同关注的问题。该学科和系统安全工程及可靠工程之间的接口，能够为安全和可靠论证提供指导。

为了对系统安全有全面了解，需要考虑系统工程、风险分析和安全保证之间的交互。

2.2.1 风险评估、安全工程和安全保证

系统工程和系统安全保证密切相关。一个有安全保证的系统意味着其严格遵守系统工程原则，并符合安全目标。但是，合格系统工程通常并不能承诺：结果系统一定能够提供必要的系统安全保证层次。由于快速的威胁演变和系统运营环境改变，需要额外的系统安全保证指导。系统安全保证通常被简单看成作为泛系统工程策略的各种过程组合，如讨论和验证需求的目的是为确保计划定义和架构的一致性。测试和评估的目的为保证开发的系统符合规范及隐含的需

求。各种有组织的审计和评估都在整个程序生命周期内，跟踪系统工程科学的使用，以保证过程的实施切合实际。由于其复杂性和不断出现的威胁的特性，有必要计划、协调这些过程和经验，以保证在整个系统生命周期内，始终关注系统威胁。系统安全保证在程序调度的特定时间段内，并不能作为独立的业务过程，但必须从系统概念化到开发完成，甚至系统消亡，一直执行。

目前，风险管理过程通常并不综合考虑安全保证问题，这导致项目利益相关者不知道其所面临的风险。虽然有些风险并不是有意的，但可能导致严重的金融、法律甚至国家安全问题。以过程或者非集成方式应对安全保证问题，可能使系统偏离初衷，甚至导致超过成本，延缓系统认证。安全保证并不提供任何额外的安全服务或者安全保障，而是关注产品和服务的安全，以及是否完全满足环境和安全需求。乍看起来，这并不是很重要，尤其在考虑提供或者获取安全保证的成本时更是如此。然而需要切记，虽然安全保证不提供额外的安全服务或者安全保障，但确实能够减少与漏洞相关的不确定性，因而能减少不必要的安全服务和保障措施。风险管理必须考虑各种失败结果（例如任务失败、人民生命、财产、商业服务和声誉），而不仅是系统无法按预期运行。很多情况下，分层防御（例如深度防御和深度工程）有必要提供可接受的风险降低能力。

系统安全工程能力成熟度模型（SSE-CMM）由 ISSEA［SSE-CMM 2003］提出。该模型将风险评估、安全工程和安全保证作为解决安全问题的关键组件。虽然这些组件之间有一定关联，但能够对其独立进行检查，且这种独立检查也是十分有用的。风险评估过程识别并排定开发中产品和系统威胁优先级。安全工程过程和其他工程科学一起决定并实施安全解决方案。安全保证过程验证安全解决方案的可信度，并将解决方案的保证信心传递给利益相关者（如图 2-5 所示）。

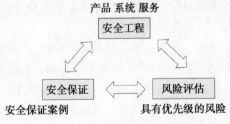

图 2-5　风险评估、安全工程和安全保证关系

风险评估，安全工程的一个主要目标是降低风险，风险评估是识别某些未发生问题的过程。风险通过检查威胁和漏洞的可能性来进行评估，并考虑非期望事故的潜在影响来进行评估。可能性指某些不确定因素，这些因素由特定环境决定。这意味着这种可能性有只能在某些限制条件下进行预测。除此之外，由于一些非期望事故结果可能和期望的一致，对特定风险的影响进行评估也与不确定因素有关。因为这些因素预测起来有很多不确定性，使得与之相关的预测无法达到精确的程度，因此对安全进行计划和证明十分困难。一定程度上，解决这一问题的方法是采用一种技术来检测非期望事故的发生。

非期望事故由三部分组成：威胁、漏洞及其影响。漏洞即可被威胁利用的资产属性，包括弱点。如果没有出现威胁和漏洞，也就没有非期望事故，因而也就没有风险。风险管理是评估和量化风险的过程，为组织建立一个可接受的风险等级（如图 2-6 所示）。风险管理是安全管理重要组成部分。

风险可以通过实施针对威胁、漏洞、影响及风险本身的防御措施来降低。但这并不能降低所有风险，或者完全避免特定风险。这主要因为降低风险需要一定代价，且存在其他相关的不确定性。所以剩余风险必然存在。对于某些高不确定性，由于其不精确性质，接受这些风险很成问题，尤其某些风险接收者控制的区域并不一定与系统相关。

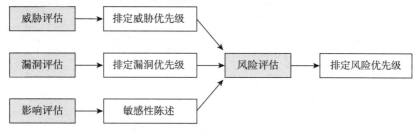

图 2-6　事故组成：威胁、漏洞和影响

安全工程，安全工程是处理系统构思、设计、实现、测试、部署、操作、维护和消亡的过程。整个过程中，安全工程师必须与其他系统工程团队密切协作。这可以帮助确保安全作为整个过程的集成部分，而不是单独的不同活动。依据上述风险处理和系统需求的相关信息及相关法律政策，安全工程师和利益相关者一起识别安全需求。一旦识别出安全需求，安全工程师就可以标识并跟踪这些具体的需求（如图 2-7 所示）。

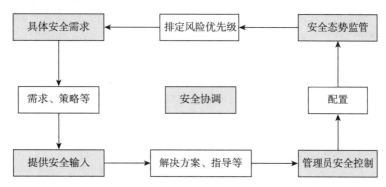

图 2-7　安全问题解决方案建立过程

对安全问题创建解决方案的通常过程为分析可能的可选方案，并评估可选方案以决定最有效方案。将这一活动和其他工程过程集成在一起的难点在于：该解决方案不仅基于安全考虑来选择，还需要关注其他各种相关条件，如成本、性能、技术风险和易用性。总而言之，所有决策应当满足问题的最低要求。分析结果是安全保证的重要基础。

在接下来的产品生命周期，安全工程师职责是保证产品和系统针对已感知的风险被正确配置，确保新的威胁不会使系统操作不安全。

安全保证，安全保证在实现安全风险评估、风险管理，决定是否需要额外防御措施及其是否被正确应用等过程中，起到重要作用。安全保证不能独立存在，但我们能够独立讨论安全保证生命周期、安全保证需求、安全保证基础设施、安全保证利益相关者、安全保证管理和安全保证专业知识（如图 2-8 所示）。出于这个原因，有必要将安全保证作为独立学科对待，这也是本书详细讨论的主题。

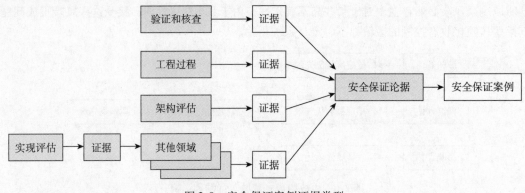

图 2-8　安全保证案例证据类型

2.2.2　安全保证案例

系统安全保证中的防护组成部分即安全保证案例。安全保证案例包括为支持论点而做出的合理的、可审计的论据，以及相关的支持证据，论据即系统是否满足特定需求。结构化方法允许以文档方式记录所有相关信息。该信息可以用于分析，以验证应用符合既定目标，从而使其成为一个可重复的过程。基于其可重复性，我们可以返回并评审这些信息，以验证所有基于评估结果的决策是否合理。除此之外，这些信息也可以帮助收集不同时间点上的支持证据，提供分析风险和可信度趋势的能力［Toulmin 1984, 2003］，［Kelly 1998］，［NDIA 2008］，［ISO 15026］。

安全保证案例的目的是使诸如系统拥有者、监管者或者购买人员等利益相关者相信某些系统中并不显而易见的系统描述，即系统性质。而安全保证案例关注网络空间提供的信息和服务的机密性、完整性和可用性。总之，安全保证案例记录安全保证（如论据和支持证据）成果，并维护系统安全。那些负责任务、系统和服务提供的人，利用安全保证来保证安全服务生效，且一直生效，因而能维持系统安全在一个可接受的水平上。

安全保证案例由安全社区维持，尤其在英国，已经被法律批准作为论证系统安全的方法［Kelly 1998］，［Wilson 1997］。安全保证案例作为主要的日常管理活动目标，对于监管者十分重要。它可以确保安全责任人，通过遵循适当手段来合理释放责任风险。这些手段通常作为获取服务和目标系统认证的许可。

安全保证案例的发展并不能代替安全评估，相反，它以结构化、文档化方式记录该评估总结性成果和其他活动（例如模拟、调查等）。这使得读者能够依照案例进行逻辑推理，了解为什么一个变更或正在运行的服务被认为是保险且安全的。

基于计算机的关键系统有必要评估外部承包商提供的实现是否适合。因此评估人员需要一个明确、可理解且可防御的论据，以及相关支持证据，即系统运行行为是可接受的。

系统设计者明显考虑了系统安全需求，但在开发过程模型和构件中，并没有明确声明其设计和实现满足安全需求。所以我们不能仅依据开发流程，做出系统是可靠且安全的假设。

承包商也许会向评估人员提供大量关于其做出评估的各种材料。这些材料可能包括系统正式规格说明和精简的设计、仔细撰写的几百页故障树分析报告。他们会强调其在系统测试策略上的覆盖率和完备情况。所有这些资源都可以用于为论据提供支持，或作为关键证据。但仅依据这些材料，不足以让评估人员相信系统安全在可接受范围内。

此外，独立分析模型可能基于大量的假设，这些假设大多在模型内部很难获取。因而总有一些问题不能在特定的分析模型内部获取。这其中关键是证明模型本身。

评估人员需要做的是将各部分推理和以安全保证案例形式存在的各种证据来源，综合成论据。这些论据使潜在假设和根据更加清晰。一个有效的安全保证案例需要明确、全面且可防御的论据，即系统在整个运营和消亡过程中，其行为都在可接受范围内。

为度量安全性、可靠性等系统性质，从而使得系统安全特性更加明显和可控，有必要构建分析模型和构件。

结构化分析模型通常由适当的监管机构授权作为安全保证案例发布。

安全保证案例由四个主要元素构成：目标、论据、证据和背景。安全案例强调安全目标，即机密性、完整性和可用性。为了保证系统安全，系统拥有者必须证明安全目标已经达到。安全论据用于沟通证据和目标之间的关系，并证明证据能够表明目标已经实现。背景等同于论据基础。没有证据的论据不能成立，因而也没有说服力。有证据而没有论据，也就不能解释（或者不能明确）如何满足安全目标［Eurocontrol 2006］。

声明支持了需求，而声明被其他（子）声明支持。叶子声明由证据直接支持。子声明结构树定义了论据环境。

2.2.2.1 安全保证案例内容

规范的安全保证案例至少应该包含以下几点［Eurocontrol 2006］：

- **声明**：即安全保证案例需要证明的结果。这必须直接与安全保证案例的主题，即可接受的安全范围相关。
- **目的**：安全保证案例撰写目的？向谁提供？
- **范围**：具体的安全保证范围是什么？哪些不是其安全保证范围？覆盖哪些区域？
- **系统描述**：关于系统/变化及其操作和物理环境的描述。这能够帮助解释安全保证案例的目的，帮助读者理解其他安全保证案例。
- **理由**：对于安全保证案例，提供引入改变的理由（因此可能承担潜在风险）。
- **论据**：合理且结构良好的安全保证论据表明了目标要求是如何满足的。
- **证据**：即具体的、普遍认同的、可用的关于系统的事实。这些事实能直接或者间接支持声明。
- **警告**：所有假设、未解决的安全问题和任何在系统运营中的限制和约束。
- **结论**：一个简单的、表明声明满足陈述警告的陈述。

2.2.2.1.1 安全保证声明

安全保证案例涉及一个或多个安全保证声明（从此简称为"声明"）。每个声明以命题方式表达，陈述为期望结果、目标或者重要的评估度量点。其解答必然是真或假。典型的系统安全保证声明也就是防御措施有效性说明，该声明表明相应安全控制足以降低特定已识别的风险。声明特征可总结如下：

- 声明应该有界定。
- 声明不应该是开放式的。

- 声明应该可以被证明。

特殊的声明陈述还应该包括明确的事实依据，以便有信心在可用的、关于安全保证案例的主题事实中识别出来。因为至少在原则上，即使证据收集也有一些额外引入的间接事实的复杂分析。一旦形成声明，回答下述问题将十分关键：

- 什么样的陈述能说服人们相信声明为真？
- 我们说声明为真的理由是什么？

2.2.2.1.2 安全保证论据

安全保证论据（从此简称为"论据"）以简明方式解释安全保证声明和安全保证证据之间的关系，并清楚地描述如何证明声明：

- 证据应该如何收集，并解释？
- 最终，什么样的证据支持了声明？

安全保证论据以结构化方式构建声明，是一种将声明分解为大量子声明，并用以证实最终目标或高层声明的策略。当证据是可用、共同认可且无争议的系统事实的集合时，安全保证论据就弥合了可用事实和声明陈述之间的概念化差距。例如，包括当声明需要进行分析或者需要积累的可用事实时，因为二者在支持声明时，都不提供直接支持。

分解声明可能反复进行，直到声明已经被客观证明，没有必要进一步简化。此分解策略最终结果是不需要进一步提炼的子声明，这些子声明可以明确怎样收集证据，以及哪些证据应该收集：

- 什么情况下认为缺失证据？
- 需要收集哪个层次的证据？

这些子声明作为证据收集的可度量目标集。

一个典型的安全保证案例需要将顶层声明分解成几个层次的由证据直接支持的子声明。在某些情况下，一个单一的安全保证论据可用于支持多个安全保证声明。

安全保证论据也可以基于产品评估和测试构成。这种方法通常用于安全相关产品，尤其在安全评估和统一标准计划 ISO/IEC 15408-1：2005 [ISO 15408]，[Merkow 2005] 中。在这种情况下，安全保证论据基于产品的保护文档和实现的安全评估保证级别。

安全保证论据可以有其他方式或者很多不同来源构成。在前面展示的例子中，安全保证论据基于：

- 测试和评估产品或服务；
- 供应商的信誉；
- 执行工作工程师的专业能力；
- 所使用的过程的成熟度。

其他可用来源包括：

- 设计产品或服务使用的方法；
- 设计产品使用的工具；
- 实现服务所使用的工具；
- 其他潜在来源。

上述所有都可用于支持安全保证声明。在具体实例中采用哪个策略，很大程度上取决于安全保证接受者需求及如何将安全保证案例和产品或服务关联起来。

2.2.2.1.3 安全保证证据

安全保证证据是收集用于支持给定声明或子声明的具体事实。对每个声明，都须采用共同认可的收集技术来获取证据。

所有安全保证组件相互依存，它们一起以清晰且可防御的方式，阐明共同认可且可用的事实，是如何支持有意义的声明。这些声明涵盖系统防护有效性及其最终安全态势。

要注意的是，虽然安全保证不针对安全相关风险添加任何额外防御措施，但对于已实施的控制是否会降低预期风险这一点，安全保证确实提供了信心。

安全保证也为防御措施是否实现预期功能提供了信心。这种信心来源于防御措施的正确性及其有效性。正确性指防御措施符合实现的需求。有效性指防御措施提供足够的安全，满足客户安全需求。对某些需加强证据支持的声明取决于安全保证需求的层次。

2.2.2.2 安全保证论据的结构

目标结构化表示法（Goal-Structuring Notation，GSN）由英国约克大学开发。该方法提供了可视化工具，可以显示结构化安全保证论据，并提供文本注释和对支持证据的引用［Kelly 1998］，［Eurocontrol 2006］。

正确运用 GSN，可以使构建的安全保证论据更加严谨，并为获取关键解释材料提供手段。这些材料包括假设、背景、论证框架内的理由等。图 2-9 显示 GSN 的一种适应形式，例子中论据和证据结构说明了 GSN 在安全保证案例中常用的符号（具体说明参见表 2-1）。

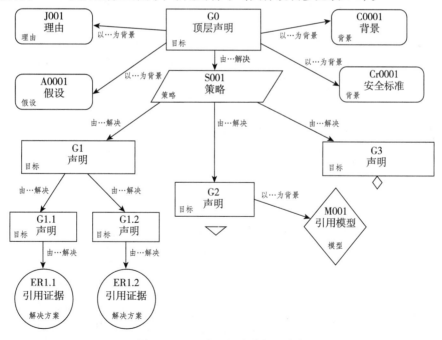

图 2-9　GSN 表示的安全保证案例

表 2-1   目标结构化表示法组件

G0 **顶层声明** 目标	**声明**——声明应该采用简单、可预测的形式。例如陈述要么为真，要么为假。GSN 将声明进行结构化和逻辑分解，分解成低层次的声明。为确保论据结构充分，每个层次的分解有必要确保：声明集合应覆盖所有必要事件，以确保父声明为真；没有有效的声明与父声明冲突。如在图 2-9 中，声明 G1 可以完全分解为声明 G1.1 和声明 G1.2。故需要保证 G1.1 和 G1.2 为真，从而证明 G1 为真。如果该原则一直严格向下应用，遍历整个 GSN 结构，为断定顶层声明为真，仅需保证满足每个最低层的论据（如论据为真）。证据的作用即为满足最低层声明。不必要（或错置）的声明本身使论据结构无效。但这些无效声明严重扰乱了清晰的可理解的关键声明，因而应该极力避免。在 GSN 中，由于安全保证案例为证据收集和系统分析活动提供指导，声明也被称为目标。
ER1.2 **引用证据** 解决方案	**证据**——如上所述，论据结构要证明其完整性，就要求每个分支都有一个指向相关证据的引用，这些证据用于支持与论据相关的声明。因此证据具备以下特性：恰当且完全能够支持相关声明。干扰证据（例如与声明不相关信息）由于其扰乱其他一致且充分支持的相关声明，因而应当极力避免。不充分的证据削弱相关声明及及其有关联的所有高层结构。
S001 **策略** 策略	**论据**——策略是向需解析的结构添加注释的有用方式。例如如何进行声明分解。策略不像谓语一样，能形成声明的部分逻辑分解，只能纯粹作为分解的解释。在 GSN 中，论据也被当做策略，意味它解释了声明分解成子声明的过程，即说明了安全保证的策略。
A0001 **假设** 假设	**假设**——假设是在形成论据时，所依赖的有效陈述。假设也可依附于其他 GSN 元素，如策略和证据。
C0001 **背景** 背景	**背景**——背景为理解或放大声明（或其他 GSN 元素）提供必要信息，也包含了以某种方式限定声明范围的陈述。标准即为检查是否满足声明的工具。
J0001 **理由** 理由	**理由**——理由用于表明满足特定声明和策略的推理是否恰当。更一般的理由，可用于论证可靠案例主题的变换。
M001 **引用模型** 模型	**模型**——模型是系统、子系统或者环境的表示（例如模拟、数据流图、电路布局、状态转换图等）。

2.3   安全保证过程概述

安全保证过程由系统分析、为利益相关者的假设生成安全保证案例等活动组成。安全保证案例实现机制是使系统符合给定的需求，且在操作环境中能如预期运行，从而使弱点和漏洞利用风险最小化。它是以结构化方式识别所有安全保证组件及其关系的工具。与前面提到的一样，这些组件以声明、论据和证据形式存在。声明可追溯到其支持的论证，并由这些论证得到其支持证据。系统安全保证并不是全新的概念，相反，它以可重复且系统化的方式实现基于工程学科的风险评估和系统分析［Landoll 2006］，［Payne 1993］。系统安全保证也为系统验证活动、系统核实活动和风险评估过程提供指导。一旦完成安全保证评估过程，就可以开始进行风险评估。这一过程由对一致性分支中的声明进行评审开始，对于那些不一致的声明，其证据用于计算风险，鉴定降低风险方法的效果。每个利益相关者都有其自身的风险评估，例如安全、可靠性、性能和服从监管等。

系统安全保证的作用在于沟通风险分析、系统分析和认证，从而形成清晰、合理的系统性核查方案和对利益相关者假设有效的说服理由（如图 2-10 所示）。系统安全保证关键是管理系统相关知识、任务及其环境。

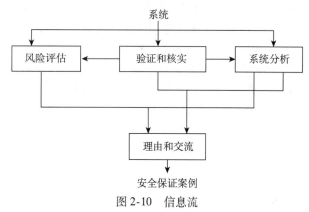

图 2-10　信息流

此外，系统安全保证通过其组件，展示了强大的建模能力和以正式方式（形式上，相对于结构良好且正式的子声明论据，这在一定程度依赖于陈述性论证）评估可信度的方法。它对以下领域有重大意义：

- 为系统构件提供高层次目标/策略之间的可追踪性；
- 使评估过程自动化、可重复且具有客观性；
- 不同于仅关注系统某特定视图（例如 CMMI = 过程视图，QA 测试 = 技术视图）的传统评估，安全保证案例提供跨领域视图。这可以将所有系统组件，如功能、结构、操作和过程综合起来考虑。

2.3.1　信任产生

系统安全保证为多学科、跨领域活动，提供协调指导。这些跨领域活动生成系统事实，并将这些事实作为证据，以表达已发现的知识，借此建立对系统的信任。其最终目的为实现系统可接受的系统安全保证度量方式，并对可利用漏洞的风险进行管理。

这种正式方法产生的信任可以作为产品，一般具有以下基本特征：

- 可度量的。信任程度可以用实现的高、中或低信任等级来度量。最终所处信任等级基于系统分析活动中的发现结果。
- 可接受的。用于产生信任的方法是清晰的、客观的，并且对于消费者来说，是否可以接受。
- 可重复的。在同一系统构件上，用同样的可接受方法进行评估，产生相同的信任等级。
- 可转移的。用可接受、可重复的方法来产生信任，其度量等级，可以转移给消费者，也就是说，信任可以作为系统属性，与系统一起打包给消费者。

2.3.2　信任成本

目前，大多数评估活动都由安全保证过程组成。这些活动都是非正式、主观的，且由于缺乏综合性工具和统一的、机器可识别的安全保证内容，使得评估方法很难自动化，因而多采用手工完成。很少用自动化过程意味着安全保证过程工作量大、不可预测、冗长且成本高。

通用标准（CC）评估保证过程［ISO 15408］，［Merkow 2005］是一个很好的例子。该标准要求政府环境内的商业产品需要通过 IT 系统认证过程。IT 系统 CC 评估保证等级（从 EAL1 到 EAL7）反映了系统如果需满足相应的安全需求时，应该在哪个等级上被测试认证。更高等级的认证为系统提供更可信的安全特征证明。但这些特征依赖于系统实现，且关注在指定安全等级上的产品开发过程。只有高等级 EALs（EAL5 ~ EAL7）才对正式系统构件进行评估。而且这些评估成本高，是一个费力的评估过程。

2006 年，美国政府责任署（Government Accountability Office，GAO）发表的一份关于通用标准的评估报告，该报告总结了 EAL2 到 EAL4［GAO-06-3922006］级别评估中的成本和计划报告。具体结果如图 2-11 所示。

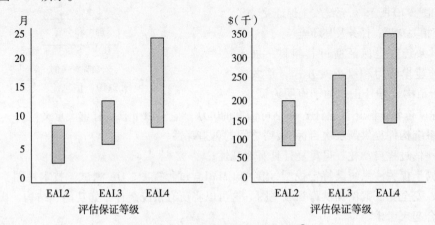

图 2-11　公共标准评估成本总结[⊖]

通过 EAL1 到 EAL4 认证需要数万美元，而通过 EAL5 到 EAL7 则可能需要数百万美元。例如，EAL7 中的操作系统分离内核一项，就持续 2.5 年，须耗资 5 万美元，因而并不适用于所有系统。自动化则可能改变安全保证的游戏规则。

参考文献

Eurocontrol, Organization For The Safety of Air Navigation, European Air Traffic Management, *Safety Case Development Manual,* DAP/SSH/091. (2006).

ISO/IEC 15026 *Systems and Software Engineering – Systems and Software Assurance,* Draft. (2009).

ISO/IEC 15408-1:2005 *Information Technology - Security Techniques - Evaluation Criteria for IT Security Part 1: Introduction and General Model.* (2005).

Toulmin, S. E. (1984). *An Introduction to Reasoning.* New York, NY: Macmillan.

Toulmin, S. E. (2003). *The Uses of Argument.* New York, NY: Cambridge University Press.

Kelly, T. P. (1998). *Arguing Safety – A Systematic Approach to Managing Safety Cases.* University of York, PhD Thesis.

⊖　资料来源：GAO 数据分析，通用标准 NIAP 实验室（2006）提供。

Landoll, D. J. (2006). *The Security Risk Assessment Handbook*. New York, NY: Auerbach Publications.

Merkow, M. S., & Breithaupt, J. (2005). *Computer Security Assurance Using the Common Criteria*. Clifton Park, NY: Thompson Delmar Learning.

NDIA, *Engineering for System Assurance Guidebook*. (2008).

Payne, C. N., Froscher, K. N., & Landwehr, C. E. (1993). Toward A Comprehensive Infosec Certification Methodology, Center for High Assurance Computing Systems Naval Research Laboratory. In *Proc. 16th National Computer Security Conference* (pp. 165–172). Baltimore MD: NCSC/NIST.

ISSEA (2003). *SSE-CMM Systems Security Engineering – Capability Maturity Model, 3.0* http://www.sse-cmm.org/index.html.

Wilson, S. P., Kelly, T. P., & McDermid, J. A. (1997). Safety Case Development: Current Practice, Future Prospects. In: *Proc. Safety of Software Based Systems - Twelfth Annual CSR Workshop*. York, England.

SafSec (2006) *Integration of Safety & Security Certification. SafSec Methodology: Standard*. Dobbing, B., Lautieri, S., (Eds), Praxis High Integrity Systems, UK.

GAO-06-392 (2006) U.S. Government Accountability Office. *Information Assurance*. National Partnership Offers Benefits, but Faces Considerable Challenges. March 2006, Washington, DC.

第3章

如何建立信任

> - "您可以告诉我，从这里我该选择哪条路么？"
> - "这取决于你想去哪儿。"
> - "我不是很在意去哪里……"
> - "这样的话，随便哪条路都可以。"
> - " ……如果我到了那里"，Alice 补充道。
> - "噢，你确定这么做。"猫说，"那么你一直走下去就可以了。"
>
> ——路易斯·卡罗尔，《爱丽丝梦游仙境》

> "约束不明，申令不熟，将之罪也；既已明而不如法者，吏士之罪也。"
>
> ——孙子，《史记卷六十五·孙子吴起列传第五》

3.1 系统生命周期内的安全保证

网络系统防御应该涵盖整个系统生命周期［ISO15288］，［NDIA 2008］。在系统生命周期内计划活动时，一旦建立起运营概念，组织机构通常将分析系统主要安全需求作为目标。初始的系统安全评估作为安全管理计划开发过程的基础。在该管理计划中，明确说明了详细的安全活动。除此之外，还表明了所寻求完成的目标（例如容量、性能、安全性、可靠性的提高），对安全造成的可能影响（由于安全评估在此阶段尚未启动，仅作大致估计），用于在项目背景下确定安全的标准，以及从广义上论证安全的策略。安全需要先转变为安全目标，然后转化为项目实际安全需求（具体如图 3-1 所示）。

初始安全保证论据（Initial Assurance Argument）。基于安全需要，初始安全保证论据应尽可能完善，且至少为安全管理计划提供足够的目标集。虽然安全保证论据的初始视图可能随后来安全评估的结果改变，但该论证还是提供了安全起点和项目安全保证案例开发框架。

安全管理计划（Security Management Plan）。具体说明了整个系统生命周期内完成的安全活动及其执行的责任。

安全评估（Security assessment）。系统安全保证贯穿连续的协调活动，有些活动甚至在整个生命周期内都生效，并产生基于过程的证据。这些证据包括实现安全保证活动的记录，相应的核实和验证活动的结果，而其他证据在系统评估期间的完成，并生成基于产品的证据，如评估基于过程的证据和独立系统评估。系统评估的三个主要阶段（如下述 TRA、PSA 和 SSA）为系统安全保证案例提供了很多证据。这三个阶段介绍如下：

- **威胁和风险评估**（Thread and Risk Assessment，TRA）：TRA 生成安全目标，限制事故的影响，并减少类似事故发生的可能性，从而依据推荐的额外安全控制措施，将相关风险控制在可接受范围内［Swiderski 2004］，［Howard 2003］，［Sherwood 2005］，［NIST SP800 - 30］，［RCMP 2007］。
- **初步系统评估**（Preliminary System Assessment，PSA）：PSA 保证系统设计足以降低已识别的威胁，并生成安全需求和系统元素需要的安全保证等级。
- **系统安全评估**（System Security Assessment，SSA）：SSA 承诺实现的系统符合安全需求，且风险在可接受范围内。

　　实现和集成（Implementation and Integration）涵盖从开发新（或修改）系统到运行服务期间所需的所有活动。该系统即为安全保证案例的主题。

　　向运营迁移（Transfer into Operation）。新/修改系统向运营迁移阶段，迁移（部分项目安全保证案例）实施主要执行风险评估以降低迁移风险。该迁移实施的评估亦可通过观察项目安全保证案例的执行过程和验证结果总结出来。

　　运营安全服务（Operational Security Service）非常重要，因为即使不是所有，大多数预先的安全评估工作都是具有预测性的。因而，进一步的安全保证由运营服务实际目标决定。如果运营过程和预测的安全评估结果差异过大，则有必要进行评审，并更新系统安全保证案例。

　　图 3-1 展示了大致的系统生命周期过程及其对安全保证的作用。

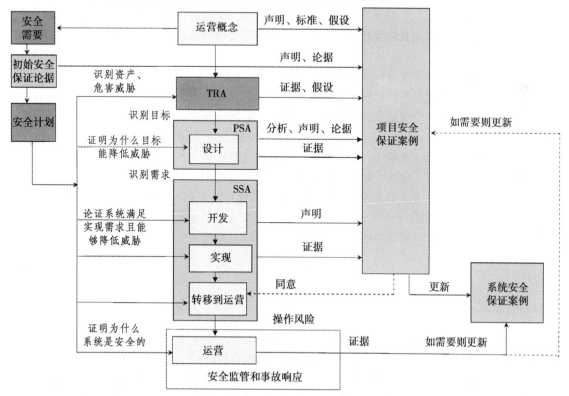

图 3-1　安全保证和评估

端到端安全保证的终极目标是证明系统在运营期间是安全的。当安全保证嵌入系统生命周期时，多阶段方法在系统开发时，通过各阶段逐步积累证据。各阶段证据内容总结如下：其一，TRA 阶段识别安全威胁和产品安全目标，即系统安全的关键点。其二，PSA 阶段证明系统设计是安全的。在系统生命周期内，尽早生成初始安全论据好处在于：任何弱论据都能够尽早发现，并在系统工程活动中，由推荐的额外安全防御措施进行预防。其三，SSA 阶段证明系统实现是安全的。SSA 阶段证据应该来源于系统，而不是描述系统的设计文档。SSA 阶段证据支持了一些肯定声明。例如相对于否定声明，系统选择实现的防御措施证据；没有行为绕过防御措施；没有未被降低风险的漏洞存在。将整个供应链安全保证纳入 SSA 安全保证案例考虑范围是很明智的。供应链范围从获取组件的安全保证，到交付和安装系统的安全保证，其中有很多方式可能将漏洞引入（不论有意或无意的）运营系统。其四，运营服务安全部分由在 SSA 阶段设计的管理规则和规程保证，部分由运营阶段采用的额外安全评估来保证。运营评估为系统安全保证案例提供了进一步的证据，证明了系统在运营中保持安全的声明。最后，任何系统变更（例如对系统元素的补充、硬件更换、运行环境的改变或者人事变动）都需要额外的安全保证。

需求定义、需求分析、架构设计、实现、集成和迁移，这些系统开发过程由初始项目安全保证案例完成。项目安全保证案例定义了系统安全基线。初始的安全保证案例是具有（表明系统运行将是安全的属性）预测性质的。系统安全保证案例包含了这一初始项目安全保证案例和安全审计、调查和运营监管的结果（用于显示系统直到某个时间点，确实是安全的）。

为表明系统正在运行，日常操作是安全的，且将继续安全运行，有必要生成并维护系统安全保证案例。在系统变更或运营环境改变时，相应采取所需安全管理措施，并由额外的项目安全保证案例保证。

系统拥有者在系统现有安全相关的服务/系统（包括运营环境的改变）发生特定客观的变更时，也可以决定是否生成新的项目安全保证案例。

正常情况下，项目安全保证案例仅考虑由变更引发的风险和变动，并依赖于一个假设（或者对应系统安全保证案例的证据），即变更前系统的安全在可接受范围内。项目安全保证案例的更新通常包括在系统安全保证案例中。系统安全保证案例定期更新，提供所有系统拥有者可接受的运营风险和重要预防措施，以防止较小的风险积聚成不可接受的风险。

系统安全保证案例作为在整个系统生命周期内一直更新的文档，实现了安全保证的连续性。OMG 安全保证体系强调以综合系统模型方式来管理系统安全保证案例。这维持了安全需要、安全目标、安全需求、对应安全保证声明和系统实现之间的可追踪性，也增加了项目安全保证的成本有效性和实用性。

3.2 系统安全保证过程中的活动

系统安全保证过程跨越系统生命周期多个活动段，关注活动所依据的逻辑依赖，而不考虑实现技术过程，也不关注这些步骤如何加入系统生命周期的项目过程。

前面章节已经介绍过，理想的安全保证过程应当作为持续安全保证集成到系统工程过程中，以便高效地在风险管理、系统安全保证和系统工程之间开展计划活动。这样才能够向工程方案提出及时建议，并在相关事实产生时能及时捕获，以避免重新发现的代价。但在实际现实中，很多组织或系统在迁移到运营阶段时，仅进行一次性第三方安全评估，甚至将该评估调整到运营阶段执行。

在网络安全环境中，安全保证过程和相应案例有必要侧重于软件和网络安全保证。因为网络系统期望和非期望行为，在某种程度上，都取决于软件组件虽然在此处应用的方法是可行的，不仅是技术方面，还包括管理和物理方面。

另外，OMG 安全保证体系使面向事实方法变得更加容易实施。该方法中将安全保证事实和证据作为集成模型的元素进行管理。该模型以持续收集事实的知识库为基础。管理安全保证好处在于：对于某些小项目，通过物理重用已有系统事实，以更高效的方式利用知识库来完成项目的安全保证。在稍后第 9 章中，我们将介绍这种方法的技术细节。

安全保证过程的目标是为理解整个系统安全态势，将这些知识通过明确、全面且可防御的安全保证案例，转换成利益相关者对系统安全性的信心。这些安全保证案例支持系统功能符合预期的声明，且没有有意或无意的漏洞。安全保证过程常见阶段参见图 3-2。

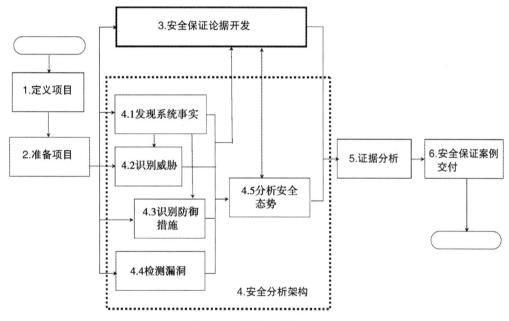

图 3-2 系统安全保证过程

总而言之，该过程生成以下两个关键声明的理由：1）定义充分的安全需求可以降低所有已识别的威胁；2）定义充分的需求也方便系统实现时满足其要求。

项目定义（Project definition）。项目定义阶段主要输出为安全评估的工作陈述（Statement of Work，SOW）。该文档对项目成功十分关键，因为它捕获生产者和消费者之间关于安全保证案例的协定。协定包括评估目标、范围、严密性及其预算。SOW 为所有后续阶段提供了管理框架。尤其在第三阶段安全评估时，需要根据 SOW 签订法律合同 ［Landoll 2006］，［Miles 2004］，［Cunningham 2005］。

项目准备（Project preparation）。项目准备阶段开始选择评估团队，并对引入组织的评估团队进行评估，以及建立证据收集和分析的工具基础设施。本阶段主要输出为整个系统安全保证项目中使用的系统基线模型。该模型用于管理和分析系统评估的事实及其环境。

安全保证论据开发（Assurance argument development）。该阶段包括安全保证声明、系统化且可防御的结构化论据。由于系统安全保证的安全架构分析阶段和传统风险分析、系统架构设计及验证和核实活动之间存在重叠，因而由可防御安全保证论据引导的系统化证据收集是系统安全保证过程所特有的。在综合系统模型中的安全架构分析是面向事实的系统安全保证的一个特征。

安全分析架构和证据收集（Architecture security analysis and evidence gathering）。该阶段包括系统事实发现、识别资产、威胁、漏洞和防御措施。这些都是属于安全评估和安全态势分析范畴。安全架构分析阶段由安全保证案例的论据结构引导。但为方便系统事实、威胁和防御措施辅助实现安全保证案例结构，该阶段与安全保证案例开发同时执行。有必要提出的是识别系统资产、威胁和防御措施通常作为风险管理过程的一部分，所以（取决于系统安全保证如何集成到系统生命周期内）最低限度上，先前存在的资产、威胁和防御措施知识对系统评估团队有用，且可以引入到安全保证集成模型中。如果在评估时没有这些信息，则应该在此阶段重新获取。否则，先前存在的信息应进行详细的验证。安全分析架构的每个活动都内建验证和核实机制，因而有助于处理相关证据。证据收集的严密性（即证据收集精细程度）在项目定义阶段决定。安全分析架构阶段结果为：经过评估的系统集成模型。

证据分析（Analyze evidence）。此阶段，证据在安全保证案例背景下进行分析，以识别脆弱的和不支持的声明。已识别的声明以可能存在漏洞进行标记。这些信息在风险管理活动中用于风险分析和找出可能降低风险的解决方案。已识别的降低风险的解决方案可能需要修改安全保证案例并经过额外的评估。架构驱动的安全保证案例十分适合构建深度防御解决方案。在系统架构中，不确定因素由于与确定区域相关联，也可能导致声明失效。因而对该区域追加防御措施，可以增强其保护能力。在安全工程、风险管理和安全保证之间反复进行的这一过程，构建了我们对产品的信任。

安全保证案例交付（Assurance case delivery）。此阶段为系统安全保证项目结论阶段。通常在此阶段，安全保证案例以认证文档包的形式向系统利益相关者交付。

接下来的章节将详细描述各阶段内容。

3.2.1 项目定义

阶段 1：项目定义阶段开始引入安全保证案例的生产者和消费者。系统评估项目由项目"发起者"启动，通常计划管理授权机构为被评估的系统负责，而鉴定授权机构为系统操作的授权负责。项目发起者决定在项目实施框架内项目成功的目标、所需的可交付成果、可交付成果的质量、项目期限和预算。与项目定义相关的详细步骤在以下环境中可能有很大不同：采用第三方进行安全评估时；运营期内执行时；在系统向运营迁移时进行认证和鉴定时；或者将持续的内部安全保证集成进系统开发生命周期时。图 3-3 展示了其中关键活动。

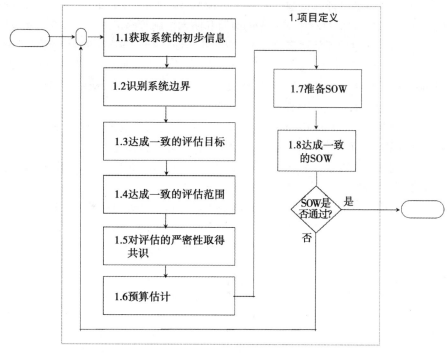

图 3-3　项目定义阶段活动

活动 1.1——**获取系统初步信息**（Obtain initial information about the system）。此步骤中，项目发起者向评估团队提供详细的系统信息，以协助理解项目目标和实现计划。这是安全保证项目的关键步骤，通常会反复进行多次。运营概念（CONOP）文档和样本系统的完整概念描述将在第 12 章介绍。

活动 1.2——**识别系统边界**（Identify system boundaries）。恰当理解系统物理边界和逻辑边界是界定安全保证项目范围的关键元素。该活动通过在确定的系统操作环境内，以单一控制方式收集系统活动和行为，进而界定需被评估系统的边界。安全保证项目可能包括多个系统，如在评估整个机构、某个业务单位或者分公司时。信息系统物理元素包括确定的设施（大学校园、建筑物、房间或其他分散空间），计算机设备（服务器、工作站、移动设备），通信和网络设备及其他关联设备。信息系统的物理边界用于定义哪些元素属于系统范围内，哪些元素在系统范围之外。

信息系统逻辑元素指系统实现的功能。信息系统逻辑边界用于定义哪些功能属于系统范围内，哪些功能在系统范围之外。

关于识别系统边界的详细指导将在第 4 章进一步介绍。

活动 1.3——**达成一致的评估目标**（Agree on the objectives of the assessment）。系统安全保证项目的主要目标是通过评估当前系统安全态势，进而对系统安全可信程度给出公正的评价。而安全保证项目的益处很多，例如为修改系统提供理由；为改进系统防御措施提供建议；作为安全检查和安全平衡的一部分；为安全计划提供独立评审；为授权运营进行认证。由于其影响实际安全保证案例交付，所以应恰当地理解其真正目的。

活动 1.4——**达成一致的评估范围**（Agree on the scope of the assessment）。评估范围由被评估系统的边界、资产类型、评估过程中需考虑的威胁和防御措施等确定。进一步介绍参见第 5 章。

活动 1.5——**达成一致的评估严密性**（Agree on the rigor of the assessment）。评估严密性由用于评估证据的标准（两个常用标准：支持声明的证据超过反证，则认为声明是正确的，即"优势证据"，另一个标准是"超越合理怀疑"）和查找反证的彻底程度（从样本到穷尽查找）决定。这些考虑都会影响安全保证案例中论据的结构。

活动 1.6——**预算估计**（Estimate the budget）。评估严密性和范围这两个变量决定工作陈述，以及安全保证项目完成的预算和时间。采用自动化工具可以降低预算。

活动 1.7——**准备工作陈述**（Prepare the statement of work，SOW）。在多数安全保证项目中，SOW 作为法律合同的一部分。

活动 1.8——**达成一致的 SOW**（Agree on the SOW）。讨论并通过一致的 SOW 经常需要反复进行。但对特定项目在确定的目标和范围内进行投标也是很常见的。

在安全保证案例开发过程中，定义安全保证案例范围和边界是十分关键的第一步。它必须清楚地解释：

- 安全保证案例覆盖的范围（哪些不需要覆盖）。
- 管理控制层及利益相关者各自的责任范围。
- 与其他安全保证案例关系，如果可行。
- 针对安全法规和标准的可行性和遵循性。
- 定义范围、边界和安全标准时的任何假设。

背景描述通常包括：

- 从安全角度看，系统的目标。
- 与其他系统的接口，包括人、规程和设备。
- 运营环境，包括所有受影响的特征和评估可接受安全水平所依赖的元素。
- 对 CONOP 的引用，用于解释所支持的系统和服务如何按预期运营。

在顶层安全保证声明背景下，安全标准对于定义什么是安全十分关键。大致上，标准可分为以下三类：

- 绝对的。有确定的目标需求。这类标准通常是定量的。
- 相关的。与现有（或先前）安全等级相关。该类标准可能是定量的，也可能是定性的。
- 减少的。有确切的理由可以减少风险的地方。该类标准通常是定性的。

总之，优先考虑绝对标准，因为满足它们不依赖于过去已经证明的安全成果。风险分类方案通常作为绝对论据的基础标准。有时候也混合使用多种类型标准，甚至所有三种。例如确切的理由减少风险，这一陈述本身可能就不是十分充分，因为从某种程度上来讲，减少风险的措施有可能额外引入风险，而有确切理由减少风险，这一陈述本身并没有达到保证措施最低效果。

3.2.2　项目准备

阶段 2 项目准备由项目定义过渡而来，此阶段完成项目招投标，并对系统证据收集和分析方式等进行协商。项目准备包括三个活动（如图 3-4 所示）：团队准备、项目准备和建立系统基线模型。

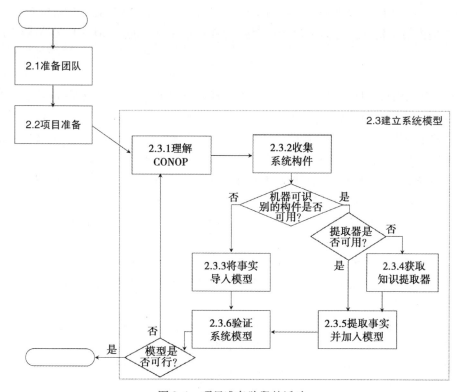

图 3-4　项目准备阶段的活动

活动 2.1——**准备团队**（Prepare team）。该活动包括选择评估团队，并将其引入被评估组织。评估团队领导者必须有足够的专业知识和经验，团队成员技能精湛，如熟练使用自动化工具等技能。

活动 2.2——**项目准备**（Prepare project）。该活动中，评估团队被引入组织，并获得组织书面授权以遵从相关法律和组织政策。同时请求访问权限和用户账户、获得评估项目所使用工具的许可证书、安装工具、计划并同客户协调评估活动和安排会谈等，以期正常开展评估活动。此阶段详情超出本书论述范围，在此不作详细介绍。

活动 2.3——**建立系统模型**（Establish system model）。该活动目的为收集被评估系统结构和行为的事实基线。项目准备阶段显著特点是：利用自动化知识提取工具获取大量精确的与系统结构和行为相关的底层系统事实。系统模型一般在安全架构分析阶段的证据收集中使用。当系统初步事实进一步扩展丰富，直到可以推断出有效的安全防御措施时，就可以推断系统安全态势了。系统事实发现遵从标准的系统事实交换协议，该过程将在第 11 章介绍。系统基线模型内容，在一定程度上由可用的提取工具决定。同时，对某些确定系统事实的需求，在某种程度上，也取决于系统实现。最重要的是，系统基线模型应当包括系统网络图，其中枚举了所有相关物理节点、应用及其关联，系统基线模型还应枚举所有系统构件，以及这些构件如何组成系统、各应用在评估范围内的逻辑视图、运行时平台的相关事实、用户接口的相关事实和系统一致性数据等内容。

活动 2.3.1——**理解 CONOP**（Understand the CONNOP）。CONOP 文档为系统目标、系统元素及其角色提供初步指导，也为理解系统关键构件提供了切入点。CONOP 文档的例子参见第 12 章。

活动 2.3.2——**收集系统构件**（Collect the system artifacts）。系统构件是系统开发过程中创建的实际文档。例如需求规格说明文档、设计文档、源代码及可执行文件。构件也是系统事实的来源。在此阶段我们确定构件是否有助于构建系统基线模型。一些系统构件是机器可识别的，也就是说这些构件是语法语义定义清晰的结构化文档，如源文件、可执行文件和 XML 文件。也可能是非结构化文档，如文本文档和电子邮件，也可能包含系统有效事实，但很难进行自动化处理。还有些信息并不提供机器可识别文档，如系统网络配置和系统用户接口。关于系统构件活动详细介绍和例子，参见第 11 章中部分小节。

活动 2.3.3——**将事实导入模型**（Import facts to model）。该活动专为处理零散的，不提供机器可识别格式的信息。在此情况下，手工创建对应的机器可识别描述，并将其导入系统模型。此阶段其他介绍参见第 9 章和第 11 章，网络附录也提供了相关例子。利用自动化提取工具构建系统模型可以最小化评估成本。幸运的是，现代化系统开发的趋势是在整个系统生命周期内，逐步积累精确的机器可识别信息。

活动 2.3.4——**获取知识提取器**（Acquire the extractor）。依据系统构件类型（例如可执行文件格式、编程语言、数据定义语言、运行时平台、网络配置）不同，评估团队应当采取相应的知识提取工具。专用于某些系统的提取器，也应根据项目目的进行定制。

阶段 2.3.5——**提取事实并加入模型**（Extract facts and add to model）。此活动中，用提取器获取系统构件的系统事实，并将其加入模型。面向事实模型和面向事实集成模型将在第 9 章中详细介绍。该活动输出为系统的 KDM 视图，不同角度观察 KDM 视图将在第 11 章详细介绍。

阶段 2.3.6——**验证系统模型**（Validate system model）。验证和核实系统模型是整个系统安全保证项目关键活动，因为系统模型在整个项目中管理所有安全保证知识。由于对系统及其构件的初步理解不能做到足够全面，系统模型演化也是个反复过程。因而修正系统基线模型的证据对安全保证案例也非常重要。由于采用自动化，大量理由可以用经过认证的提取器收集。这些理由可以在多个安全保证项目中重用。

3.2.3 安全保证论据开发

阶段 3 安全保证论据开发可以与阶段 4 安全架构分析活动同时进行。这两个阶段都有多个依赖项：架构事实帮助构造安全保证案例，而安全保证论据分解了安全声明，因而为证据收集提供了指导。而证据又在其背景下被解释。

安全保证论据是断言系统或服务安全的声明的集合。安全保证论据由论证系统安全的顶层声明开始（如图 3-5）。顶层声明由安全标准支持，安全标准定义了在安全保证项目和声明所依赖的基础假设的背景下，安全的含义。声明的运营背景通常在 CONOP 文档中说明。

接着，顶层声明被分成独立防御措施有效性声明，并进一步分解成更低层次声明，直至最终声明仅需简单分析即可证明（如图 3-5 到图 3-11，进一步的目标分解详细例子参见第 12 章）。安全保证案例的每个声明陈述都是一个判定，如仅能为真或为假的陈述。各分解层次声明的集合都足够且能充分证明父声明是正确的。而策略说明了分解依据。每个安全保证案例结构的分支由支持证据终结。

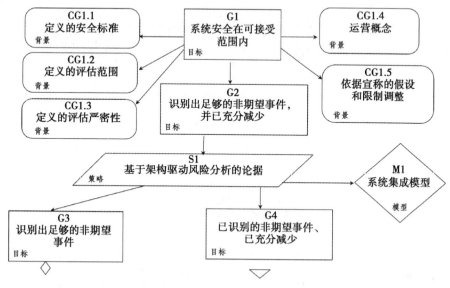

图 3-5 安全保证目标（G1-G4）

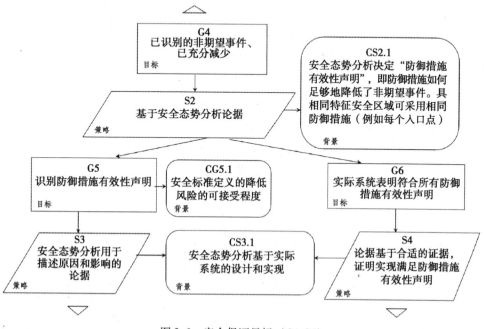

图 3-6 安全保证目标（G4-G6）

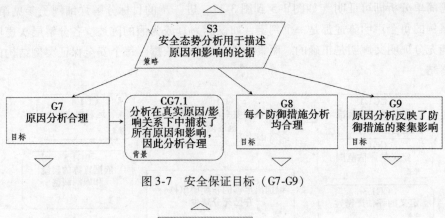

图 3-7　安全保证目标（G7-G9）

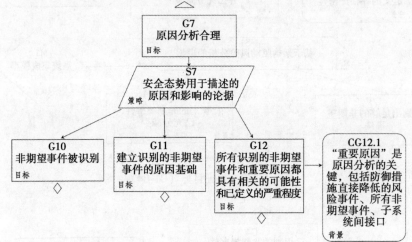

图 3-8　安全保证目标（G7-G12）

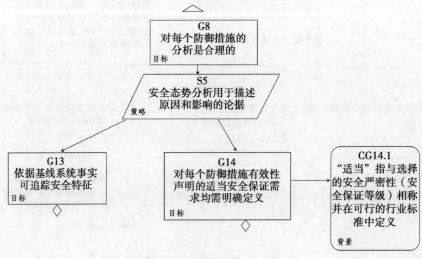

图 3-9　安全保证目标（G8-G14）

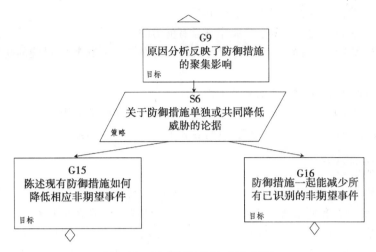

图 3-10　安全保证目标（G9-G16）

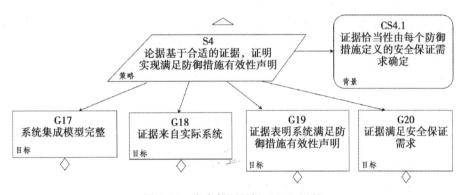

图 3-11　安全保证目标（G17-G20）

一个包含声明和证据的安全保证案例表明：

- 安全架构分析有效（下图中声明 G3、G3、G10、G11、G12、G13、G14、G15 和 G16 的证据）。
- 降低已识别的风险（下图中声明 G17、G18、G19 和 G20 的证据）。

基于产品（直接）和基于过程（非直接）的论据和相关证据之间有着明显区别。

对于安全架构分析的有效性，基于产品的证据关注决定系统安全态势的陈述，并且表明：

- 已识别出所有相关的非期望事件。
- 非期望事件的潜在影响被正确分类。
- 防措施有效性声明能够表明不必要事件已经被减少至可接受范围。

此处关键是确保安全架构分析的完整性，例如所有风险都已经被纳入考虑，因为基于不完整或者不正确的威胁或者风险评估，不足以表明防御措施能够降低风险。

基于过程的安全架构分析证据关注系统生命周期内的过程，并表明：

- 安全风险由使用的已建立且恰当的过程决定。

- 用于确定风险的技术和工具经过验证和核实。
- 安全架构分析过程由合适的、经验丰富且有能力的人执行。

基于过程的证据关注系统生命周期过程的执行（部分作为对抗特定风险的防御措施），且包括以下证据：

- 针对系统的属性，使用的方法和技术恰当。
- 用于支持过程的工具经过验证和核实，符合批准的安全保证等级，且使用方式合理。
- 验证和核实过程执行适当、完整，且符合相关指导、程序和标准。

3.2.4 安全架构分析

阶段 4 安全架构分析将系统模型作为发现系统架构、识别威胁和防御措施，并检查漏洞（如图 3-12）等相关系统事实的基础。系统安全态势由针对威胁（非期望事件也是威胁，参见第 5 章）的防御措施有效性决定，因为如果防御措施没有降低系统威胁，则意味着系统中存在相应的漏洞。某些漏洞在不进行威胁检查的情况下，基于类似现有组件的先前经验或已知的错误模式，就能够被发现。其余漏洞则与系统及其威胁相关。三种类型的漏洞是系统安全状态的反证。漏洞检测和安全态势分析的全面程度由评估严密性决定。任何对系统架构和系统威胁理解的偏差都会严重削弱系统安全保证的可靠性。而对当前防御措施识别的不足则可能导致片面的反证（有些漏洞可能由于缺少防御措施，反而降低了暴露风险）。

深度防御方法用于弥补漏洞检测的不确定性。它包括额外的架构事实，即识别具有具体安全声明的防御重点区域。这些区域用于构建安全保证案例（参见第 3 阶段定义）。安全架构分析阶段由安全保证案例指导，并为安全保证案例收集直接基于产品的证据（如图 3-12）。

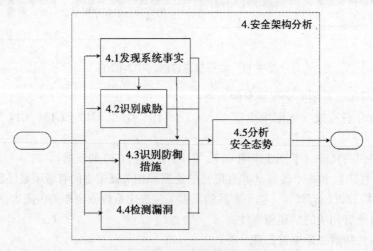

图 3-12　阶段 4 "安全架构分析" 活动

活动 4.1——**发现系统事实**（Discover system facts）。该活动收集系统架构方面事实，并将其加入系统模型。这些事实用于威胁和防御措施识别阶段。架构事实也部分决定了安全保证论据结构。

活动 4.2——**识别威胁**（Identify threats）。此活动实际进行系统化的威胁识别。对系统安全态势的信任在很大程度上取决于对威胁识别结果的信任。因此，在此阶段，基于验证和核实活动的风险识别，对安全保证案例十分重要。威胁事实将作为 KDM 概念视图集成入系统模型。

活动 4.3——**识别防御措施**（Identify safeguards）。该活动识别防御措施。识别威胁和防御措施在管理、技术和物理安全领域可以并行进行。防御措施事实将作为 KDM 概念视图集成入系统模型。

活动 4.4——**检测漏洞**（Detect vulnerabilities）。该活动识别在给定的系统中，能被独立检测到的威胁和安全策略漏洞。这些漏洞事实也被集成入系统模型。

活动 4.5——**分析安全态势**（Analyze security posture）。安全态势分析是一项架构驱动活动，与安全保证案例开发（阶段 3）紧密相关。该活动结果为安全保证案例的防御措施有效性声明的证据。

阶段 4 是最大的一个阶段，各活动详细内容将在接下来章节中描述。

3.2.4.1　发现系统事实

活动 4.1 "发现系统事实" 是安全架构分析阶段的一部分。该阶段扩展并丰富了系统基线模型。其增加部分包括系统组件、功能、系统入口点、系统安全策略和系统具体词汇表等架构事实。这些事实与基线事实集成。本阶段详细介绍参见第 4 章和第 11 章。

图 3-13 展示了此阶段关键活动。

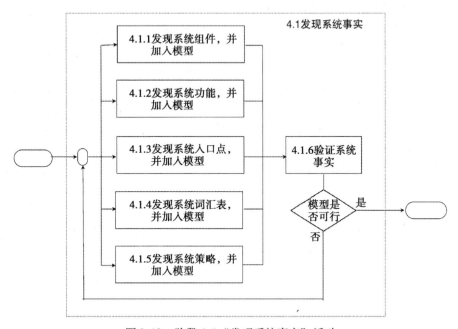

图 3-13　阶段 4.1 "发现系统事实" 活动

图示中，虽然活动 4.1.3 在概念上依赖于活动 4.1.2，活动 4.1.5 依赖于活动 4.1.4，但活动 4.1.1 至活动 4.1.5 可以并行执行。

活动 4.1.1——**发现系统组件，并加入模型**（Discover system components and add to model）。系统基线模型还包括对应于物理元素、用户、网络和整个应用的系统顶层组件。在确定的评估范围和严密性条件下，该活动识别对应于内部子系统和层次的组件，并分析个组件间关系，而且系统组件之间可能嵌套在一起。在对架构采用面向事实方法进行分析过程中，其显著特点是使用事实库管理所有网络安全信息。通过在架构组件和实现架构的底层系统元素之间建立垂直可追踪性链接，可以实现将架构信息集成到系统基线模型中。在父组件及其子组件之间同样也能建立这种链接。在第 4 章和第 11 章将进一步介绍此活动。在第 12 章中提供了其实例。

活动 4.1.2——**发现系统功能，并加入模型**（Discover system functions and add to model）。该活动中用系统行为单元扩展基线模型。系统行为单元指在评估范围和严密性内，采用正式恰当方法发现的系统功能。行为单元是系统模型中的"一等公民"。类似于系统组件，行为单元之间也可能嵌套出现。同样，行为单元也通过垂直可追踪性链接与系统基线模型元素相连。在第 4 章介绍了什么是系统功能及其如何加入架构模型。该活动输出结果被称为行为视图（在 KDM 概念视图中的行为事实），具体在第 11 章介绍。在第 12 章提供了其具体例子。

活动 4.1.3——**发现系统入口点，并加入模型**（Discover system entry points and add to model）。该活动识别并描绘系统边界的入口点，并将对应事实加入系统模型。模型中不仅应包括系统元素，也应包括与运营环境相关的部分。因此，系统边界和入口点元素也应加入知识库中。在第 4 章和第 5 章将进一步介绍该活动，在第 12 章提供了其具体例子。

活动 4.1.4——**发现系统词汇表，并加入模型**（Discover system vocabulary and add to model）。理解系统词汇表为理解系统架构和功能提供了很好的指导，而且对理解系统安全策略及其实现也十分关键。该活动识别系统词汇表，同时将对应事实加入系统模型。该活动在系统词汇表元素和其余系统模型之间建立链接。通常仅将关键的、描述系统安全策略规则的词汇表元素和系统模型进行集成。在第 9、10、11 章中将进一步介绍该活动。在第 12 章中展示了一个完整的系统词汇表的例子。

活动 4.1.5——**发现系统策略，并加入模型**（Discover system policy and add to model）。系统策略帮助识别非期望事件，因而有助于建立系统化的威胁模型。将系统策略规则转化为事实，并与其余系统模型集成的关键先决条件是：理解系统词汇表及其与系统模型元素之间的可追踪性链接。该活动输出结果被称为 KDM 概念视图，这包括与其余系统模型集成的规则单元。这将在第 11 章介绍。在第 12 章演示了完整系统词汇表和安全策略规则的例子。

活动 4.1.6——**验证系统事实**（Validate system facts）。验证并核实系统事实的活动基于系统基线模型之间的可追踪性链接。核实的关键元素在于：通过架构元素，分析系统基线模型元素的覆盖缺陷。验证活动在于收集表明模型正确且完整的证据。该活动在在线附录中有详细说明。

3.2.4.2 威胁识别

活动 4.2 "识别威胁"是安全架构分析阶段（如图 3-14）的一部分。威胁识别过程关键活动在第 14 章介绍。系统化威胁识别过程指导在第 5 章介绍。该活动的输出结果为 KDM 概念视图中的语言事实集合。结果采用了来源于第 5 章定义的风险词汇表。KDM 概念视图将在第 11 章作进一步说明。

3.2.4.3 防御措施识别

活动4.3 "识别防御措施"是安全架构分析阶段（如图3-15）的一部分。该活动识别系统特定位置采用的安全防御措施。其一，评估团队识别期望的防御措施（基于恰当的行业安全控制分类，例如 NIST SP800-53 或者经验），将相应事实加入系统模型，并与其余系统模型建立垂直可追踪性链接。其二，评估团队识别因为行业监管而强制实施的安全控制，如联邦政府、卫生机构和银行等。其三，评估团队将任何缺失的防御措施作为此分析阶段发现的漏洞。该活动输出结果为 KDM 概念视图中的语言事实集合，结果采用了来源于防御措施词汇表中的概念。

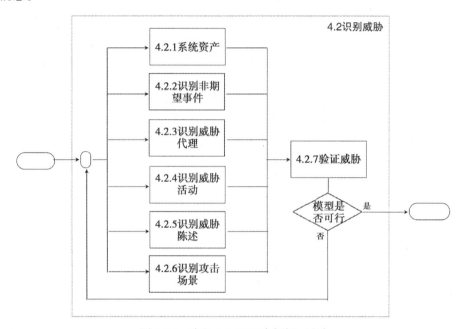

图3-14 阶段4.2 "识别威胁"活动

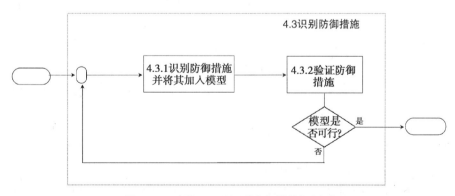

图3-15 阶段4.3 "识别防御措施"活动

3.2.4.4 漏洞检测

活动4.4"漏洞检测"包括三个独立的活动（如图3-16所示）：

- 识别现有组件中已知漏洞（简称现有漏洞）。
- 利用漏洞检测工具探测漏洞，并验证其输出。
- 进行渗透测试。

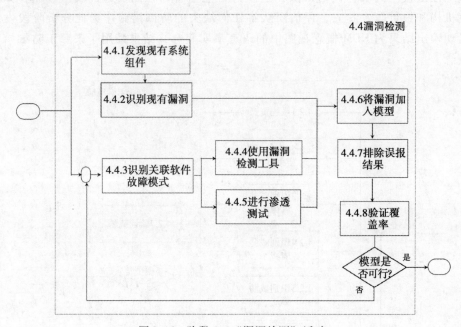

图3-16　阶段4.4"漏洞检测"活动

识别现有漏洞的能力对于网络安全防御十分重要，因为系统通常由现有组件构成尤其是当组件处于运行时操作环境中时，如操作系统、网络软件、编程语言环境和运行时库。

活动4.4.1——**发现现有系统组件**（Discover off-the-shelf system components）。在此活动过程中，识别现有系统组件，并将此信息以属性形式加入系统模型。在架构分析中用到这些信息，以帮助理解其对系统功能的影响和与防御措施之间的关系。

活动4.4.2——**识别现有漏洞**（Identify off-the-shelf vulnerabilities）。该活动过程中，现有组件信息（厂商、产品、版本）可以用于搜索当前系统漏洞信息库，以便获取已知漏洞的列表，以及漏洞等级和其他信息。在第6章介绍了此活动详细过程。漏洞信息也集成到系统模型中（活动4.4.6）。

对于客户定制组件中的技术漏洞，基于已知软件故障模式的漏洞检测能力十分重要。漏洞检测通常有两种方式：基于静态代码（源代码或二进制文件）分析方法和动态渗透测试方法。这两种方式都采用实时更新且综合的模式分类方法。

活动4.4.3——**识别关联软件故障模式**（Identify relevant software fault patterns）。该活动在静态和动态方法中都经常进行。理想的评估团队应该能访问实时更新的模式库，并能熟练执行静态分析和（或）渗透测试。在第 7 章详细介绍了该活动。此阶段中，积累和共享软件故障模式（对工具来说其内容是机器可识别的）是 OMG 安全保证体系的重要特征之一。

活动 4.4.4——**使用漏洞检测工具**（Apply vulnerabilities detection tools）。目前，已经有几个采用静态分析的自动化安全漏洞检测工具，包括免费的、开源的软件，甚至商业软件都有。这些工具通常预置私有模式集。通过代码的静态分析来自动识别漏洞是网络系统安全防御的一项重要功能 ［Dowd 2007］，［Seacord 2006］。在第 7 章将详细讨论此过程。

活动 4.4.5——**进行渗透测试**（Perform penetration testing）。渗透测试是以识别漏洞为目的，而与可操作系统进行交互的过程。很多测试工具可以自动化地建立系统测试模型，并完成相似类型组件所需的测试。与黑盒测试相比，渗透测试的系统测试模型方式可以极大提高测试覆盖率 ［Sutton 2007］。

活动 4.4.6——**将漏洞加入模型**（Add vulnerabilities to model）。本书中介绍的端到端系统安全保证方法中，其特征是所有安全保证信息在系统集成模型中管理。因此，漏洞信息也应该加入此系统模型，方便在安全态势分析过程中使用。

活动 4.4.7——**排除误报结果**（Eliminate false positive findings）。静态分析工具可能产生误报，因而有必要理解查找结果，并清除误报结果。使用系统模型排除误报的优势在于：漏洞结果基于系统架构背景，因而可以比较来自多个漏洞检测工具的结果，从而使误报排除过程更有效。

活动 4.4.8——**验证覆盖率**（Validate coverage）。漏洞检测是安全保证反证的来源。但在缺少漏洞证据时（上面介绍的三种方法在误报被识别并排除后，并不产生新结果），并不意味着没有漏洞，因而漏洞检测和安全保证之间存在差距。覆盖率尤其需要关注的是：系统代码中特定的工程方法可以阻止自动化工具分析某些组件（该方法对静态分析和渗透测试都适用）。商业自动化检测软件并不提供覆盖率信息，因而很难将其结果作为安全保证证据。

管理系统漏洞列表是网络安全防御的一项重要活动。在通过补丁修复现有和定制开发的产品中的漏洞以降低风险时，都用到漏洞检测结果。当尝试以自动化方式检测漏洞时，现实中通常会遇到以下困难：

1）大多数系统元素缺乏机器可识别构件。我们假设自动化漏洞检测解决方案将以系统化方式分析一些构件，如源代码。尽管软件是网络系统的主要部分，网络系统还包括了其他部分，如人、规程、硬件和物理环境。由于软件元素含有机器可识别的描述（软件由硬件指令组成，因而十分零散），因而是十分特殊的部分。最后，网络系统总有部分对应的代码，即某些软件组件的二进制代码。最坏情况下，如果所有形式描述都不可用或已经丢失，就只能从软件实际执行中提取二进制执行映像。

2）然而，其他系统元素通常没有机器可识别的描述，仅有简单的、经扫描的纸质文档。此时，区别在于如何将这些文档正式化。很多系统元素以非正式语言描述，使得这些描述有时有歧义，尤其是在综合性描述方面。此外，还有部分系统元素没有文档说明。

3）网络系统人力和规程元素由于缺乏机器可识别的正式描述，通常仅能合理推断其行为。但此问题相对更加复杂，如很多网络系统采用外部第三方服务，其服务行为的机器可识别描述与软件元素的源代码一样糟糕，甚至根本没有这些服务的二进制映像。

4）缺乏机器可识别构件限制了现有漏洞自动检测工具的作用，因为有些系统组件的知识对于工具来说不可用。很明显，这导致现有工具在某些系统元素中，不能完整检测漏洞。除此之外，这也隐含地导致自动化工具将漏掉某些控制流和数据流。而这可能严重影响系统分析的合理性，并导致误报和漏报。

5）在缺少准确的漏洞知识的情况下判断已知元素中的漏洞，容易做出错误的决定，进而导致误报（错误的报告为漏洞的情况）和漏报（是漏洞但未报告的情况）。实际上，这就是使用自动化漏洞检测工具的最大缺陷。因而，需要评估自动化检测报告并排除误报，这极大地降低了使用自动化检测方案的价值。另一方面，漏报也是一个更大的问题。

6）漏洞检测工具不表明自身检测的完备性。这和以下过程类似：自动化漏洞检测工具仅检测漏洞并生成结果报告。当输入数据使工具认为某种情况不满足工具定义的漏洞标准时，不报告为漏洞。因而，检测方法缺少安全保证组件定义。而且还要考虑以下要求：如果自动化漏洞检测工具不报告任何漏洞怎么办？这是否意味着系统安全？

7）现有漏洞检测工具受限于自身漏洞组成知识。这些工具采用内部编程方式查找构成漏洞要素情况。因而，现有工具不能检测对系统特定安全策略的破坏。更直接的说，这些工具类似于对整个安全社区，在工具发布时，关于什么是漏洞这一知识的总结。这立即引发两个问题：知识总结是否与所捕获的漏洞相关，或者说工具是否受限于开发团队总结的知识？为确保真实性，工具假设探测到的情景为真实攻击者可能利用的情景。那么，特定开发团队对攻击者及其攻击方法有多准确的理解？同时，当识别到新的攻击模式时，这些知识元素加入工具有多迅速？攻击者肯定会改进方法，并为了乐趣、利益、憎恨或军事目的，寻找更巧妙利用系统漏洞的方式。现有自动化漏洞检测工具的知识内容如何与已知攻击方式保持同步更新？

8）在整个社区中收集的漏洞知识并不系统。漏洞市场是各种隐蔽的漏洞研究者组成的团体。有些团体关注已知漏洞，通过一定的研究分析或者其他投入，即可获得漏洞相关知识。这些社区形式多样，包括政府、罪犯、计算机爱好者、计算机事故响应中心和软件厂商等。漏洞市场提供的结果也并不完整。

所以，使用现有漏洞检测工具并不充分满足网络系统安全保证需求。因此系统地识别威胁并分析防御措施的有效性，以系统地掌握漏洞信息，从而降低漏洞威胁和策略被破坏的风险是很有必要的。

3.2.4.5　安全态势分析

活动4.5"安全态势分析"是安全架构分析阶段的最后步骤。分析的输入是经过完全扩展的系统模型，包含了系统功能及相互之间数据流、与基线系统信息的垂直可追踪性链接和与网络安全元素（系统资产、入口点、防御措施、非期望事件和漏洞）之间的水平可追踪性链接。安全态势分析基于原因和影响分析（如图3-5到3-11）。已识别的非期望事件的原因由原因分析来确定。识别和分析所有可能的非期望事件的原因需要跟踪系统及其环境中可能连续发生的事件序列，并重点关注导致非期望事件的行为。非期望事件的影响由影响分析来确定。影响分析用于确定在系统部署的运营环境中，非期望事件发生所导致的所有可能结果。原因和影响分析需要在完整系统模型中，进行系统化的数据流分析。该分析模拟攻击者数据和指令在进入系统后，语法分析以及执行过程中，系统组件功能运行情况，从而掌握该过程中系统关键点的交互状态。从安全态势分析角度看，预防措施的角色是通过数据和指令过滤，确保非期望事件不会引发系统失败，从而起到限制可接受行为的作用（参见第 5 章）。

安全态势分析阶段采用架构驱动原因和影响分析，并借此开发降低风险的论据，进而论证防御措施减少了非期望事件。

图 3-17 展示了一个完整的系统模型。这是一个数据流图（Data Flow Diagram，DFD），其中系统功能用带名字的白色圆圈表示。系统功能之间有数据流连接，图中用连线表示。每个系统功能与基线系统元素都有垂直可追踪性链接。这些链接在图（想象其隐藏在当前图的不可见层中）中没有显示。然而，该链接在用完整系统模型进行数据流路径分析时，十分关键，因为其使得在系统功能之间，以完全准确方式记录所有数据流路径成为可能。同时，垂直可追踪性链接对从覆盖率角度（以证明所有底层行为都被考虑到）构建论据也十分有用。DFD 中附加的灰色符号代表网络安全元素：资产，图中用带名字的灰色长方形表示；非期望事件，用小灰色圆圈表示；入口点，在系统边界用灰色正方形表示；防御措施，用灰色长条表示。

安全态势分析的先决条件是选择分析策略。例如，我们将检查每个入口点和起源于入口点的所有数据流。分析策略决定了安全保证论据的结构。除了选择入口点论据策略外，我们还需要确定评估策略、非期望事件策略和防御措施策略。策略选择由架构事实驱动。

入口点 EP1 包括以功能 F4 开始的数据流，延伸到功能 F5，然后分支为：F6、F7、F8，F7 又延伸到 F8，而 F6 还能延伸到 F7 和 F8。唯一非期望事件由 F8 产生，该事件影响资产 A1。防御措施 SG2 与功能 F5 关联。此时，我们需要分析 SG2 对非期望事件 UDE1 的影响，以证明从 SG2 通过的下行数据流不会触发 UDE1。

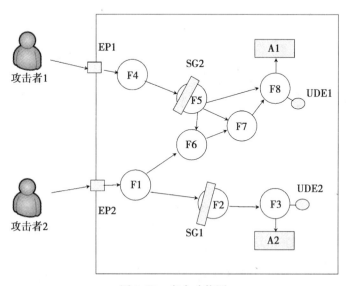

图 3-17　安全功能图

入口点 EP2 包括以功能 F1 开始的数据流，并延伸到功能 F2 和 F3。该分支与上面的描述类似，有单一的非期望事件 UDE2 与功能 F3 关联，且影响资产 A2，在功能 F2 上有单一防御措施 SG1。区别在于，存在额外的从 F1 到 F6，进而延伸到 F7 和 F8 的路径。对于攻击者 2 来说，这是一条潜在的攻击路径，可能导致非期望事件 UDE1，从而影响资产 A1。此时，除了解决防御措施有效性问题外，还需要处理此漏洞问题：需要分析从 EP2 进入的命令和数据并不引发 UDE1。在漏洞检测误报剔除时，也涉及这一问题。

该简单例子用数据流分析，系统地阐明了安全态势分析。实际情况中，防御措施和非期望事件之间关系更复杂，除此之外，在阶段 4.4 的独立漏洞识别中，也存在技术漏洞。该简化图表明了分析方法的一个重要特征：该分析是架构驱动的，因为将系统功能描述基于共同特征（从特定入口点可达），以区域划分，并进一步确定暴露区域，如区域 1（F5、F6、F7、F8），该区域是 SG2 对抗 UDE1 的有效性区域；区域 2（F1、F2、F3），该区域是 SG1 对抗 UDE2 的有效性区域；区域 3（F1、F6、F7、F8），该区域暴露在 UDE1 下。每个区域都包含带共同特征的架构位置。这些特征与有效声明（例子中，每个区域的都与单一声明相关）的防御措施集合相关。在这三个区域中，每个安全保证论据都含有一个独立的理由分支。具体参见图 3-18。

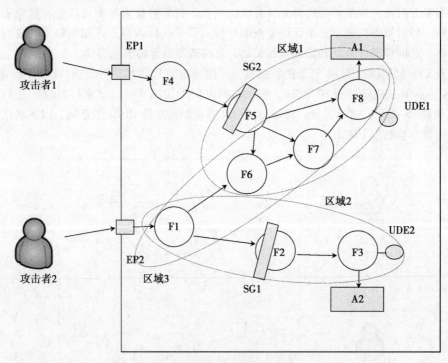

图 3-18　安全功能图区域划分

图 3-19 对区域 3 进行了原因分析。事件 E1 直接引发非期望事件 UDE1，并与功能 F8 关联。而 E1 由与功能 F7 相关的 E2 和 E3 联合触发。事件 E2 可以由与功能 F6 相关的事件 E4 或者事件 E5 引发。事件 E3 可以被与功能 F6 相关的 E6 引发。事件 E4、E5 和 E6 可单独被与功能 F1 相关的 E7 引发。最终，事件 E7 可以在攻击者 2 直接控制的事件 E8 下触发。该事件触发基于攻击者与系统能够通过入口点 EP2 进行直接交互。事件 E8-E1-UDE1 对应的系统行为称为攻击路径（从外部

角度）或漏洞路径（从内部角度）。内部事件 E8－E1 本身没有危害，UDE1 才是第一个识别的非期望事件。影响分析调查 UDE1 引发的结果，即从 UDE1 引发的连锁反应，包括对功能、系统资产及其运营环境的破坏。影响分析的先决条件是系统模型在评估范围内枚举所有资产。这将在第5 章进一步介绍。

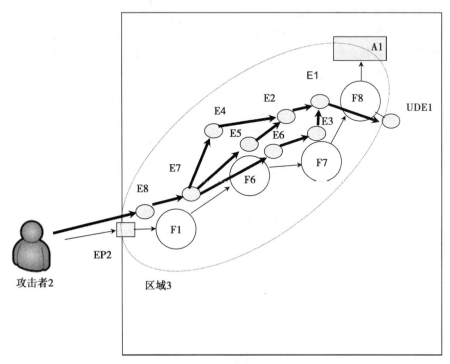

图 3-19　区域 3 原因分析

区域 3 的防御措施有效性论据必须标明系统架构使得事件序列 E8-UDE1 不可能发生。当事件序列的知识作为防御措施有效性论据的先决条件时，论据本身（及相应证据）也变得复杂起来。确定性原因分析通过系统地分析数据流，能够接近系统真实风险。风险评估重点在于度量相关影响的严重性，以及特定非期望事件发生的可能性。原因分析确定非期望事件的可能性，而影响分析确定影响的严重程度。架构驱动的风险分析决定了非期望事件的风险度量并产生了论据，该论据旨在表明：在可接受风险范围内，预防措施是有效的，且与安全保证案例的安全标准相称。另外，论据结构也与选定的安全保证等级和相应安全保证严密性的安全保证需求相关。

在第 12 章中，详细介绍了一个样本论据结构，该结构驱动了单一防御措施有效性声明的分析。在线附录说明了 KDM 工具是如何收集分析证据的。

3.2.5　证据分析

阶段 5 "证据分析" 在安全保证论据的指导下，对安全架构分析阶段收集的事实进行评估。证据是每个安全保证案例的核心，且最终安全保证案例的可防御性也依赖于证据的质量和完备性。证据即可以来源于系统构件（基于产品的证据），也可在系统生命周期内生成（基于过程的证

据），此外，也可用基于专家判断的事实和经证明有效的声明（例如陈述为真的声明）。通常证据
事实是一些事实记录，或表明某确定事件发生或者确定关系存在的事实。证据形式多样，如文档、
专家证明、测试结果、度量结果、过程相关记录、产品和人等。面向事实系统安全保证主要特征
为：用系统集成模型作为直接证据的主要来源，且支持在被作为证据加入集成模型的外部事实和
与系统相关的核心事实之间进行跟踪。

结构良好的安全保证论据为证据收集提供清晰明确的背景。

由多个直接和非直接证据支持的复杂声明需要进行证据评估。证据评估是一个系统化过程。
在该过程中，依据对相应声明支持的强度，衡量每个证据重要性（如图3-20）。证据评估关注该
声明的反证。

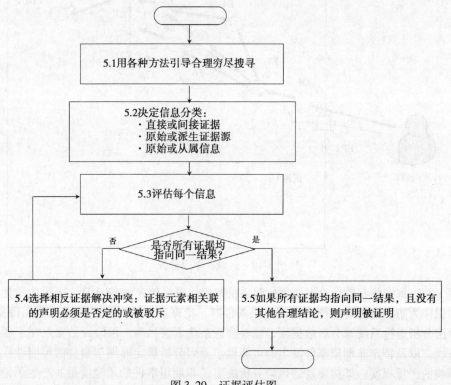

图3-20 证据评估图

一旦相信收集到的证据，那么证据支持会向所有安全保证案例声明扩散。确定的弱点和不支
持的声明被标记为可能的漏洞。前面提到过，此阶段在风险管理、安全工程和安全保证之间的反
复过程是建立对系统安全态势信任的关键。该过程包括风险分析、推荐降低风险解决方案、安全
工程降低风险解决方案及安全保证降低风险解决方案等活动。架构驱动安全保证案例很适合建立
深度防御解决方案。此外，由于与系统架构特定区域中某些不确定因素相关，而不被证明所支持
的声明，需要对该声明提供具体的指导，增加额外防御措施，以更好保护该区域。总之，在工程、
风险管理和安全保证之间进行的反复过程有助于建立信任。

3.2.6　安全保证案例交付

阶段 6 "安全保证案例交付"是安全保证项目的总结。系统安全保证过程的目的为针对系统安全态势情况下，收集足够的知识，并以清晰且有说服力的方式，向高层管理人员传递这些知识，以证明其风险是可接受的。通常，安全保证案例文档作为管理决策的输入，以获得系统在向运营迁移或获取系统时的许可。安全保证案例通常以认证包的方式向利益相关者提供。

安全保证案例交付的实际细节及其文档概述完全由实施安全保证的组织背景决定。对安全保证消费者而言，组织背景也影响其证据可用程度。常见场景包括：

- 系统生命周期内进行持续安全保证集成。
- 在获取系统时，进行独立的第三方安全保证。

当在系统生命周期内进行持续安全保证集成时，安全保证案例通常在同一组织内部交付，因而证据可用性的限制较少。在维护阶段，整个安全保证案例作为现场文档，在系统修改时同步更新。

另一方面，获取系统时的评估通常由第三方实验室完成，而安全保证发起者，实现安全评估的组织和系统生产者之间关系受合约框架限制。这限制了详细证据向安全保证发起者迁移。此种情况下，评估人员通常提供精简版的安全保证案例。因此，在精简安全保证案例情况下，安全保证消费者和评估人员之间的信任关系十分重要。

参考文献

Eurocontrol (2006), European Organization For The Safety Of Air Navigation, European Air Traffic Management, *Safety Case Development Manual,* DAP/SSH/091.

Dowd, M., McDonald, J., & Schuh, J. (2007). *The Art of Software Security Assessment: Identifying and Preventing Software Vulnerabilities.* Upper Saddle River, NJ: Addison-Wesley.

Howard, M., & LeBlanc, D. (2003). *Writing Secure Code.* Redmond, WA: Microsoft Press.

Landoll, D. J. (2006). *The Security Risk Assessment Handbook.* New York, NY: Auerbach Publications.

Miles, G., Rogers, R., Fuller, E., Hoagberg, M. P., & Dykstra, T. (2004). *Security Assessment: Case Studies for Implementing the NSA IAM.* Rockland, MA: Syngress Publishing.

ISO/IEC 15288-1:2008 *Life Cycle Management – System Life Cycle Processes.* (2008).

NDIA, *Engineering for System Assurance Guidebook.* 2008.

NIST Special Publication SP800-30. (2002). *Risk Management Guide for Information Technology Systems,* Gary Stoneburner, Alice Goguen, Alexis Feringa.

CSE, RCMP. (2007). *Harmonized Threat and Risk Assessment (TRA) Methodology.* TRA-1 Date: October 23.

Cunningham, B., Dykstra, T., Fuller, E., Hoagberg, M. P., Little, C., & Miles, G. et al. (Eds.), (2005). *Network Security Evaluation: Using the NSA IEM.* Syngress Publishing.

Seacord, R. (2006). *Secure Coding in C and C++.* Upper Saddle River, NJ: Addison-Wesley.

Sherwood, J., Clark, A., & Lynas, A. (2005). *Enterprise Security Architecture: A Business-Driven Approach.* San-Francisco, CA: CMP Books.

Sutton, M., Greene, A., & Amini, P. (2007). *Fuzzing: Brute force vulnerability discovery.* Addison-Wesley, Upper Saddle River, NJ.

Swiderski, F., & Snyder, W. (2004). *Threat Modeling.* Redmond, WA: Microsoft Press.

第4章

网络安全论据元素——系统知识

当你的观点发生改变时，正确的事实就成了真理的线索。
　　　　　　　　　　　　　　　——柯南·道尔，《福尔摩斯探案全集》

上尉黑斯廷斯："看，波洛。看看那个！"

赫尔克里波洛："是的，很好，都很好，黑斯廷斯。但这是他们应该为我们描绘的，这样我们就可以在温暖和舒适的家里，研究它们了。这就是为什么我们付钱给艺术家，让他们代表我们裸露自身的原因。"
　　　　　　　　　　——阿加莎·克里斯蒂，《波洛：克拉珀姆厨师奇遇记》

4.1　什么是系统

"系统"在日常生活中被广泛使用。但在用法上，不同社区之间也有区别。现实生活中，该词使用非常频繁，如太阳系、政府系统、健康系统、拨火棒取胜系统、通信系统或者武器系统等。在这些用法中，都包含有确定的目的和由各种相互交互的不同元素构成的组织。系统涉及并展示行为，行为即一组活动集合，这些活动可以定义为对材料、能源或者信息的操作。

IEEE 对系统的标准定义为：系统是为完成特定功能或功能组合的组件的集合［IEEE 610.12］。

系统由通用系统理论研究。该理论是研究复杂组织在自然、社会和科学方面特性的跨学科理论，也是调查和/或描述以功能结合在一起，达成特定目标（不论是否有意、设计、人造与否）的元素集合的框架。

系统工程中对系统的标准定义为：具备任何复杂程度，包含人事、规程、材料、工具、设备、设施和软件的混合体。该混合实体的元素结合起来，在运营和支持环境中实现给定的任务或实现具体的产品、支持或使命需求［Air Force 2000］。

另一方面，某些社区使用狭义的系统定义。其具体含义为：采用特定技术以提供服务，且有特定地理位置的设施，如特定的计算机应用或物理系统。具体系统由组织生成，以支持组织及其运营［DoDAF 2007］。具体技术系统的运行背景为组织，既具有特定使命而组合在一起的社区。在商业中，"企业"是向顾客提供货物和服务的复杂社会技术组织。

美国国家标准与技术研究院（NIST）把"系统"等同于"信息系统"，并将信息系统定义为：对分散的信息资源进行收集、处理、维护、使用、共享、传播和配置。

某些社区喜欢用"网络"或者"组织网络"来表示特定人事、操作规程、技术和物理设施等对组织有价值的信息资产，特别是美国国家安全局的网络评级方法［Moore 2000］。

　　信息技术安全社区将系统区分为具有特定目的且已知操作环境的具体设施，产品为可以被分离且能并入各种系统的硬件或软件包［ISO 15408］。

　　系统安全保证对象为人造系统，为人们利益建立并被使用。网络系统涉及硬件、软件和人。从系统概念到系统消亡，系统安全保证涵盖整个系统生命周期。此外，系统安全保证也支持系统治理和获取及供应系统产品和服务的过程。从评估安全态势角度出发，系统需要一个统一的词汇表，以在不同学科之间进行沟通和协作并以集成、协调的方式识别、使用和管理相关信息单元。

4.2　系统边界

　　系统方法暗示了一个承诺，即需要关注某些选定的，与问题中特定行为相关的元素（并非整个宇宙）。鉴于此，在运用系统方法时，分离和识别选定的元素十分重要。选定的与系统行为相关的元素集合确定了系统外部边界。系统方法也涉及与分离其他系统的边界，从而确定加入系统及其环境的元素。对于物理系统，该边界通常和拥有者责任范围一致。系统通过元素和子系统之间的交互实现其功能。这种交互，实际上可能很复杂，通常表明了系统并不是简单等同于各部分的总和。系统行为单元作为独立功能，由系统元素及环境元素实现。此处环境包括通过直接接口或其他间接方式，与系统交互的其他系统。由于和目标系统的交互与系统行为相关，因此，任何系统环境元素之间的交互通常被忽略（如图4-1），所以系统边界外部元素是唯一被考虑的外部元素。

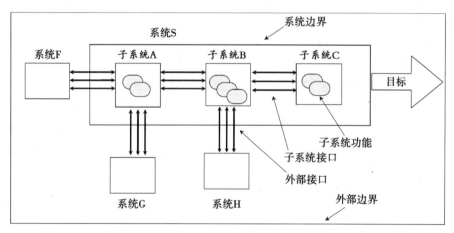

图4-1　系统元素

　　系统定义基于系统边界的划分。以房屋警报系统为例，它包括以下容易识别的物理元素：若干传感器，如门/窗接头、动作传感器、玻璃破碎传感器、CO_2探测器、烟雾探测器、水探测器；控制面板；警报器；如果采用旧模型还有很多电线；或无线网络（某些最新无线模型的传感器能以无线通信方式和无线控制面板接收器进行通信）。控制面板由电力驱动，且有12V备用电池。那么，电池是否应该作为警报系统的一部分呢？房屋警报系统通常包括与监控站连接的通信模块，那么嵌在墙里，从控制面板到电话塞孔的电话线呢？房间到电话终端的外部线路呢？街道下面灰色金属盒里面的电话交换设备呢？监控站是否也应作为房屋报警系统的一部分？监控站通报的警察部门和火警部门呢？这些是否也应该作为系统一部分？系统边界确立的基本原则是哪些系统行为应当被关注。例如，如果直接关注的是：如何调整房间内动作探测器，在狗 Charlie 跳到沙发上时不触发探测器，那么该内容就在系统边界内。但是，如果问题涉及警察到达现场的反应时间，则需要进一步扩展边界。

恰当的系统边界选择决定了分析的结果和复杂度。因此，系统边界的选择应与分析目标相称。对系统每个确定的结论，包含外部边界内更多元素都是有利的。但这可能导致分析更加复杂、耗时。如果金钱、时间和人力不足，且没有更加高效的分析方法，那么应当收缩系统边界，且期望分析结果的信息量也应降低［Vesely 1981］。

系统入口点由基于所选定系统边界的外部接口决定。

4.3 系统描述解析

系统方法也包括了问题中行为相关元素特征的承诺。这些特征限制了系统定义的解析。当其中一个子系统，例如 B，出于分析的目的，分解成更小的子系统（如图 4-2），解析的层次也就增加了。最小的子系统，X、Y 和 Z，都是系统通用定义内提到的最小可识别元素，这些元素构成系统内部边界。更详细的解析层次可能涉及系统元素的其他特征。在房屋安全系统例子中，是否需要扩展分析动作探测器中独立的图像传感器？电路板呢？是否考虑电路板上焊接情况？甚至电线的分子结构情况？

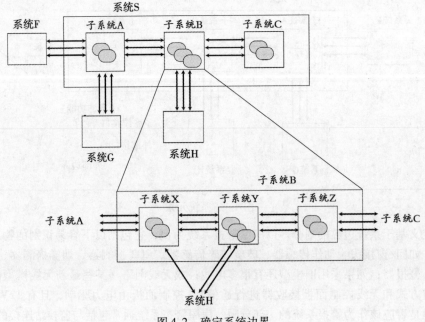

图 4-2　确定系统边界

解析限制（即内部边界）的建立应考虑可行性和分析目标。一旦解析限制确定（因而系统的元素也就确定了），我们假设不了解或不关注在底层发生的交互。系统元素的功能也被调整，从而使选定的解析层次能胜任整个系统行为描述。

同一个系统可以在不同的解析层次上进行描述。在图4-2中，系统 B 和系统 H（在目标系统 S 的环境中）之间的交互，可以直接在解析的顶层描述，也可在包含子系统 X 和 Y 的更详细的协议层次上描述。子系统 B 的功能由相应子系统 X、Y 和 Z 在更具体的解析层次上实现。

现在可以看出系统边界描绘出的系统输出（系统对环境的影响）和系统输入（环境对系统的影响）。解析限制定义了系统元素，建立起系统内的基础交互。

网络系统涉及协议的多个层次，并和多个系统进行交互。因此给定系统拥有者必须考虑安全边界，安全边界尤其广泛且十分复杂。漏洞可能在不同组件中，通常在系统拥有者（超过其管辖范围）的管辖范围之外，或在原始系统定义解析之外的底层协议中。因而需要提供更加详细的系统解析，以帮助理解并降低网络攻击的风险。

4.4 系统描述的概念承诺

系统边界的确定和解析的限制，是系统分析的基本决策，理解这一点十分重要。当系统的某些元素，如物理元素及相互之间的关系，可观察事件和交换的对象经常由现实世界中，相应的可识别物体预先决定时，元素功能通常基于选定的解析层次，由系统分析引入的元素功能通常是抽象的概念。除此之外，元素功能通常在对选定的决议层次进行系统分析时进行抽象描述。除此之外，还有些系统元素，为取得更紧凑和全面的系统释义，从而聚合现有物理元素到更低层次，并进行系统分析时被描述。例如，家庭警报系统可以描述为一个感应子系统（所有开关、传感器和探测器的聚合），一个控制子系统（包括控制面板和键盘），和信号子系统（包括警报器、通信模块和监控站）。

系统元素、元素特征、系统边界和解析限制，在安全分析开始之前就已经确定了，并支持分析过程。同时，这些元素也构成了目标系统的概念承诺和描述系统安全及性质的词汇表的基础。但在实际情况下，由于分析过程中获取的信息，特别是某些系统元素的解析层次可能需要提高以进行更准确分析时，解析的边界和限制可能需要调整。解析的系统边界和限制，及其他任何调整都应当被明确说明，以便在系统分析中利于信息交换。

现在，分享一些能将本章材料融入全书背景的观点。我们认为"概念承诺"是建立知识交换体系的核心。概念承诺意味着用预先仔细选定的概念（词汇表）来描述系统、行为、安全策略防御措施和整个安全保证案例。这些预先选择的通用词汇表元素由描述系统和相关领域中单个实体/对象的名词或名词词组组成，而动词和动词词组描述了这些对象之间的关系。我们用一种特定的方法来建立准确明晰的通用词汇表，该方法能帮助识别可用且明晰的名词和动词概念（该方法在第9章介绍）。明晰的概念十分重要，因为它们没有歧义，且能帮助维持到更低解析层次的可追踪性链接。需要说明的是，OMG 安全保证体系定义了如何交换定义良好的词汇表的标准，以及为交换单个对象信息，如何系统化的将定义良好的词汇表转换成 XML 样式的标准。同时，定义良好词汇表的元素也是可识别的事实，可以存储在数据库或者合适的基于事实的知识库中。采用存储在基于事实知识库的"系统集成模型"是 OMG 系统安全保证过程的一大特征。在接下来章节中，我们将介绍 OMG 安全保证体系在网络安全方面的通用词汇表元素。这种介绍仅限于形式上，因为本书并不是这方面的正式规范。本章将以非正式方式介绍名词和动词概念，因为我们假设读者已经熟悉基本系统工程概念，也因为这些概念从总体上来说已经是定义良好的，且以一种一致的方式来使用。但值得注意的是，当提到"识别"时，例如"识别系统组件"，意思为：使用来自通用词汇表的"系统组件"定义，将其应用到相应的系统对象中。随后，将相应事实加入系统集成模型中。当目标已知时（因为在系统生命周期的先前过程中已经识别），识别的任务就只需将现有定义映射到通用词汇表，并将新的事实加入系统集成模型中。由于不同方法产生不同的概念承诺，经常需要进行不同词汇表之间的映射。

当在较高的解析层次管理系统描述时，维持不同解析层次元素之间的垂直可追踪性链接将十分重要。针对基于事实的知识库，可追踪性链接是一种特定的关系（事实）其中一个对象由一个或多个对象实现。出于成本效益分析的目的，使高层次解析所建立的系统特征，能够转换成较低层次的解析描述（其包含较少元素，而具有更多抽象功能和特征）是十分重要的。因为这样，大多数信息分析和管理可以用低层次解析的系统描述来完成。在第 9 章提供了管理零散信息、管理概念承诺和描述更广泛解析层次上，系统分析实现机制的更多指导。在第 11 章介绍了一个系统事实交换的标准协议，该协议能够将垂直可追踪性链接一直延伸到底层实现事实（这类事实由编译、链接工具自动发现）。

系统集成模型也被称为"水平链接"，水平链接是基于通用词汇表定义的动词概念的对象之间的关系。当不同词汇表的事实集成时，例如，在将威胁映射到系统功能时，我们从通用词汇表的两部分概念之间建立物理关联（事实）。

本章的后续部分描述了管理系统事实的通用词汇表元素，其中支持系统安全保证过程的系统集成模型部分在第 3 章也有介绍。第 5、6 和 7 章介绍了在整个安全保证过程中使用的网络安全知识，并说明如何将这些事实和系统事实集成在一起，以支持安全态势分析并为系统安全保证案例收集证据。

4.5 系统架构

系统安全保证关注的系统知识不仅包括系统原理和系统工程这些一般知识，也关注特定系统评估的具体知识。系统知识涉及以下视角：

- **层次结构**：系统、子系统、单元、集合、组件、部分、活动、协议。
- **元素**：硬件、软件、人力、过程、入口点、环境、设施、文档。
- **操作**：功能、任务、模式、阶段。
- **领域**：边界、区域、组织边界、关键性、复杂性、安全、可靠。
- **生命周期**：活动、可用系统、供应链。

这些视角之间相互交叉：单一系统可识别元素可以和其他角度中元素一起，参与多个关系。

例如，一台服务器可以属于多个层次结构：作为会计子系统的部分，同时也是数据中心单元网络的一部分。会计子系统又隶属于财务部门层次结构，从而是组织的一部分。而该服务器隶属于另一个组织，只是租借给当前组织，但服务器本身关联的元素也有不同层次结构：服务器由两个RAID磁盘阵列构成，每个阵列有4个硬盘；4核处理器构成一个处理单元；4块内存芯片构成内存单元；一条总线；两个网络控制器和其他外围设备控制器。另一个与服务器相关的层次结构包括安装在服务器上的各种软件产品，如操作系统、设备驱动器、事物处理监控器、应用程序服务器、Web服务器和各种应用程序。服务器支持的各种功能，如账户管理和目录管理；但有其他设备单元也提供这些任务，如数据库服务器、网络交换机、防火墙、桌面电脑等。服务与其他一些作为网络组成部分的硬件单元相关联，但用于不同的业务功能。人事角色也与服务器相关，并涉及一些功能，此时服务器位于特定的设施位置。服务器还支持很多接口（逻辑层和物理层都有），包括底层协议。例如，服务器为支持以HTTP协议进行的Web访问，同时需要支持TCP和IP协议以及以太网协议。服务器支持的协议之间也构成层次结构。所有这些视角都有特定的事件和场景。

生命周期过程引出系统组织的另外一些视角。服务器由其他组织在另外一个不同的位置制造，且由另外组织安装。同时操作系统由另一个不同组织开发。Web服务器软件采用开源模型开发。某些应用程序使用组织（在不同国家，且设备不同）人力资源部门提供的Web服务。另一个应用程序使用外部组织提供的Web服务。大多数应用软件由组织工程部门员工开发，而业务对象层由合同第三方实现。

不同系统利益相关者有特定关切的事情，因此需要不同的系统视图，关注所需的元素、层次及相互之间的关系。系统事实被安排放入被称为视图的单元，每个单元专注于一些元素和它们之间的关系，以适应系统利益相关者关注的某些特定具体内容。视图通常由特定的描述元素类型和适应视图的关系类型决定。视角是用于建立系统视图模板而使用的类属知识元素。

图4-3介绍了一个包含某些独特元素和其相互关系（如层次结构）的系统集成模型。具体来讲，该模型有4种元素类型（由不同阴影的圆圈表示），2种关系类型（细线和粗线），和几种重叠的层次结构。图中间介绍了3个系统视图。注意某些元素出现在多个视图中，且每个视图含有有限选定的元素和关系。图的右边显示了描述视图的视角，阐明了其在每个视图中选择元素和关系的规则。特别地，在顶层视图仅显示白色元素和它们如何构成层次结构，而没有显示黑色和灰色元素，尽管存在与之相关的关系。该视图中也没有显示灰色元素之间的层次结构。图中底部的两个视图拥有共同的视角。二者均关注粗线描述的白色、黑色和灰色元素之间的关系，此外还关注初始元素。

ISO/IEC 42010定义系统架构为："系统的基础组织，体现于自身组件、组件相互之间及与环境之间的关系，和指导设计和演化的原则"。视图和视角的概念是ISO系统架构描述的核心。具体视角的集合由具体架构框架确定。同时，系统元素词汇表及其关系，在很大程度上，由具体系统确定。

每个视角都对应一个确定的词汇表，这也是用于系统信息交换的概念承诺的一部分。

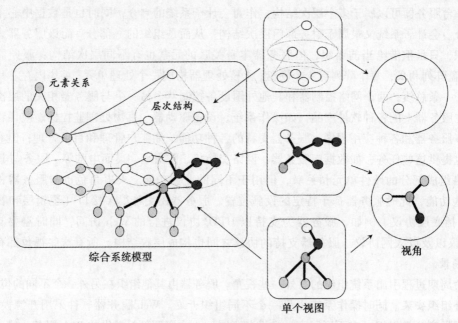

图 4-3 系统集成模型说明

4.6 框架架构例子

美国防御架构框架部（The US Department of Defense Architecture Framework，DoDAF）［DoDAF 2007］描述了 26 个视角的集合，以确保在架构文档和沟通中保持一致性和标准化。这 26 个视角设计的目的在于记录从需求到实现过程中的整个架构。

这些视角可以分为以下 4 类视图（如图 4-4 所示）。

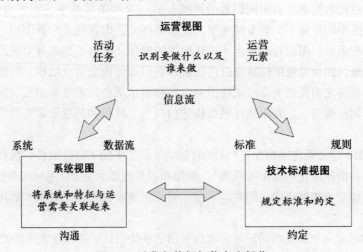

图 4-4 防御架构框架信息流部分

- 运营视角（Operational Viewpoints，OV）：关注用于描述企业任务的行为和功能。
- 系统视角（System Viewpoints，SV）：描述支持任务功能的系统和应用。
- 综述视角（All Viewpoints，AV）：描述架构计划、范围和定义等非架构信息。
- 技术标准视角（Technical Standards Viewpoints，TV）：描述政策、标准和限制。

表 4-1 到表 4-4 介绍了 DoDAF 的架构视图。从表中内容可以看出，基本涵盖了上面介绍的视角。

表 4-1　防御架构框架运营视图部分

视角	框架产品	描述
高层运营概念图形	OV-1	运营概念的高层次图形化或文本化描述
运营节点连接描述	OV-2	运营节点、连接性和节点间信息交换需求线
运营信息交换矩阵	OV-3	节点和相关交换属性之间的信息
组织关系图	OV-4	组织之间组织、角色或其他关系
运营活动图	OV-5	能力、运营活动、活动之间关系、输入和输出
运营规则模型	OV-6a	用于描述运营活动的三个产品之一——识别限制运营的业务规则
运营状态转换图	OV-6b	用于描述运营活动的三个产品之一——识别响应事件的业务过程
运营事件跟踪描述	OV-6c	用于描述运营活动的三个产品之一——在场景或事件序列中跟踪动作
逻辑数据模型	OV-7	系统数据需求文档和运营视图的结构化业务过程规则

表 4-2　防御结构框架系统视图部分

视角	框架产品	描述
系统接口描述	SV-1	识别系统节点、系统和系统元素及其相互之间和节点之间的关系
系统通信描述	SV-2	系统节点、系统和系统元素及其实现的底层通信
"系统–系统"矩阵	SV-3	给定架构内系统之间的关系；用于显示感兴趣的关系，例如"系统–类型"接口，计划的和现存的接口等
系统功能性描述	SV-4	系统实现的功能和系统功能之间的数据流
运营活动到系统功能可追踪性矩阵	SV-5	系统到其能力的映射，或系统功能到运营活动的映射
系统数据交换矩阵	SV-6	提供系统元素数据元素（在系统和其交换属性之间交换）的详细信息
系统性能矩阵	SV-7	恰当时间段内系统视图元素的性能特征
系统演化描述	SV-8	计划内的将合适系统迁移到高效系统，或将当前系统演化为未来实现
系统技术预告	SV-9	即将出现的技术和软件/硬件产品将在给定的时间后可用，并将影响未来架构的开发
系统规则模型	SV-10a	描述系统功能的三个产品之一——识别系统在设计和实现方面的系统功能限制
系统状态转换描述	SV-10b	描述系统功能的三个产品之一——识别系统对事件的响应
系统事件跟踪描述	SV-10c	描述系统功能的三个产品之一——识别运营视图描述的关键事件序列的具体需求
物理模式	SV-11	逻辑数据模型实体的物理实现，如消息格式、文件结构、物理模式

表4-3 防御结构框架技术视图部分

视角	框架产品	描述
技术标准介绍	TV-1	给定架构中系统视图元素采用的标准列表
技术标准预告	TV-2	描述正在生成的标准和其在一定时间内，对系统视图元素的潜在影响

表4-4 防御结构框架综述视图部分

视角	框架产品	描述
综述和总结信息	AV-1	范围、目的、意向用户、环境描述、分析结果
集成字典	AV-2	包含所有产品使用的元素定义的架构数据知识库

4.7 系统元素

系统描述使用了以下基本元素：

- 系统元素（如子系统、组件和节点等）；
- 系统元素之间关系（如通道或者接口）；
- 系统功能（构成系统行为的活动；功能由节点完成）；
- 系统功能之间关系（活动之间的依赖关系）；
- 功能之间交换的对象（大多数情况下为信息元素，但在通用系统中，还包括材料对象、能源、甚至人力。例如在把国家曲棍球联盟作为系统描述时，包括了不同俱乐部之间的交换）。

系统可以用几个递增层次的解析来描述。通常至少有两个这样的层次：运营层次和系统层次。

运营视角描述了任务和活动、运营元素和引导操作所需要的信息交换。运营视角包含以下关键名词概念：

运营节点是产生、消费和处理信息的可操作架构中的元素。通常一个运营节点表示一个运营角色，由组织和人、或者组织类型的逻辑组织等充当。

信息交换需求线表明在两个连接的运营节点之间需要进行某种信息交换。一条需求线代表一个信息流，此处连线之间并不是指物理通信连接。

信息交换是在两个不同运营节点之间发生的信息交换动作，该动作包括需要被交换的信息元素及其交换特征。例如事务类型、访问控制需求、机密性、完整性、可用性、传播控制、保护需求、分类和分级等。

信息元素是节点之间需要交换的信息内容。信息元素可以以层次结构的方式组织。

运营活动是在企业运营中完成的动作。

运营活动在运营节点上完成。活动可以以层次结构的方式组织。一个或多个连续的活动表明了其运营能力。

事件是在时间和空间下重要发生的说明。在状态图背景下，事件是触发状态转换时所发生的内容。

状态是在对象生命周期内的状况或环境，在对象生命周期中对象满足某种情况，执行某些活动或等待某些事件。

图4-5展示了运营视图及其相互之间关系。

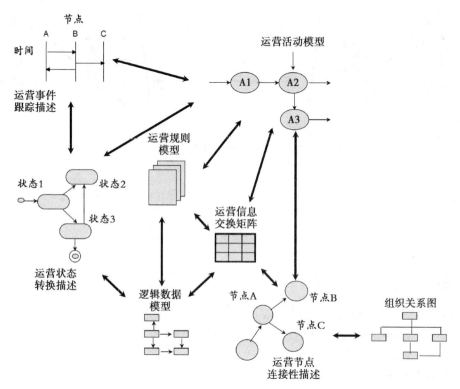

图4-5　运营视图之间的关系

系统视角描述了系统、服务及其支持运营的相互关系。系统视角包括以下名词概念。

系统节点——为完成具体角色和使命，具有标识和明确分配资源（如平台、单元、设施和位置）的节点。

系统元素——系统元素，例如硬件元素或软件元素。

服务——一方系统接口向另一方其他系统接口提供的具体部分功能，如执行业务或任务过程，或在机器和用户之间，通过标准接口和规范交换信息。

接口——是系统节点之间或系统（包括通信系统）之间，一个或多个交流路径的抽象表示。

系统功能——支持自动化运营活动或信息交换的数据转换过程。

图4-6显示运营视图和系统视图之间的关系。

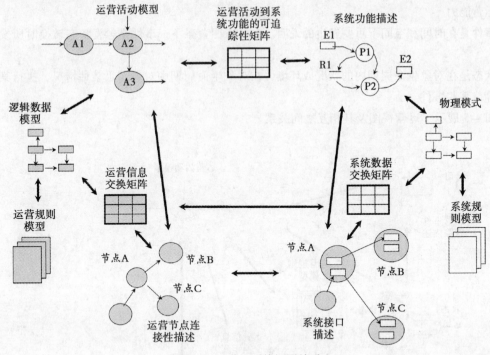

图 4-6   运营和系统视图关系

4.8   多视角看系统知识

系统可从多个视角进行描述。我们需要更详细地检查各种不同视角描述，以获取更多系统详细信息。这可以帮助判断哪个观察角度更适合定位漏洞位置。

以下为几个重要视角分类：

- 事件跟踪视角
- 结构化视角
- 数据流视角
- 规则视角
- 状态转换视角

事件跟踪视角从字面上看，是最明显的方式。因为事件流视图描述了事件序列。这些事件均独立，且可观察其发生。事件发生是否是可观察的，是由系统外部和内部边界的选择来决定的。通常，在系统外部边界的事件是可观察的。事件跟踪视图表明系统正在运作，因而能被外部观察者感知。此外，该视图还表明了系统元素之间的信息交换。事件跟踪从动态角度展示按时间先后排序的、连续事件构成的系统行为。有些事件可能同时发生，有些一起发生的事件（可能连续，也可能同时）可以合并成"阶段"，这很容易和状态混淆。这些事件和事件序列（某种程度上）对系统大家族来说，非常常见。应用调试跟踪也是从事件视图出发，其日志文件内容通常作为事件视图结果输出。

接下来是与系统位置相关的结构视角，它以生成事件的活动发生时位置来描述系统元素。系统元素之间的交互表明在各种元素之间存在某种流。结构视角明确了交互的参与者，当然，这也由外部边界（系统范围）和选定的解析层次决定。某些"位置"直接位于系统边界，这意味着它们是系统和环境交互的分离点。这些元素通常被称为系统"入口点"。

另外，结构视角可以用于表明节点之间各种关系。例如组织关系图展示了组织和其构成部分及与其他组织之间的关系。

尽管对象流也与事件相关联，但在软件密集型系统中，主要关注信息流。该视角也可以用于描述现金流、颜色流、货物流、人事流、甚至供应服务流和知识流。数据流视角描述了系统在实现其功能时，系统活动之间和活动与系统环境之间的数据如何流动。该视角强调系统能力及操作活动、活动之间关系、输入和输出等。

数据流和事件流由将系统与其他系统区分的规则确定。规则视角以静态方式描述系统元素、引发事件和作用于事件流上的规则、相关数据流、规则如何决定系统操作上的可能事件、规则如何限制可能的行为，即连续事件的角度。软件应用程序的代码是规则视角的一个例子。

现在，我们已经介绍了所有其他视角，不可避免地，需要明确状态概念了。一般而言，状态是类似于环境或者形式的情况或模式，如结构、增长或开发。状态是一个非常基础的概念，但由于其行为的抽象性，也是最少见的。

状态对应于系统在一段确定时间内的"稳定"情况，这由系统在前一段时间内的行为决定。通常，状态可以用简化的行为规则子集来描述。无状态系统行为不依赖于先前时间行为，与之相反的行为阶段（或基于事件状态），系统很容易有无限量的状态。应当避免以状态概念来定义漏洞，因为系统性检查所有状态非常困难。漏洞位置视角如图4-7所示。

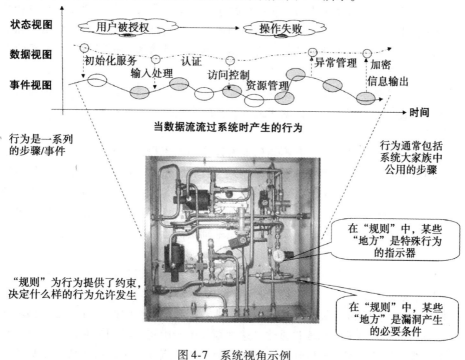

图 4-7　系统视角示例

其他视角可能需要考虑系统的利益相关者。例如动机视角描述系统目标（结果）和达成目标使用的机制（手段）。

4.9 运营概念

CONOP（有时称为 ConOps）即运营概念。CONOP 是在较低解析层次上对系统的简略概述。通常 CONOP 文档回答以下问题：

- 系统对组织的作用是什么？
- 谁是利益相关者？尤其是，谁是用户和其他关键参与者，如系统操作员、系统安全管理员等？
- 部署系统的动机是什么（如 IT 需求中表明当前系统缺陷是什么）？
- 主要活动什么时候发生？（事件流视图）？
- 什么是主要活动（决策点）？
- 和其他系统的连接点是什么？

CONOP 也定义了系统关键安全需求，如用户访问权限及其他应当知道的权限。在第 12 章演示了供学习使用的系统 CONOP 示例。

4.10 网络配置

总的来说，计算是系统或系统中活动所执行的连续步骤/事件。计算由系统组件支持的代码完成。代码为计算提供了约束，确定了计算流程。例如，独立活动之间的控制流关系，和描述独立活动如何表现为数据生产者和消费者的数据流关系，决定了计算执行过程。这些关系约束着计算的执行（如图 4-7 所示）。

为分析计算，应考虑包括应用代码在内的所有系统组件，同时包括运行时平台和所有运行时服务、运行时平台提供的关键控制和数据流关系、从应用代码进入运行时平台和服务后，返回应用代码的计算流。

单独应用代码在大多数情况下，并不能刻画出计算详细流程，因为部分计算流依赖于运行时平台，并不出现在应用代码中。例如，应用代码不同活动之间，大多数控制流关系都是显式的（例如语句序列，对其他过程的调用），也有些控制流关系是隐式的，如回调函数，该函数由应用代码向运行时平台注册特定活动（例如事件句柄或中断句柄），并由运行时平台启动该活动。如果没有这些隐含关系知识，系统知识就不能算作在基础层次上的真正完整。这会导致漏洞检测工具的代码分析覆盖不完整，并由此引发漏报和误报。

系统是为交换信息以达成共同目的一系列活动。计算发生在以通道连接的系统节点中。遵循 NIST 通用漏洞评分系统（Common Vulnerability Scoring System，CVSS）[NIST IR-7435 2007]，[Schiffman 2004] 方法，将通道划分为部署在同台机器上系统节点间的本地通道，部署在同一局域网系统节点间的相邻网络通道和远程通道。这种划分由于确定了利用漏洞所需的访问级别，因而十分重要。每个系统节点完成相应计算，以向其他系统节点或整个系统环境提供服务。数据交互也用到通道。我们将数据划分为存储数据（如数据库）、移动数据（通道中数据）和使用中数据（计算中的数据流）（参见图4-8）。

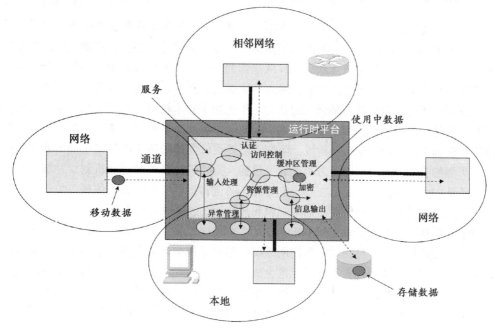

图4-8　计算网络背景

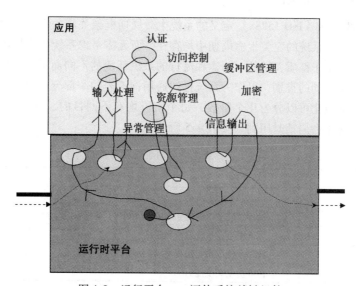

图4-9　运行平台——评估系统关键组件

运行时平台代表应用管理资源。这主要是出于，实际上很多漏洞都与资源使用相关这一重要考虑（如图4-9所示）。

4.11　系统生命周期和安全保证

目前为止，我们介绍了一些与系统运营相关的事实。这些事实将系统描述为通过某些活动达成所需目标的机制。系统描述通用词汇表将系统事实表示为组件、功能、规则、所选边界以及描述解析。而系统演化（包括从概念到运营，从运营到消亡）为系统知识带来另外一个特点。系统生命周期是系统安全保证重点关注对象，因为系统演化也涉及安全态势的演化。最终安全态势由系统组织决定（系统运营期间各种强加的规则，不论出于技术机制、物理机制，还是管理手段）。但毋庸置疑的是，不管系统各部分是如何组合，安全态势涉及系统演化和声明知识。网络防御的度量范围扩展到系统生命周期早期阶段：防御者需要确保期望的防御机制被正确的建立，以便在作为运营防御的有效元素时可用。为实现这一目标，需要设计额外的防御机制，并加入系统生命周期上游活动中。应对措施的演化在系统安全保证案例和运营应对措施中体现。关于应对措施演化的声明涉及运营前系统生命周期活动的知识和系统消亡过程中某些活动的知识。

系统生命周期包括多个活动。ISO/IEC 15288: 2008 中，将系统和软件工程——系统生命周期过程定义为：以各种活动，包括创建和使用系统，描述系统生命周期的标准框架。汇聚这些活动就可以发现将要实现系统的元素和基于元素生成系统所必要的组织。当运营阶段启动时，这些元素通过协调交互完成系统目标。第 3 章介绍的系统安全保证过程是贯穿系统生命周期各种活动的逻辑交叉部分。这些活动组合在一起，系统性地构建对系统安全态势的信任。

4.11.1　系统生命周期阶段

ISO/IEC 15288: 2008［ISO 15288］定义的系统生命周期框架关注关键的生命周期阶段特征的集合。这些阶段在所有系统的完整生命周期中均存在，而无需考虑系统生命周期内表面上没有限制的变化。生命周期由于性质、目的、用途和流行的系统环境的不同而不同。但系统生命周期活动可以被归纳为几个共同的类别，以作为系统描述通用词汇表的一部分。第一种该类别基于演化时间线。每个系统的演化可以分为几个阶段，每个阶段均有不同目的，且对整个生命周期有用，并在计划和执行系统生命周期时用到（如表 4-5 所示）。

表 4-5　系统生命周期阶段及其目的

生命周期阶段	目的
概念阶段	识别利益相关者需求，探究概念，提出可行的解决方案
开发阶段	提炼系统需求，建立解决方案描述，建立系统，验证和核实系统
产品阶段	大规模生成系统检查和测试
使用阶段	运作系统以满足用户需求
支持阶段	持续提供系统能力
消亡阶段	存储、归档或移除系统

这些阶段提供了一个框架，在框架内，企业管理被高度重视，并控制着项目和技术过程。这些阶段也描述了系统生命周期内的里程碑成果和主要进展，是生命周期划分的主要决定因素。这

些决定因素在建立或使用系统时，组织机构用其容纳固有的、与成本、计划和功能相关的不确定性因素和风险。

4.11.2 可用系统

在整个系统生命周期内，系统需求的关键服务并不是作为运营环境的直接部分，如开发系统、生产系统、培训系统。所有这些系统在生命周期内，系统的某阶段都能够被管理，从而便于进行下一阶段。此外，这些可用系统在使用时，还间接帮助系统提供服务。

和其他系统一样，每个可用系统也有其生命周期。可用系统生命周期与目标系统相连且同步发生，尤其在目标系统概念期间指定要求，和随后，如果时间允许，在操作可用系统向目标系统提供特定服务时，这种关系更加明显。

目标系统和可用系统二者之间的关系对系统安全保证过程有着深远意义。尤其是某些目标系统的安全控制（防御措施）运用于目标系统本身。例如，在房屋安全系统中，需要在每个进入房间的门上和每个房内地板的玻璃板上安装传感器。这些防御措施，由于在目标系统范围内由特定构件实现，可以在目标系统评估过程中检查。目标系统还包括其他需求，如居民进入屋内，接受培训而不触发警报的管理控制。

另一方面，某些安全控制措施也作用在可用系统上。例如，制造商对传感器的充分测试可以用于产品系统，且传感器的良好设计也是开发系统中安全控制的一部分。和可用系统一样，目标系统也包括人力、过程、硬件和软件元素、本身运营环境、设施等。例如，系统安全保证也可能包括某些专用于开发系统设施、生产系统设施和目标系统设施的物理安全控制措施。每个系统都有其自身威胁模型，因而每个系统也有其自身的风险管理过程。从目标系统视角来看，威胁模型和风险管理过程通常以合适的协约关系，确保分发的安全保证回归到目标系统的主安全保证过程，因为可用系统的威胁可能影响目标系统的安全结果（如图4-10所示）。

上述考虑决定了安全控制的位置和安全保证证据的来源。目标系统的安全态势（运营期内）受可用系统运行各个阶段影响。因此结合威胁模型，在所有关键系统中，都需要采用安全控制。安全评估证据由以下两大类组成：

- **基于过程的证据**，包括了整个系统生命周期内安全相关活动的记录，如目标系统和可用系统；各阶段验证和核实的结果，如可用系统中；各阶段分析结果。当相应的活动发生时，基于过程证据收集活动贯穿整个系统生命周期，因此不能忽略该类证据。例如，在向系统阶段转换时，进行安全评估，该证据由系统生命周期参与者收集包括可用系统。系统安全保证活动需要收集的基于过程的证据，在相应阶段发生前，由系统安全保证案例计划确定。贯穿概念、开发和产品阶段（包括可用系统）的安全控制证据对基于过程的安全保证很有帮助；贯穿系统生命周期的系统分析证据则有助于基于目标安全保证。
- **基于产品的证据**，包括了对基于过程的证据进行评估以及其他系统的独立分析结果。这些分析关注目标系统，因而有一定程度的预见性。基于产品的证据由安全评估团队收集。安全评估的定论以基于产品的证据作为基础。

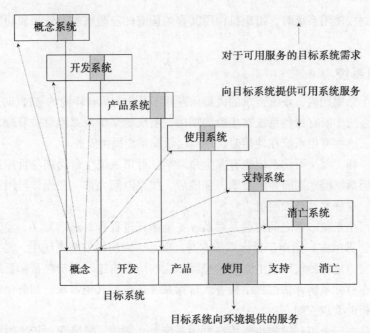

图 4-10　可用系统的目标系统和支撑服务

　　基于过程的证据和基于产品的证据之间的平衡决定了安全保证的严密性和成本。相对于系统分析提供的更多直接证据而言,基于过程安全保证在生命周期内仅需较少的管理费用,就能提供支持系统安全态势的间接证据。二者平衡的关键在于系统分析的效率和管理证据元素并在系统安全保证案例背景下评估它们的效率。

　　可用系统使用阶段对运营风险的安全保证尤其重要,因为其运营阶段和目标系统运营阶段同时存在。这些包括操作系统、目标系统使用的服务、支持基础设施,如能源供应和互联网连接、操作员培训和用户培训系统。应用于这些系统的安全防御措施对降低目标系统运营风险有更加直接的影响。

4.11.3　供应链

　　每个可用系统本身都是目标系统,由于可用系统的加入,目标系统也变成可用系统。对系统安全保证而言,理解整个供应链组织十分重要。因为目标系统的多个组件和直接可用系统是预先存在的现有组件（例如商用硬件、操作系统、编程语言和相应的编程语言环境、配置管理系统和网络设备,这些仅是软件密集系统的一些关键元素）,这种情况非常常见。这些组件作为目标系统部分,与系统直接集成,而其他组件在目标系统生命周期的开发和生产阶段间接完成,从而影响其构成元素。预先存在的组件限制了端到端的目标系统安全保证,因为某些安全控制手段不能实施,而相应的证据也无法获取。由于预先存在组件的初始安全保证等级可能很低（初始安全保证是由组件提供的安全保证案例）,因此其安全保证必须依靠目标系统构件的直接评估所产生的评估证据。

4.11.4　系统生命周期过程

　　ISO/IEC 152888:2008 定义的系统生命周期框架包含以下四组过程:

1）**企业过程**：企业过程管理组织在项目启动、支持和控制过程中，获取和供应系统产品和服务的能力。

2）**协定过程**：与组织实体建立协定时包括外部组织和内部组织。协定过程由获取过程（获取组织时使用）和供应过程（供应组织时使用）共同组成。系统安全保证是获取者和供应者之间协定的重要元素。

3）**项目管理过程**：项目管理过程用于建立并改进项目计划、评估计划的实际进度，并控制项目执行，指导项目按计划完成。

4）**技术过程**：技术过程用于定义系统需求，将需求转化为实际产品，必要时允许对产品进行复制，使用产品提供所需的服务，并持续提供所需的服务。当产品从服务中退出时，移除产品。

企业过程为系统安全保证过程提供了背景。依据 ISO/IEC 15288:2008，企业过程包括企业管理过程、投资管理过程、系统生命周期管理过程和资源管理过程。这些过程通常称为企业治理。

企业管理过程生成战略和战术层面上的计划，及系统生命周期管理的目标，如质量管理、安全保证和遵循 ISO 9001 的过程控制。企业管理是系统安全保证的主要消费者，可以帮助评估战略和战术计划的安全影响，以评审系统生命周期策略和规程。此外，也有助于确认其持续适应、胜任和有效性，并进行适当的修改。

如第 3 章提到的，系统安全保证过程应与系统生命周期过程一起管理。虽然其消耗企业资源，但由于能使企业在更大供应链内，更具竞争力，而不仅是强制监管需求产生的"必要恶魔"，因而被认为值得进行该投资［NDIA 2008］。

依据 ISO/IEC 15288:2008，项目管理过程包括计划过程、评估过程、控制过程、决策过程、风险管理过程和配置管理过程。项目管理过程也包含了重要的、基于过程的管理防御措施应用的位置信息。

如第 3 章提到的，系统安全保证过程的项目定义阶段，包括安全目标的确定、标准和安全保证预算，是联合企业过程的关键。安全保证案例可以帮助分析人员在不考虑其他活动影响条件下，仍能做出合理决定，尽管这些关联活动通过提供理由，如合理预防措施和相应论证、证据，来识别动作以形成较强的系统安全态势。因为安全保证案例识别并论证了将实施哪些防御措施（如可信供应商选择、可信组件获取、编程语言选择、反病毒工具使用），并确定了在期望的安全保证层次上达成安全态势所需的证据，所以其可以作为系统生命周期内活动合理的治理工具。安全保证案例开发将功能、成本、计划、安全、保险、依赖和系统其他属性分别分类，以便在风险管理时可以进行适当的权衡。系统安全保证与风险评估过程紧密相关，因为运营环境知识和特定威胁作为系统安全保证过程输入同时，也用于论证安全防御措施的有效性。

系统安全保证，包括安全保证案例开发和维护、系统评估和证据收集，均作为系统生命周期技术过程部分执行。依据 ISO/IEC 15288:2008，技术过程包括以下几点：

- **利益相关者需求定义过程**：该过程确定用户和利益相关者在定义的环境中，需要系统提供的服务。该过程通过开发模型来实现，该模型通常是文本形式，关注系统目的和行为，且在运营环境和条件的背景下进行描述。利益相关者需要在系统生命期内识别其对系统的需求，表达对系统的要求、希望、想法、期望，以及他们和运营环境施加在系统中的限制。这涉及捕获、明确表达和管理每个利益相关者或利益相关者类的需求，并以允许在整个生命周期内，持续跟踪针对其需求的决策。利益相关者的需求通过逐个验证运营系统服务结果的方式，确保系统完全满足要求。

- **需求分析过程**：该过程将利益相关者对系统服务的技术需求，转换成能够实现这些服务的产品技术需求。从开发者角度看，最终系统应当明确系统需要哪些功能才能满足利益相关者的需求。其目的为将来开发的系统产品满足利益相关者的要求，因此限制某些不合理要求，避免实现问题。系统需求是验证所提供的系统是否满足设计者期望的基础。

- **架构设计过程**：该过程最后综合成一个满足系统需求的解决方案。架构设计包括识别和探究一个或多个实现策略，其解析层次符合系统技术和商业需求及风险。因此，设计解决方案需要明确技术和商业上完全可行的系统配置组件集合的需求。架构设计也是策划组装和测试策略的基础，这些策略指在集成步骤中检测和诊断故障的手段。

- **实现过程**：该过程实现需求系统中的组件。基本过程为设计、编码和测试新组件；依据现有设计，编码和测试新组件；或修改和测试现有组件。实现过程依据选定的实现技术，执行详细设计，从而完成系统/子系统层次设计的安全保证。组件依据选定的实现技术建造和/或组装。建造和修改后的组件依据系统需求定义和获取协定中描述的组件特征进行测试。

- **集成过程**：该过程将经过验证的组件组合起来，建立满足具体系统需求的产品。

- **验证过程**：通过产品评估，验证并表明其行为和特征满足具体设计需求。验证为纠正已实现系统或过程中的错误，提供了补救行为所需的信息。

- **迁移过程**：迁移过程将通过验证的系统，依照协定计划，与各阶段使用的可用系统（如操作系统、支持系统、操作员培训系统、用户培训系统）一起，安装在其运营位置，以提供利益相关者需要的系统服务。

- **核实过程**：核实过程提供客观证据，表明系统使用过程中提供的服务满足利益相关者要求，满足获取系统协议中需求文档的定义。识别出的不一致地方，可以进行记录并指导修改行为。由于核实是针对要求的综合评估，过程中需要确认利益相关者，尤其是用户的要求是否被正确理解，或是否为正当要求。同样，不一致的也需要修改。

- **运营和维护过程**：运营和维护过程涵盖员工培训、操作和维护活动、系统运营、系统维护、系统监控和系统性能管理等，并记录问题以便分析。

- **系统消亡**：该过程用于从运营服务中去激活和移除系统，最终将环境恢复到原始状态或可接受状态。系统元素被破坏、存储和/或以环境友好方式回收。

安全相关系统的安全保证使得在整个系统生命周期中，安全考虑随处可见。这其中对安全要素的系统性分析也有助于加强系统安全态势，也有助于相关活动和防御措施以成本有效、及时和一致的方式进行。端到端安全保证案例的价值在于系统且客观的安全论据和声明的开发，在单一综合系统模型中，积累了安全态势相关知识；扩展了风险管理和安全活动的理由；积累了多个证据源的证据。

4.11.5　通用词汇表和综合系统模型作用

系统生命周期考虑的问题，包括各阶段及其技术过程、可用系统和供应链，都要用通用词汇表来描述系统事实，而为了安全保证，也需要组织综合系统模型。

综合系统模型不再仅有一个系统边界，而包括各种可用系统（与选定的安全保证范围相称）的边界。系统元素之间关系还应包括可用系统元素创建目标系统元素时，产生的演化关系。综合系统模型必须包括组织边界和供应链元素属性。

最后，综合系统模型应该能包括系统生命周期全过程及其活动，以在防御措施和系统生命周期内相关活动之间提供可追踪性链接（具体如图4-11所示）。

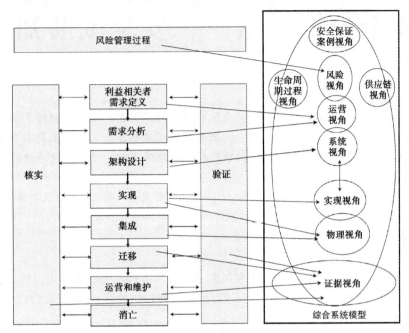

图 4-11　系统生命周期及对应视图

参考文献

Air Force *System Safety Handbook*. (2000). Air Force Safety Agency Kirtland AFB NM 87117-5670.

DoD Architecture Framework. 1.5. (2007).

IEEE Std 610.12-1990 *IEEE Standard Glossary of Software Engineering Terminology Description*. (1990).

ISO/IEC 15408-1:2005 *Information Technology – Security Techniques - Evaluation Criteria for IT Security Part 1: Introduction and General Model*. (2005)

ISO/IEC 15288-1:2008 *Life Cycle Management – System Life Cycle Processes*. (2008).

NDIA, *Engineering for System Assurance Guidebook*. (2008)

Moore, A. P., & Strohmayer, B. (2000). *Visual NRM User's Manual: Tools for Applying the Network Rating Methodology*. Naval Research Lab Washington DC Center For Computer High Assurance Systems.

NIST SP 800-18 *Information Security Guide for Developing Security Plans for Federal Information Systems*. (2006).

NIST Interagency Report 7435 *The Common Vulnerability Scoring System (CVSS) and Its Applicability to Federal Agency Systems*. (2007). Mell, P., Scarfone, K., Romanosky, S.

Schiffman, M., Eschelbeck, G., Ahmad, D., Wright, A., & Romanosky, S. (2004). CVSS: A Common Vulnerability Scoring System. National Infrastructure Advisory Council (NIAC).

Vesely, W. E., Goldberg, F. F., Roberts, N. H., & Haasl, D. F. (1981). *Fault Tree Handbook*. NUREG-0492, US Nuclear Regulatory Commission.

第 5 章

网络安全论据元素——安全威胁知识

神统治人类，把人类的认识和知识局限在狭隘的范围内，这正是神的英明之处。实际上，人类往往生活在种种危险之中，如果人类发现这些危险，那一定会心烦意乱，精神不振。但神不让人类看到事实真相，让他们保持冷静平和，使他们对身边的危险全然不觉。

——丹尼尔·笛福，《鲁宾逊漂流记》

5.1 概述

每个新的网络系统都会带来新的机遇和风险，了解具体风险的相关知识，包括第 2 章、第 3 章介绍的特有威胁和系统非期望事件，是保证系统正常运行的关键。风险评估对整个网络系统所发生的安全事故提供评估报告。报告将解答以下问题：

- 哪里会出现问题？
- 影响有多大？
- 发生的可能性有多大？

风险度量将会回答这些问题，风险度量通常在威胁管理阶段用于划分威胁等级。当该威胁的等级能通过风险管理降低，防御措施选择阶段将会解答以下问题：

如何降低已知威胁？

信息安全需要合理安排，关键在于搭建评估传统威胁和创建端到端说明二者之间的桥梁，介绍在系统运行时可能对安全产生威胁的事件，并给出针对已确认威胁的安全措施，以便最大限度地降低安全风险等级。对系统安全态势的信心，主要来自对系统将会面临哪种风险的了解。因此，系统的、可重复地识别风险，是验证网络安全必不可少的要素。在某种意义上而言，出现风险的根源是不确定的，但信息安全验证的关注点则是构成安全威胁的要素中确定的和可预见的那部分。

识别风险的两个基本问题是"安全风险威胁了什么"和"安全风险的来源是什么"。安全风险的目标是资产，安全风险的源头是威胁。威胁与威胁代理和攻击均有所不同。一种攻击方式包含了一套特定的场景，可以将潜在的威胁变成现实的安全事故。要想详细了解网络系统面临的威胁，需要进行全面的威胁陈述，选择应对措施，根据相应应对措施所起的效果，形成清晰和全面的声明。根据威胁知识确定安全保证论据结构的相关知识请参考第 3 章。

一种常见的理解认为，开发团队只需要了解系统设计和实现相关的知识细节，而不需要掌握可能面临的威胁；开发者的关注点在于系统特性，构建和创建系统，而不是破坏系统，查找缺陷。这就会让开发团队的知识构成在了解系统和了解系统可能面临的攻击之间存有空白。为了充分掌握面临的威胁，风险评估团队需要综合计算机犯罪的可能手法，拥有鉴别事故和攻击的经验。从管理的角度来说，只聘请一支风险评估团队是最好的。最重要的是安全相关的经验，包括成功实施攻击的知识。拥有黑客经验的人是否会在风险评估中发挥更大的作用？许多风险评估的书，特别是针对开发者提升安全技能的一类书籍，推荐头脑风暴作为识别风险的方法。当然，最后每支团队都将提交面向管理的风险集合，以及降低风险的相应对策。同时，这需要相信不存在类似或者更大的威胁。

一些组织热衷于通过渗透测试来评估当前安全态势，做这种工作的团队也称为"红队"，由签约的道德黑客构成，用来识别安全风险。渗透测试需要对系统设计和实施的信息加以综合考虑，因此，渗透测试具有一定重复性。有经验的团队将会识别出更多的问题，但对于还存在什么未识别的问题，仍然无法解答。

对于黑客而言，掌握一种特定系统的方法就可以了，但若要对系统进行安全评估，则工作必须做得系统才行。

如何让风险评估更系统、可重复和客观，为系统安全保证提供更稳固的基础？一种解决方法是积累网络安全知识并向系统防御者发布这些知识。积累攻击知识，可以让风险评估通过可信的升级检查清单增加可重复性，这样即使是没有经验的风险分析人员也能进行系统地风险评估，如可用于查询综合攻击知识库的系统描述关键词列表，并提供一个经过验证的威胁列表。如果这类资源能够在系统生命周期中尽早出现，就可以避免在接下来的过程中出现许多错误和问题。OMG 软件安全保证体系明确强调，开发基于系统事实并用于交换的网络安全知识的标准协议，该协议可用于将积累的网络安全知识转化成机器可识别的内容，这些内容可以积累、交换并作为自动分析工具的输入。从更有经验的分析人员向独立系统的防御者积累和发布安全知识，需要更关注交换信息的标准。网络安全知识应该系统地收集和积累，例如利用公开工具解锁，将知识从少数专家那里发布到更大的社区中。这意味着网络安全知识变成了商品，某种意义上更像一个通过非接触的解锁电路，在包含了丰富、透明和可消费等因素的洲际电网里不断扩张直至极限。

目前，攻击者与防护者之间存在着巨大的知识差异，网络安全互助和不断积累的网络安全知识是弥合这种差异的起点。一旦在网络安全领域建立互助，风险评估将变得更具有可重复性，然而，这会增加信息安全的开销吗？许多人认为会。然而，一旦网络防御社区清楚了什么知识需要积累和交换，那么交换知识的标准和协议将得到良好发展，自动化的工具也会顺应而生。

若想得到更为系统的风险评估，可以通过发展一套完整的安全保证案例，包含对威胁认定的声明和论据。系统安全保证将同等关注工程实施和风险评估，理性地识别威胁，将有利于选择安全应对措施以及客观地评估安全应对措施的效果。在特殊情况下，在威胁识别阶段，风险评估团队提供的评估是否清晰和可防御，将直接决定能发现多少威胁（与所选的安全标准对应）。

要想摸清针对信息和资产安全的所有威胁，恐怕成本太过高昂，甚至不可能实现。现代的安全实践是基于威胁和漏洞的综合评估，然后选择合适和可负担的应对措施。系统地识别威胁，必须和所需代价达成一个平衡，否则会在不知不觉中承担高风险。

评估威胁等级比识别威胁还要困难，因为鉴定威胁的等级需要对威胁事件的可能性和相关影响进行度量。一个威胁和它对应的威胁等级，合称一个独立的"风险"。除了在先前事故中获得具有可靠性、一致性和广泛性的数据，对于威胁发生的可能性，几乎没有可用的指导。一些人把这些信息加进了网络安全威胁和新的攻击方式的动态图中，观察已经发生的事情并不是预测未来的一个必要的好方法。另一种了解威胁的方法是收集情报信息，以便于从谍报网络中掌握潜在的攻击者以及他们的能力、动机和计划，就像执法人员和国家安全部做的那样。但是，获取情报只能针对确定的威胁方式，对于大多数组织来说还是不切实际。因此，目前有一种趋势，基于风险管理来评估漏洞以及漏洞的相关影响，或者万一漏洞被威胁事件所利用，本组织能够承受的破坏限度。据说这样做更容易，因此所有元素都在本组织的掌握范围之内。那么，现在可以庆祝这个漏洞概念的诞生，这无疑是一个"神话"，因为现在能系统地检测一些状况。漏洞利用的方法详见第6章和第7章。本章内容将像系统性检测漏洞的前驱那样，集中介绍系统性检测漏洞的确定战略。

5.2 基本的网络安全元素

网络安全框架是根据许多国际标准和建议定义的，例如 ISO/IEC 13335 IT 安全管理指导 ［ISO 13335］，ISO-IEC 15443A，IT 安全保证框架 ［ISO 15443］，ISO/IEC 17779A，信息安全管理实践编码 ［ISO 17779］，ISO/IEC 27001 信息安全管理系统 ［ISO 27001］，ISO-IEC 15026 系统和软件安全保证 ［ISO 15026］，ISO/IEC 15408 IT 安全评估标准 ［ISO 15408］，以及 NIST SP800-30 威胁管理指导 ［NIST SP800-30］。接下来的六个术语——资产、影响、威胁、防御措施、漏洞、风险，是网络安全保证中的主要元素中的高级元素。术语是根据 ISO/IEC 13335 制定，这些元素具体可见图 5-1、图 5-2。精确的、面向事实的名词和动词词汇表将在下一节介绍。

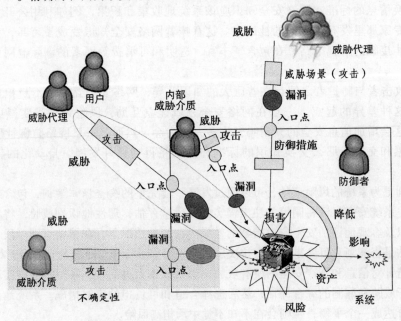

图 5-1　网络攻击行为

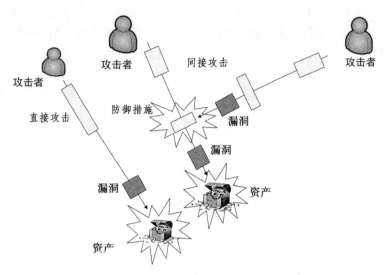

图 5-2　直接攻击和间接（multi-stage）攻击

5.2.1　资产

合适的资产管理是一个组织成功的关键，也是所有管理层次的核心价值。一个组织的资产可归类如下：

- 物理资产（如计算机硬件、通信设施、建筑）
- 信息（如文档、数据库）
- 软件
- 生产产品或提供服务的能力
- 人员
- 无形资产（如声誉、形象）

人们认为这些重要资产应该获得某种程度的保护。如果想知道资产是否得到合适的保护，就应该进行一次风险评估。

从安全的角度来看，一个组织如果没有对资产进行鉴定，是不可能实现和维护有效保护的。在某些情况下，识别资产和评估价值的过程可以不需要昂贵、细致和耗时的分析就能高质量地完成。分析的详细程度需要根据资产的价值来配置合适的成本和时间。在任何情况下，分析的详细程度应该基于安全目标而定。在许多情况下，对资产进行分组将大有裨益。

资产相关的安全信息，包括它的价值和/或敏感度。

第 4 章描述了系统生命周期的复杂环境，包括多支持系统和供应链，这些都应该在识别系统核心资产时进行考虑。

5.2.2　影响

影响是指意外事故造成的后果，无论这些事故是无意的还是有意为之，但都对资产产生了影响。影响的直接后果可能是某些资产被毁坏、损害信息系统以及破坏系统的机密性、完整性、可用性、不可否认性、可说明性、真实性，或可靠性，间接后果可能包括损失经济、市场份额以及公司形象。衡量影响应该综合考虑意外事故的结果和防止类似事故再次发生的相关防御措施的成本。意外发生的频率应该予以考虑。记录意外是相当重要的，特别是频繁发生一些每次损失不大，但总体代价很高的意外的情况。另一个例子是图 5-2 所示的多阶段攻击。影响评估是风险评估和应对措施选择的重要一环。

影响可以被定性和定量地进行度量，如：

- 经济成本建模
- 划分严重等级（如 1 到 10）
- 从预定义的形容词列表中选择合适的描述（如高、中、低）

5.2.3 威胁

资产是多种威胁的共同目标。潜在威胁可能诱发意外事故，造成系统、组织或财产受损。对系统或服务处理的信息进行直接或间接攻击均会造成损害，如越权、泄露、篡改、损毁、失效、丢失。一个威胁需要挖掘一个存在的资产管理漏洞，这样才能导致资产受损。威胁可能是先天形成的，也可能是人为造成的；可能是无意的，也可能是有意的。无论是无意还是有意的威胁，均需要识别，以及评估其威胁等级和发生的可能性。

威胁可能影响一个组织某些特定部分，如破坏个人电脑。对于系统或组织所处的周围环境而言，存在一些威胁是正常的，好比可能毁坏建筑的台风和闪电。威胁可能在组织内部发生，如监守自盗；也可能在外部发生，如恶意攻击或行业间谍活动。意外事故造成的损害可能是临时的，如花五分钟重启服务器；也可能是永久的，如财产损失。

每次威胁造成破坏程度具有相当大的偶然性，如同一个地方发生的地震每次造成的破坏可能都不相同。

不同的威胁有不同的特征，威胁本身就会提供有用的信息，包括：

- 威胁来源，来自内部还是外部；
- 威胁代理的动机，如获取经济利益或者竞争优势；
- 威胁代理的能力；
- 发生频率；
- 严重性；
- 威胁等级，如低、中、高，由威胁评估的结果决定。

系统的威胁包括针对支持系统或供应链的威胁，详见第 4 章。

5.2.4 防御措施

防御措施（对策、控制）是信息安全的具体实施、程序和机制，用来防范威胁、减少漏洞、降低意外事故的影响、检测意外事故以及有助于复原。有效的安全防护通常需要多个组合、多重防御措施，以便为资产提供分层安全。例如，访问控制机制提供计算机的审计控制、人员手续、训练和物理安全。有些防御措施可能已经成为环境的构件，或资产的固件之一，或已经融入系统和组织之中。需要提醒的是，防御措施有多种形态和形式，例如技术选择（如选择 Java 而不是 C++编程语言来实现系统组件），设计决策（如架构组件 A 和 B 之间不存在信息流），或设计和实现保护机制（如认证防御措施或添加防火墙）。

防御措施包含以下的一项或多项：
- 预防；
- 制止；
- 检测；
- 限制；
- 修正；
- 复原；
- 监视；
- 认识。

选择合适的防御措施，本质是为了合理地实现安全程序。多个防御措施能提供多功能的服务。通常选择多功能防御措施，其成本有效性更高。防御措施的应用领域如下：
- 物理环境；
- 技术环境（硬件、软件和通信）；
- 人事；
- 管理层；
- 安全意识，与人事领域相关。

第 4 章描述了系统生命周期的复杂环境，其中包含多支持系统和供应链，这些系统共同决定哪些防御措施应该应用于系统的哪些位置。具体的防御措施如下例：
- 访问控制机制；
- 杀毒软件；
- 加密机制；
- 数字签名；
- 防火墙；
- 监视和分析工具；
- 备用供电；
- 信息备份；
- 人员背景调查。

5.2.5 漏洞

漏洞是指资产之中的缺陷，存在于物理结构、组织、规程、人员、管理、行政、硬件、软件和信息等之中。漏洞可能被某个威胁代理利用，导致信息系统或商业目标受损。漏洞本身并不会进行破坏，漏洞仅仅是一个或一系列条件威胁可利用这些条件来影响资产。不同来源的漏洞需要区别对待，例如有些漏洞是资产固有的，这种漏洞就会一直存在直到资产组成模式发生改变。如缺乏访问控制机制所产生的漏洞，就可能导致威胁入侵，资产受损。存在于某个特定系统或组织内部的漏洞，并不都会受某个特定威胁的影响。每个漏洞都会有可能引发灾害的隐忧。然而，随着环境动态变化，每种漏洞都需要及时监测，以便判断是否会暴露给已经存在的威胁或新威胁。

漏洞分析是验证是否存在可能被已识别威胁利用的特征。这些分析必须考虑环境和已有的防御措施。对某个特定系统或资产进行漏洞度量，是为了确认系统或者资产是否易受损害。

漏洞应该进行分级，如高、中、低。风险评估的结果将是分级的依据。

5.2.6　风险

风险是指潜在的危险，即某个特定威胁利用资产中存在的漏洞，造成组织的损失或破坏。单个或多个威胁可能利用一个或多个漏洞。这里将威胁看做是系统事件的多组件状态，而风险则是对系统中威胁的度量（威胁等级）。

一个威胁场景描述了一个或一组特定的威胁如何通过一个或一组漏洞对资产造成损害。一个风险包括两个特征，非期望事件的发生概率和影响。资产、威胁、漏洞和防御措施的任何一处改变，都可能对风险造成重大影响。越早察觉或了解环境或系统发生的改变，能够更主动地采取行为降低风险。

5.3　威胁识别的通用词汇表

为了系统地建立安全保证案例和安全应对措施有效性的依据，有必要对威胁概念有所了解，才能制定一些应对措施。这套理论应该把系统面临的威胁串联起来，而且能够转化为机器可读的信息，并能够通过标准协议与外界交流，以达到系统安全保证的目的。本章的目的就是详细介绍可辨别的概念化，这些理论支持可重复和系统性的安全保证和自动化。

社区要把普通网络威胁和合作知识转换为机器可识别的文档，需要做多少工作呢？在 2008 年，北约一篇题为《Improving Common Security Risk Analysis》的报告［NATO 2008］，提到不同的北约成员国使用了不同的方法，如法国的 EBIOS、英国的 NIST 风险管理 SP800-30 和 CRAMM、加拿大的 ITSG-04，以及西班牙的 MAGERIT，各自有不同的知识库（资产、威胁、漏洞等）和结果类型（定性和定量），导致不同方法之间很困难甚至不可能进行风险评估对比。

采用系统的和可重复的方法为某个特定系统识别威胁的能力，取决于对威胁理论的共识，特别是理解系统地寻找威胁是需要关注哪些敏感节点。造成多种风险评估方法无法匹配的原因，根据北约的报告，主要是当前安全社区对威胁和风险的定义，都处于较高的层次，无法达到所需的精确程度，也就无法建立到系统事实的可追踪性链接。高层次不可辨别定义在应用某种风险评估方法时会导致更高层次的主观性，以及不同团队评估结果的巨大差异。缺乏可辨别定义是 IDEAS 组织在 Defense Enterprise Architecture Interoperability 项目［McDaniel 2008］中报告的一项挑战。这个问题根源在于分析原始词汇表和对词汇表应用消除歧义的方法，如 BORO 方法（详见第 9 章），用来鉴别写入公共漏洞中的基本辨别理论，并建立个体词汇与公共词汇之间的映射。本章最后将会使用被称为 SBVR 结构英语的与众不同的标记法。这种标记法将在第 10 章介绍。第 9 章介绍了 OMG 通用事实模型方法，该方法将指导如何建立公共词汇表，并协商交换信息的方法，包括用该标记法定义用于信息交换的 XML 格式，以及面向事实的数据库。

5.3.1 定义资产的可辨别词汇表

不同方法对资产辨别及其在风险评估中扮演角色的看法有所不同。

资产

概念类型：<u>名词概念</u>

定　　义：系统范畴之内的有形或无形的保护对象，因为这些东西对系统拥有者而言是有价值的。潜在的攻击者同样对资产感兴趣。资产包括但不限于各种形式的信息和媒介、网络、系统、物料、真实资产、经济资源、雇员、公共形象和名声等信息。

资产类别

定　　义：一组具有相同特征的资产。

概念类型：<u>名词概念</u>

注　　释：这是一个有用的抽象概念，使得不同系统在全球网络安全体系中能够进行知识交换。资产种类创造了一个资产层次结构，包括各种被称为风险评估检查列表的可供使用的<u>资产类别</u>列表。

注　　释：通常来说，<u>资产</u>和<u>能力</u>（可证实的能力或者完成特定的<u>行为的能力</u>）二者之间存在明显界限。<u>服务</u>被定义为一种访问一个或多个<u>能力</u>的<u>机制</u>。需要提供一个预定义的<u>接口</u>来进行访问，对服务的访问与服务描述中指定的限制和政策一致。服务提供对能力（通常包含在资产之中）的访问。一个系统递交服务。

资产类别（Asset category）包含**资产类别**（asset category）

概念类型：*动词概念*

资产类别（Asset category）包含**资产**（asset）

概念类型：*动词概念*

两个常用的顶层资产类别是有形和无形资产：

- 有形资产——实体项目包括：
  - 软件资产——计算机程序、规程以及可能的与系统操作相关的文档和数据；
  - 信息资产——任何具有意义的符号和声音模式；
  - 接口资产——系统与硬件的连接点，是提供服务的必要不充分条件；
  - 物理资产——任何其他固态的物品。
- 无形资产——指的是个人和集体对问题事物的主观认识。

枚举资产类别是一个广义网络安全的例子，相关内容可以在 OMG 安全保证体系中进行交换。

将定义良好的漏洞的名词和动词概念转化为标准信息交换协议的详细内容，请参阅第 9 章。

5.3.1.1 资产特征

资产具有价值。一些资产的价值能够用钞票衡量，如更换一个物理损害的服务器；然而，大多数情况下只能提供定性的衡量。通常，资产的价值就是对资产所受的损害程度取反。

价值

定　　义：评价用处、价位、文化等。

概念类型：属性

注　　释：从词汇的角度来看，这是个特殊名词概念。

注　　释：对于不同团队、不同风险分析方法，资产评估方法可能不同。

成本

定　　义：有形资产的升值或者贬值；更替成本。

广义概念：价值

资产有价值

概念类型：事实属性类型

注　　释：从词汇的角度来看，这是一个特殊的动词概念。

5.3.1.2 安全需求（机密性、完整性和可用性）

机密性、完整性和可用性（CIA）用来分析判断受影响的系统资产对用户组织的重要性，并以机密性、完整性和可用性为衡量标准。这就是说，如果一项资产支持一个业务功能，这时可用性是最重要的，用机密性、完整性和可用性三者进行分析时，可以对可用性赋予更多的权值。根据 NIST CVSS 评分规范 [Schiffman 2004]，每个安全需求的可能值为：低、中、高。

一些风险分析方法偏好使用更为抽象的"临界"值。然而，对资产价值的 CIA 分别考虑是很有必要的，因为需要不同措施保护资产。当选择了更为基础的措施作为基本概念时，任何派生措施也更容易达成一致的。

机密性

定　　义：该属性指资产不会向未经认可的个人暴露，否则将会影响国家和他人利益。

广义概念：敏感度

注　　释：机密性相关的事故是指资产未经授权就暴露。

完整性

定　　义：该属性需要资产的准确性和完整性，以及交易的真实性。

广义概念：敏感度

注　　释：精度是一种防止资产被篡改的形式。

注　　释：机密性相关的事故是指完整性被篡改。

可用性

定　　义：该属性要求正常运行、执行程序和提供服务所需要的条件得到满足。

广义概念：<u>敏感度</u>

注　　释：相关<u>事故</u>是中断或<u>损坏</u>。

资产有**敏感度**

概念类型：<u>事实属性类型</u>

资产评估

定　　义：估算价值和特定<u>资产</u>敏感度的过程。

概念类型：<u>名词概念</u>

广义概念：<u>活动</u>

5.3.2　威胁和危害

对安全类书籍使用的定义分析表明，对威胁和风险的定义存在一定混乱。为了建立一个通用的词汇表，对系统安全保证的威胁识别过程提供指导，可以从安全社区过去50年所积累的知识中总结出一些看法。安全社区发展出一些系统架构驱动的方法来识别与系统安全保证相关风险［Clifton 2005］。架构驱动方法关注一个在系统视图中位置的概念，作为系统地和可重复系统分析的基础（如第4章所述）。

系统安全关注预防事故和灾害，定义为一件意外事件或一系列事件，给周围环境造成伤亡、职业病、损害或设备丢失以及财产损失。系统安全需以灾害不是随机事件为基础，此处的灾害具有确定性和可控性，是一系列特定条件所造成的后果（即危害），是能够正确分析和预测的。危害（hazard）是一项潜在条件，危害发生时，可导致灾害或事故。危害是灾害（mishap）的前兆，危害定义了潜在事件（如灾害），而灾害是已发生的事件。

为了建立架构驱动的灾害识别，系统安全将灾害当做一个综合实体，包括许多基本的可识别组成部分（如图5-3所示）。这些灾害的组成部分为灾害定义了必要的发生条件，以及发生灾害的最终结果和效果。在系统安全中，灾害包括三个基本组成部分［Clifton 2005］：

1）危害要素（HE）。这是为创建危害提供动力的基本的有害资源，如危险能量源、如运用到系统中的危险品。

2）启动机制（IM）。指导致危害发生的触发或启动事件。IM导致危险发生或从休眠状态转化为灾害状态。

3）目标/威胁（T/T）。这是指容易受损和/或受伤的人或事，描述了灾害事件的严重性。这是灾害的结果和所预期的破坏和损失。

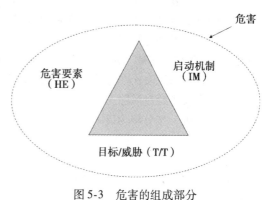

图5-3　危害的组成部分

要素是造成灾害的必要条件，也是防灾减灾的有利依据：

- 当其中一样要素不满足，则无法发生危害。
- 当IM的组成部分发生概率减少，危害发生的概率减少。

● 三角形的 HE 一角或 T/T 一角被抽离，则危害无法发生。

危害可以被描述，称为危害陈述，危害陈述基于危害的三个组成元素三个部分。例如以下灾害声明："工人由于接触高压配电板才导致触电的"。

此例中危害的三个组成部分都存在，并能清楚界定（如图 5-4 所示）。在这个案例中，实际包含两个 IM。T/T 定义了灾害的结果，IM 和 T/T 共同定义了灾害的严重性。HE 和 IM 是造成危害的诱因，用来定义发生灾害的概率。如果将高压电部分从系统中移除，危害将不会发生。如果电压能降低，降到无法造成伤害的等级，那灾害也将减少。

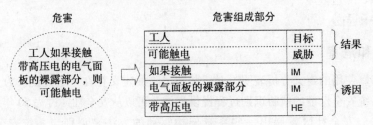

图 5-4　危害陈述

危害的诱因是一个具体项，关乎一个单独的危害如何存在于系统之中。系统中存在危害，这是不可避免的，部分原因是系统必须包含某些危害的因素；同样，安全威胁无法避免，因为攻击者会利用合法渠道进行攻击。危害也可能来自不充分的安全考虑——无论是糟糕的设计还是错误地实现了优秀的设计，或者完全是因为受硬件错误、人为错误、软件故障或隐蔽路径的影响。

一旦确定潜在的危害事件，那确定风险就十分简单了，计算风险的方法是：

$$风险 = 发生概率 \times 严重性$$

灾害的"发生概率"因子是危害组成部分发生和转化成灾害的可能性。灾害的严重性因子就是灾害的整体后果，通常是一些灾害导致的损失（如非期望的结果）。发生概率和严重性可以通过定性或者定量来进行定义和评估。时间因素也通过发生非期望事件的可能性计算加入风险概念，好比是 IM 存在期间被"曝光"的时间窗口。如对手在未加密通信中获取敏感的信息，通常认为在通信 1 分钟的风险比在通信 1 小时的风险要低。

危害和灾害通过风险关联。三个基本的危害组成部分定义了危害和灾害。三个基本的危害组成部分可以进一步分解为以下主要的诱因类别：1）硬件；2）软件；3）人员；4）接口；5）功能；6）环境。最后，这些诱因类别将进一步细化，甚至结合详细具体的原因，如硬件故障模式（如图 5-5 所示）。

在系统安全领域，引发灾害的安全事件将导致资产的机密性、完整性和/或可用性的损失。一些研究人员明确将破坏系统节点添加为单独的事故类型。相应的 T/T 组件是资产/损害。一个明显的区别是，系统安全领域没有明确的危害元素。相反，一个典型的安全事故源是恶意行为的威胁介质。另一方面，安全评估方法通常认为自然灾害与故意攻击者的行为相同，也是一种威胁源。这里演示这两种模型的相似之处。闪电是一种高压电源（HE 组成部分），可能给服务器设备造成损失（T/T 组成部分）。另一方面，一名黑客是一个"攻击能力"源（危害元素?），能让系统节点受破坏，运行一个有缺陷的 Windows 版本（资产和损害）。安全与可靠领域的启动机制几乎是一样的，因为它们都在目标和伤害的灾害元素（或威胁代理）之间创建了因果链。启动机制理论和"漏洞"理论十分相似，二者都用于系统安全，不过稍后将介绍二者也存在明显的不同。有些人已经提出应该合并安全与可靠的论点，术语安全危害已经用于多种公开资料中。

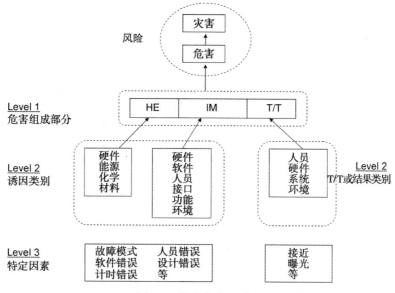

图5-5　构成危害的诱因

请注意，安全危害和安全威胁都是确定的实体（像拥有一套独立的可识别组件的小系统，对于系统元素来说是可追踪的）。危害组成部分可能存在也可能不存在。另一方面，危害有固定的发生概率，具体取决于启动机制的概率，如人员错误、组件故障或计时错误。HE组成部分的发生概率为1，因为它是危害存在的必要条件。

另一方面，在系统安全中确定攻击者的恶意行为将更加困难，而且与历史数据的统计学相关性较低，因为攻击者行为不是随机发生的，而且不断在发展变化。

网络安全的"安全威胁"定义含糊不清的一个潜在原因，是资产受损的原因和结果的性质过于复杂。这导致搜集"安全威胁"的关联事实相当复杂，不同人对现象的关注部分也不同。安全威胁的复杂性可以用一些基本可辨别的概念描述。关键在于定义一个与资产相关的基本"非期望事件"——某个特定资产所受的"损害"。"事件"是一个可辨别概念，因为它可以追踪到代码中的一个或多个语句。"安全威胁"成为一个威胁介质的可辨别集合，一个入口点、一套资产和一次损害。（第9章所述的BORO方法的应用，展示了一个"威胁"是一个元组——许多名词概念相互的关系）。多种"事件"可以定义为"损害"的原因，一件损害事件可能对其他资产造成额外的损害。多种攻击场景最终可能归结为来自相同的威胁：一个攻击场景能够用因果图路径来描述。最后，应该至少有一个因果事件与威胁的入口点相关联。

这种可辨别的理解与本章刚开始时由［ISO 13335］定义的术语是相一致的。但更保守的定义是可辨识的，也能够追踪到现存的系统事实，启用系统威胁识别，对安全态势进行因果分析。本节剩余部分详细介绍可辨别词汇表。实例如图5-6所示。

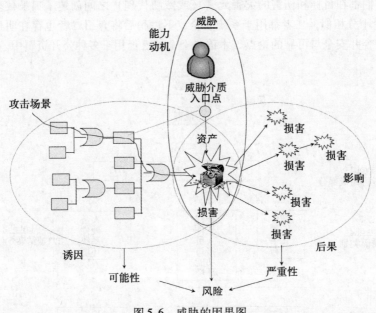

图 5-6　威胁的因果图

5.3.3　定义损害和影响的可辨别词汇表

信息安全是保护信息和信息系统免受非法访问、使用、泄露、破坏、修改或销毁，以便提供以下特性：

1）机密性——指维持访问和泄露限制，意味着保护个人隐私和专用信息；

2）完整性——指防止信息被非法修改或破坏，以及保证信息的不可否认性和真实性；

3）可用性——指保证及时、可靠地访问和使用信息。

某些事件会导致损害，如"非法使用、泄露、破坏、修改、破坏信息及信息系统"。

损害

定　　义：资产破解造成的伤害

注　　释：损害（injury）是基本破坏（damage），能在系统中进行追踪

注　　释：在非网络场景中，一次对资产的物理访问，可能是发生损害的前提条件

概念类型：名词概念

别　　名：受伤（harm）

注　　释：影响是非基本的累计损害

损伤目标**资产**

概念类型：动词概念

损伤目标**资产类别**

概念类型：动词概念

注　　释：结果列入通用损害列表

威胁事件

定　　义：导致资产破解的事件

别　　名：<u>非期望事件</u>

注　　释：威胁事件是基本事件，能在系统中进行追踪

注　　释：影响是一个给定的初始威胁事件相关的威胁事件合集

威胁事件造成**资产损害**

概念类型：<u>动词概念</u>

威胁事件引发**威胁事件**

概念类型：<u>动词概念</u>

威胁事件有**影响**

定　　义：<u>威胁事件</u>造成的<u>损害</u>共同构成的影响的事务状态

枚举可能的损害是广义网络安全内容的一个实例，用来在 OMG 安全保证体系之中进行交换。关于将定义良好的动词和名词概念转换为标准信息交换协议，更多细节见第 9 章。以下是一些对"损害/资产类别"对进行描述的例子。

机密性相关的损害：泄露信息资产，还可以进一步细分为泄露存档数据、泄露运行数据和泄露正在使用的数据和泄露设施（"翻垃圾箱"）和设备（从出售的硬盘或被盗的笔记本电脑中恢复敏感数据）中的数据。

完整性相关的损害：

- 篡改设备、设施；
- 篡改信息资产；
- 篡改服务；
- 破坏系统节点。

可用性相关的损害：丢失部分或全部设备、服务、信息资产、设施、人员演示影响声明。它显示了一些示范性的损害/资产类别对（实线），然后用虚线表示一些影响，描述可能产生损害的因果关系。

图 5-7 所示的因果关系可用文字描述如下：

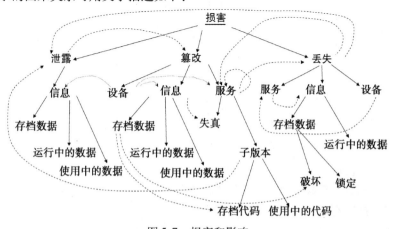

图 5-7　损害和影响

- 信息泄露导致信息篡改（如用户的登录信息被破解）。
- 设备篡改导致信息篡改（如故障）。
- 设备篡改导致信息泄露（如电话 bug）。
- 设备篡改导致服务篡改（无论是失真还是破坏）。
- 信息篡改导致服务失真（"无用输出"的一种特别说法）。
- 服务破坏导致信息泄露（如一个典型的间谍场景，一个木马程序安装了击键记录用来监听敏感信息，如金融账户信息和证书等）。
- 服务破坏导致服务破坏（如更深层的服务，破坏网络中的其他计算机）。
- 服务破坏导致丢失（如服务、信息）。
- 信息丢失导致服务篡改（如记录被删除）。
- 服务丢失导致服务篡改（如保护机制失效）。
- 设备丢失导致信息泄露（如从被盗的 U 盘中获取信息）。
- 设备丢失导致服务丢失。

5.3.4　定义威胁的可辨别词汇表

威胁

定　　义：一个潜在的事故集，其中威胁介质通过使用特殊的入口点进入系统引发对资产的威胁事件。

概念类型：名词概念

注　　释：威胁事件是一个关键概念。这是与指定系统对应的特定事故。威胁事件可以属于几个抽象群体（威胁活动和威胁类），它们可以提供管理威胁知识和构建可重用威胁库的手段。

威胁导致**资产损害**

威胁活动

定　　义：拥有常见后果和结果的通用威胁集合

例　　子：破坏

注　　释：威胁活动用来构建威胁检查清单

威胁事件属于**威胁活动**

同义形式：威胁活动包括威胁事件

必　须　性：威胁活动属于零个或多个威胁活动

威胁类

定　　义：拥有相同特征的威胁活动的通用集合

例　　子：有意威胁

注　　释：威胁类获取可重用的威胁活动类别

威胁活动属于**威胁类**

必　须　性：威胁活动属于零个或多个威胁类

威胁事件是无意的

    定　　义：人为造成的无意威胁

威胁事件是有意的

    定　　义：人为造成的计划或预谋威胁

威胁事件是自然灾害造成的

    定　　义：自然不可抗力造成的威胁

    例　　子：停电

威胁影响资产

    必　须　性：威胁事件影响一个或多个资产

威胁介质类别

    定　　义：威胁活动的分支，旨在把重点放在具有常见动机的有意威胁或具有相似诱因的
            意外威胁以及自然灾害

威胁介质

    定　　义：可识别的组织、个人或单独构成故意威胁的类型，或特定类型的事故以及自然
            灾害

    同义形式：威胁源、攻击者、对手

威胁介质引发威胁

    必　须　性：每个威胁介质引发至少一个威胁

威胁介质属于威胁介质类别

    同义形式：威胁介质类别包含威胁介质

    必　须　性：威胁介质属于一个或多个威胁介质类别

威胁介质类别参与威胁介质活动

    必　须　性：威胁介质类别参与一个或多个威胁介质活动

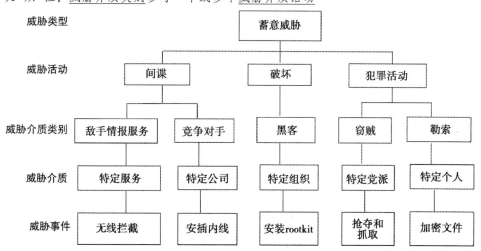

图 5-8　威胁以及威胁介质集合实例图

5.3.5 威胁场景和攻击

威胁场景

定　　义：一个详细的按时间顺序和功能描述的实际或假想的威胁，目的是便于风险分析，具体通过在资产价值和威胁介质之间建立一种确定的关系，威胁代理具有针对资产的动机和利用资产漏洞的能力

注　　释：当威胁介质通过攻击系统中的漏洞对资产产生作用，一个威胁场景即发生

威胁场景描述**威胁**

必　须　性：威胁场景准确描述一个威胁

攻击

定　　义：一系列行动，涉及与系统的交互并将导致威胁事件

注　　释：系统必须允许损害；攻击迫使系统产生损害

注　　释：攻击可能涉及对资产的物理访问

注　　释：攻击属于恶意

注　　释：攻击涉及特定的入口点，这是系统起交互作用的属性；攻击可能不止涉及一个入口点

攻击造成**损害**

定　　义：攻击造成损害的事务状态

注　　释：系统必须允许损害；攻击迫使系统产生损害

同义形式：攻击产生损害

攻击造成影响

定　　义：攻击造成损害的事务状态共同组成的影响

攻击目标**资产**

定　　义：对资产进行攻击产生损害的事务状态

注　　释：存在一些对攻击者有价值的目标；这是从攻击者的视角来看

同义形式：攻击损害资产

注　　释：攻击可能会影响额外的资产，称为"附加伤害"；但为了预防攻击，最重要的是了解攻击者的动机

5.3.6 定义漏洞的可辨别词汇表

漏洞

定　　义：系统或环境的一个属性，是发生威胁事件的地方，或增加其影响

注　　释：安全缺陷，可能被攻击者利用而造成损害

注　　释：某个特定的防御措施的具体缺陷或不足，或防御措施的缺失，导致人员、资产或所提供的服务受到损害

注　　释：漏洞是系统或环境资产的一个特征、属性或缺陷，会增加威胁事件发生的概率或

其严重程度会造成严重损害（在机密性、可用性和/或完整性方面）。漏洞本身不会造成损害，而仅仅是一个条件或一系列条件，被损害资产的威胁介质所利用。

系统有漏洞
定　　义：漏洞是系统或系统环境属性的事务状态

注　　释：漏洞在系统中的位置，是系统地检测和预防安全漏洞至关重要的因素

漏洞被威胁代理利用
定　　义：攻击者利用漏洞进行攻击并造成损害的事务状态

注　　释：系统中存在的漏洞不会造成损害，除非在与系统交互过程中被攻击者利用

注　　释："利用"（exploitation）意味着由系统产生的损害，攻击者能够利用某一点迫使系统产生这种损害

注　　释：攻击者是一个威胁介质中的笼统概念里比较简单的例子，也可能包括自然不可抗力及其他已知的非故意危害

漏洞引发攻击
定　　义：攻击处于系统交互部分的漏洞的事务状态

同义形式：漏洞引发攻击

必　须　性：漏洞引发一个或多个攻击

漏洞泄露资产
定　　义：漏洞引发攻击并损害到资产的事务状态

注　　释：只有在攻击成功后才会损害资产；漏洞本身并不会损害任何资产

漏洞1泄露漏洞2
定　　义：攻击利用漏洞1降低了防御措施对漏洞2的保护效果的事务状态

注　　释：只有在攻击成功后才会损害资产；漏洞1或漏洞2本身并不会损害任何资产

注　　释：漏洞1间接泄露了资产；由于受到防御措施的保护，攻击漏洞1并不能直接影响资产，但防御措施可能会受到来自漏洞2的组合攻击，接着资产将受攻击，从而产生损害

漏洞有影响
定　　义：由漏洞引发的攻击产生的影响的事务状态

注　　释：漏洞只有在受到攻击时才与影响相关联；这种关联可能相当复杂，因为一次特定的攻击可能由一个或多个漏洞引发

漏洞有严重性
定　　义：一项漏洞指标，显示处理漏洞的优先级

注　　释：NIST SCAP标准中的通用漏洞评分系统（CVSS）定义了评估漏洞严重性的标准方法，称为SCAP"得分"

漏洞类
定　　义：一个基于广泛安全策略需求的通用漏洞集合

注　　释：漏洞类对于管理漏洞知识有重要意义

漏洞集合

    定   义：一个细化的<u>漏洞类分支</u>，用于捕获与<u>防御措施</u>对应的所有<u>漏洞</u>

    注   释：漏洞集合对于管理漏洞知识有重要意义

漏洞属于**漏洞集合**

漏洞集合属于**漏洞类**

由于漏洞是系统保证和风险管理的关键，第 6 章、第 7 章将更详细地讨论这个问题。

5.3.7 定义防御措施的可辨别词汇表

防御措施

    定   义：可降低人员、资产的安全风险的实践、程序或机制，或减少威胁事件的发生的

            可能

    同义形式：应对措施

    同义形式：安全控制

    注   释：防御措施有 8 个类别，基于它们与威胁介质、漏洞和资产的不同交互

防御措施降低**漏洞**

    同义形式：<u>防御措施修复漏洞</u>

防御措施保护**资产**

防御措施阻止**威胁介质**

防御措施检测**攻击**

防御措施预防**威胁事件**

防御措施限制**威胁事件的影响**

防御措施监视**威胁事件**

防御措施修复**资产**

防御措施有效打击**威胁事件**

"蝶形图"（威胁的前因显示在左侧，威胁的后果显示右侧）是一款分析防御措施的有用工具。图 5-9 显示了当前部署在原因树特定分支的预防型措施；在结果树特定分支的受限的防御措施：阻止型防御措施能降低攻击者的攻击欲望，预防型防御措施能通过消除不安全入口点增强系统的健壮性（如断开非法的调制解调器，或关闭一个未经使用的服务，以缩小所谓的受攻击面），以及排在最下面的检测型防御措施，能减少引发损害和攻击漏洞的风险。修复型防御措施也能减少漏洞被泄露的机率（如自动门上强制大门自动关闭的弹簧，能减少大门敞开的机率）或消除损害（如重启系统或从备份中恢复丢失或被破坏的信息）。最后，当发现存在威胁行为时，检测和监视型防御措施将向防御者发出警报，通知防御者当前的威胁活动，通过减少攻击的泄露窗口，就可以降低风险。一些防御措施能提高安全意识，从而有利于增强操作的安全性。

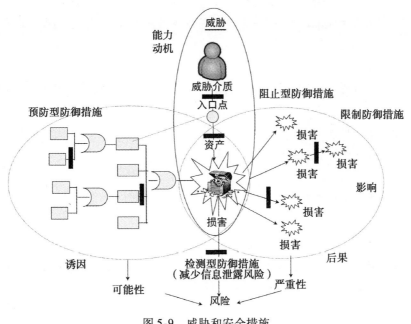

图 5-9 威胁和安全措施

5.3.8 风险

风险

定　　义：对特定威胁的发生概率和某个威胁影响的严重性进行的度量

同义形式：原始风险

注　　释：由自然灾害、意外事故或有意威胁介质的威胁事件导致特定的损害，有损坏资产的动机以及利用资产（或包括信息资产的系统）漏洞的能力，能成功破坏资产。风险度量威胁的发生概率，以及度量威胁影响的严重性

威胁有风险

概念类型：事实属性类型

影响

定　　义：描述特定威胁事件对系统的人员或资产造成损害的累计效应

同义形式：后果

威胁事件造成损害

概念类型：动词概念

必　须　性：威胁事件导致零个或多个损害

注　　释：威胁事件造成直接或间接损害，多种损害组成影响

因果事件

定　　义：系统中一个特定的威胁事件对人员和资产的影响最终的事件集

注　　释：一些因果事件在系统的边界上，导致它们能被威胁介质控制；其他因果事件在系统的内部；一些因果事件在系统功能中失效（无论是自然造成还是威胁造成）

可能性

定　　义：度量威胁事件的发生概率，取决于给定运行环境的因果事件的发生概率

威胁有可能性

概念类型：事实属性类型

必　须　性：威胁有准确的可能性

威胁有影响

概念类型：事实属性类型

必　须　性：威胁有一个准确的影响

风险评估

定　　义：对特定威胁进行风险评估的过程，并确认相应资产、漏洞之间的关系

风险评估包含威胁

必　须　性：强制风险评估切实包含一项威胁

同义形式：风险评估中的威胁事件

风险评估包含资产

必　须　性：强制风险评估切实包含一项或多项在风险评估中受威胁影响的资产

同义形式：风险评估的商业对象

风险评估包含漏洞

必　须　性：风险评估包含一个或多个被风险评估的威胁攻击的漏洞

同义形式：风险评估中的漏洞

风险评估包含威胁介质

必　须　性：强制风险评估切实包含一项在风险评估中引发威胁的威胁介质

同义形式：风险评估中的威胁介质

风险评估计算风险

系统有风险

定　　义：系统的风险是指系统面临的所有威胁所造成的风险集合

系统有总风险

定　　义：系统的总风险是指系统面临的所有威胁所造成的累计风险

威胁识别的面向事实的可辨别词汇表，允许使用威胁和风险的基于事实数据库的分析过程的信息管理来替代，例如，一张电子表格，尤其是涉及"风险评估"的动词概念对应的传统实体的TRA电子表格［RCMP 2007］，［Sherwood 2005］。面向事实的词汇表支持使用自动化工具进行风险分析，允许将威胁和风险事实集成到综合系统模型中，如第3章所述。

5.4 系统性威胁识别

系统性威胁识别过程为安全保证案例声明以及构建可防御安全保证论据和证据提供不可或缺的支持。系统性威胁识别过程的一项特征是系统安全保证的具体实现，它是推进自身安全保证的活动集，通过进行核实和验证任务，以及收集证据证明威胁识别列表已经完整识别所有的威胁。

威胁识别是一个将威胁的组成部分与大量系统事实（存在于综合系统模型中，参见第 3 章）相匹配的认识过程。

系统性、可重复和客观的威胁识别包括"安全威胁"模式，所利用的相关组件如下：

- 使用威胁活动和威胁介质类别检查清单；
- 评估触发事件和诱因；
- 使用资产类别检查清单；
- 使用检查清单识别资产的损害情况；
- 评估可能的资产损害；
- 评估损害事件造成的影响；
- 评估系统事实以便系统地识别威胁入口点。

此外，安全威胁识别可以使用关键故障状态询问以及对威胁触发机制的评估。

可辨别威胁理论提供最好的威胁识别资源，通过单独评估针对系统事实的四大威胁组成类别（威胁介质、威胁入口点、资产和损害）。这意味着，识别和评估所有的独立入口点组件作为系统设计的第一步［Swiderski 2004］。随后，所有系统资产针对损害和非期望事件进行评估，然后针对所有诱因进行评估。

威胁介质类别和威胁活动检查清单是网络安全内容的范例，是合理识别安全威胁的威胁介质的关键，也是在已识别的威胁介质的能力和动机的基础上，进一步对威胁的可能性进行评估的关键。这类似于使用行业标准危害源检查清单，如炸药、燃料、电池、电力、加速度以及化学品来识别安全危害。系统组件如果符合危害源检查清单的某一项，将被确认为系统中的安全隐患。在网络安全领域中，威胁介质在系统外部，因此这个知识无法转换为系统事实可识别的模式，毫无疑问，他们对于系统性威胁识别非常重要。一旦四大威胁组成部分被确认，攻击模式的知识就可进一步用来研究可能的攻击场景。积累和交流验证的机器可读的威胁介质类别和威胁活动检查清单，需要在防御者社区发布网络防御知识。

威胁可以通过已知或预设的非期望事件（导致资产受损的安全威胁）确认。这意味着研究和评估系统中已知的非期望事件。通过事后追踪这些非期望事件，确定的威胁能更容易地识别。一个类似的系统性方法已经用于系统安全的系统性安全危害识别［Clifton 2005］。如一套导弹系统，从概念研发阶段开始就具有确定的非期望事件。在导弹系统设计中，可将无意的导弹发射作为非期望灾害。因此，任何导致这个事件出现的条件都当做灾难，如自燃、开关故障或人为错误。

其他识别威胁的方法是通过关键状态询问。这种方法包括一个必答的线索问题集，每个问题都可能触发对威胁的识别。关键状态是一个子系统故障或操作失误的潜在状态或方式，从而导致威胁的产生。如对每个子系统进行评估时，回答问题"子系统无法操作或故障时会发生什么？"

可能会推断出一个安全威胁。系统安全危害识别的 HAZOP 技术也采用了类似的方法作为基础。

某些威胁可以通过触发威胁的因果机制来识别。在网络安全中，许多威胁涉及从入口点到"损害点"的控制流和数据流，这是潜在损害在系统中的特殊位置，以及表现为数据过滤器的通用防御措施。值得注意的是，这种方法关注已知的防御措施及其组件，以及绕过的可能性。系统安全使用类似的技术。如飞机设计的广义知识，燃料起火源和泄漏源能够引发火灾或爆炸。因此，系统性安全灾难检测将着重检查可能导致燃料着火或泄漏的部分。组件故障模式和人为错误是安全危难和安全威胁的通用触发模式，如在系统设计时用防御措施表示一个人员决策点，在一定程度上降低其触发的可能。

使用综合系统模型允许自动化进行系统性威胁识别的一些任务，基于中央概念的垂直可追踪性链接，如下所示。综合系统模型包含详细系统事实（从系统构件中自动派生，如从知识发现工具中派生出二进制和源代码），以及高层次威胁事实（识别和导入综合系统模型，如威胁介质和资产类）。高层次威胁事实与低层次系统事实通过垂直可追踪性链接关联。入口点、物理资产（尤其是信息资产和功能资产），以及"损害点"能够用详细系统事实通过自动模式来识别，并通过垂直可追踪性链接向高层次威胁事实传递。鉴别威胁的额外组件的清单交换与标准协议类似，分享网络安全知识要求通过安全社区积累和交换已认证的机器可读模式。网络安全模式交换的关键，在于可用的系统事实交换的标准协议，并支持可追踪性链接，并与多种词汇表进行整合，因为系统事实（知识发现工具中提取）、模式应该使用相同的协议，以及针对预定义通用词汇表的相同概念承诺。网络安全模式在第 7 章详细介绍。系统事实交换标准协议在第 11 章介绍。面向事实的多词汇整合的基本机制详见第 9 章。最后，第 10 章描述管理和交换词汇和定义新模式的标准协议。这些组件是 OMG 安全保证体系的基础，详见第 8 章。

5.5 安全保证策略

请先看看系统安全保证策略内容中的威胁识别。首先，需要强调安全保证是系统生命周期中一项复杂的活动集合，有利于系统的治理［ISO 15288］。这就决定了整个系统安全保证的策略，包括综合安全保证活动、其他系统生命周期过程，以及个别系统安全保证项目的范围。这些考虑因素导致安全保证案例结构的特殊性，需要针对系统生命周期的治理需求进行调整。然而，在复杂的系统生命周期过程中，安全保证活动遵循一定的步骤，以及这些步骤间的输入和输出的逻辑关系，就像第 3 章说的那样。第 3 章所说的安全保证案例制定的中心目标，是所谓的防御措施有效性声明。这种声明涉及一个或多个威胁。安全保证策略提供指引，指导如何管理安全保证案例中的多个防御措施有效性声明。有了这些知识，系统性的威胁识别包括几个不同方法，基于已识别的特定威胁组件。选择的策略决定威胁收集的结构，从而决定安全保证论据的结构细节和安全保证活动的目标结构。有多种方法可供选择，其中值得注意的五种策略如下所示：

- 损伤论据（资产损害的结构化安全保证论据）；
- 入口点论据（系统各种入口点的结构化安全保证论据）；
- 威胁论据（已知的威胁类别、威胁介质和威胁介质类别的结构化安全保证论据）；
- 漏洞论据（已知漏洞和缺陷的结构化安全保证论据）；

- 安全需求论据（安全需求的结构化安全保证论据）。

5.5.1 损害论据

损害论据考虑各种非期望事件（威胁事件），如资产故障或丢失，以及这些对系统任务的影响。非期望事件可能利用资产和资产类型结构化。非期望事件用于识别系统的"损害点"，作为系统视图的特殊位置（包括结构视图和功能视图），有能力对已识别的资产产生损害，因此一个组件有一个或多个安全威胁。损害论据通过验证防御措施来获取，包括每个非期望事件如何管理（阻止、预防、检测和减少，见图 5-9）。损害论据能使防御措施的选择更合理，如果选择的理由不具说服力，以及缺乏可防御证据支持，应推荐额外的防御措施用于对应的系统位置，并作为反馈提供给系统工程过程。在安全保证案例中使用损害策略见第 3 章。

5.5.2 入口点论据

入口点论据以系统入口点为开始。这个论据由声明来保证，即声明所有入口点都已正确识别。与入口点知识相关的潜在问题知识包括隐藏入口点（通过平台）、隐藏行为（在平台中）以及与平台交互（行为的不完整事实）。入口点的准确信息能通过自下而上的方法获取。这种方法以实施级系统事实为开始，用来识别物理入口点，基于运行时平台的已知模式，然后使用垂直可追踪性链接追踪它们返回入口点。该方法可靠性非常高，信息准确，因此可作为生成可防御证据。这种声明进一步由实施级系统事实的准确性和完整性论据支持（使用从相关的知识发现工具得到的证据，知识发现过程中的活动和透明度，以及运行知识发现工具的人员资格）。

该论据分别处理每个入口点，标识特定入口对应的行为、构建行为图、评估防御措施防止非期望事件发生的效果。这个论据没有系统地枚举资产和人员损害。因此，可以通过交叉关联威胁结果列表提供进一步的安全保证，列表包括系统产生的威胁损害，和/或系统资产清单，以产生证据来证明所有高危害行为已被标记。

5.5.3 威胁论据

威胁论据从预存的威胁类别目录中选中所有类似系统的威胁作为列表。初始威胁列表将通过特定系统威胁扩展，基于特定任务和相关环境。威胁列表能通过威胁类、威胁活动、威胁介质类别进行结构化（如图 5-8 所示）。然后识别防御措施，对其有效性进行评估，以便了解它们如何降低已识别的威胁，并确定是否能通过检测一个特定威胁（无法通过防御措施来减轻）来识别漏洞。

这种问题的方法受限于威胁知识中的不确定性。然而，一个系统化并构建合理的威胁资料，通过考虑资产、影响和漏洞可以进一步提高。以机器可识别检查清单的形式积累网络安全知识，并由专家创建和更新，能够显著提高防御者社区对安全评估的严密性。威胁列表的完整性可以用验证检查清单来校验，供有资质和有经验的人员使用，根据资产和损害的历史记录进行交叉威胁验证，包括是否违反安全政策。这种方法不仅限于一个已知漏洞的类别，因此它比首要原则要求更高，能够识别违反安全政策的具体制度。

5.5.4 漏洞论据

漏洞论据从已知的漏洞和缺陷开始，用来识别防御措施和确定所有识别漏洞都已通过防御措施修补，符合安全标准。

这一策略是基于以下机器可识别内容：

- 已知现有系统元素中的漏洞；
- 已知"损害点"模式；
- 已知可能诱发威胁的相关模式；
- 已知安全措施的低效模式。

以漏洞为中心的战略优势是，支持后续降低风险的活动，可以通过已识别漏洞来驱动。这种方法的不足在于，系统漏洞是一个复杂的现象，这导致很难系统地检测漏洞，也无法提供足够的安全保证。安全漏洞检测为系统安全声明提供反证。然而，无法发现更多的漏洞，只能作为支持系统安全声明的间接证据。因此，漏洞论据需要来自其他方面的支持，本节将概要介绍，另外还需要其他证据支持，这些证据与实施漏洞检测的人员的资质和经验相关；还包括工具（静态分析工具、渗透测试工具等）特征，以及相应的方法，包括覆盖标准和模式。详细内容请见第 6 章和第 7 章。

5.5.5　安全需求论据

在安全保证活动都集成到系统生命周期的技术过程中，如第 3 章开始所示，安全保证论据由明显的三阶段目标组成：

- 已经识别了足够的威胁，已经设置了与安全保证项目的安全标准对应的安全对象。
- 系统元素和系统功能的安全需求能减轻威胁，并实现已识别安全目标。
- 系统完全实现了已识别的安全需求，并达到安全目标。

采用这种方法，安全保证过程的大多数系统分析活动都关注于是否满足已识别的安全需求，无论是设计阶段的初级安全评估（PSA）部分，还是实施阶段的系统安全评估（SSA）部分。资产、损害和威胁这些用在第一阶段的知识，称为威胁和风险评估（TRA），用来合理选择安全需求。请注意，要证明系统实现已满足安全目标十分重要，而不仅仅是证明满足安全需求。原因很简单，一套系统会有突发行为（系统大于它实际组成部分的总和），特别是，新功能和新漏洞能在实现时插入系统。

5.6　威胁识别的安全保证

威胁识别的安全保证证据主要来自相关的检查清单和综合系统模型中元素之间的可追踪性链接。单独的威胁识别策略（损害论据、入口点论据、威胁论据和漏洞论据）均提供对威胁的独立分析结果。威胁识别安全保证将通过对这些方法的结果进行交叉关联来实现。另外，威胁的已识别组件与系统元素相关联，这将支持额外的交叉关联。（如果某个特定系统元素与某个威胁组件关联，是不是所有类似的元素均与威胁组件关联？）另一个支持论据是基于使用有资质和有经验的人员来实施威胁识别。

威胁识别活动包括核实和验证任务，以及安全保证任务。威胁识别活动（TIA）可以概括为以下几个步骤，如表 5-1 所示。

表 5-1　TIA 活动步骤

TIA 步骤	主任务	提供安全保证案例
TIA 核实	审查和分析 TIA 过程的结果	处理步骤 完成证据
TIA 验证	审查和分析安全区域以确保其完整性和准确性。审查和分析运行环境的描述，以确保其完整性和准确性。审查、分析和证明、记录系统中与安全相关的假设，其运行环境和监管框架，确保其完整性和准确性。审查和分析在功能、故障、威胁、威胁影响和防御措施有效性声明之间的可追踪性。审查和分析假设和风险的防御措施有效性声明的可信性和敏感性	处理步骤 完成证据 运行环境描述 安全假设综合系统模型更新 防御措施有效性声明
TIA 过程的安全保证	确保 TIA 步骤的应用。确保评估方法的应用。确保所有 TIA 步骤的输出，包括 TIA 核实和 TIA 验证，以及 TIA 过程的安全保证，已经处于配置管理之下。确保 TIA 核实和 TIA 验证检测出的任何缺陷已经得到解决。确保 TIA 过程是可重复的，可以让除原分析员之外的其他人重用。确保调查结果已经分发给相关人员。确保 TIA 过程的输出不会因为 TIA 过程本身的缺陷而产生不正确或不完全的结果	处理步骤 完成证据 综合系统 模型更新 缺陷日志

参考文献

Clifton, A. (2005). *Ericson II, Hazard Analysis Techniques for System Safety.* Hoboken, NJ: Wiley-Interscience.

ISO/IEC 13335-1 *Guidelines for the Management of IT Security.*

ISO/IEC 15443 *A Framework for IT Security Assurance.*

ISO/IEC 17779 *A Code of Practice for Information Security Management.*

ISO/IEC 27001 *Information Security Management Systems.*

ISO/IEC 15026 *Systems and Software Assurance, Draft.*

ISO/IEC 15288-1:2008 *Life Cycle Management—System Life Cycle Processes.* (2008).

ISO/IEC 15408-1:2005 *Information Technology—Security Techniques—Evaluation Criteria for IT Security Part 1: Introduction and General Model.* (2005).

McDaniel, D. (2008). Analyzing and Presenting Multi-Nation Process Interoperability Data for End-Users: the International Defence Enterprise Architecture Specification (IDEAS) project. In: *Proc. Integrated EA Conference.* London, UK. http://www.integrated-ea.com.

Military Standard MIL-STD-882D, *Standard Practice for System Safety.* (2000).

NATO Research and Technology Organization (RTO). *Improving Common Security Risk Analysis. TR-IST-049.* (2008).

NIST Special Publication SP800-30. (2002). *Risk Management Guide for Information Technology Systems.* Stoneburner, G., Goguen, A., Feringa, A.

CSE, RCMP. (2007). *Harmonized Threat and Risk Assessment (TRA) Methodology.* TRA-1 Date: October 23.

Sherwood, J., Clark, A., & Lynas, A. (2005). *Enterprise Security Architecture: A Business-Driven Approach.* San-Francisco, CA: CMP Books.

Schiffman, M., Eschelbeck, G., Ahmad, D., Wright, A., & Romanosky, S. (2004). *CVSS: A Common Vulnerability Scoring System.* National Infrastructure Advisory Council (NIAC).

Swiderski, F., & Snyder, W. (2004). *Threat Modeling.* Redmond, WA: Microsoft Press.

第6章

网络安全论据元素——安全漏洞知识

攻其无备，出其不意。

——孙武，《孙子兵法》

6.1 知识单元的安全漏洞

本章将介绍现有系统安全保证的基础——漏洞检测。第 1 章已经将漏洞原理作为具体的知识单元进行介绍，漏洞是指系统中存在可能导致系统遭受破坏的安全问题。第 3 章将漏洞与威胁和防御措施联系起来，并介绍了三种主要的漏洞：

- 现有的漏洞——商业产品中已被公布的已知漏洞；一旦发现某个某个版本的产品中存在漏洞，相关的知识单元会被保存和积累，因为这些产品已经用于其他已实现的系统中。在一个给定的系统中，现成漏洞可以直接判定而无需参考威胁；
- 可识别的漏洞——可以用已知模式检测的漏洞，这种漏洞也无需参考某些特定的威胁；
- 未减轻的威胁——这类漏洞的产生原因是系统防护人员没有对某些特定威胁采取有效措施，因此需要像关注其他系统特性那样关注这类漏洞。检测这类漏洞需要对系统进行综合分析，详见第 3 章。

识别威胁的一般性指导，目的是系统地识别第 5 章提及未减轻的威胁。本章关注的是现有漏洞，可辨别漏洞的详细内容请见第 7 章。本章将介绍检测现有漏洞的可行性，漏洞知识的市场，以及围绕着 NIST SCAP 标准［NIST SP800 - 126］制定的漏洞检测体系。

漏洞知识是系统安全保证内容中重要的一环，必须通过与其他知识整合才能达到安全保证的目的。防御社区必须使用系统的方法，充分掌握系统知识以便保证防御机制的有效性，第 2、3 章概要地描述了系统安全保证过程，有助于安全人员从专题漏洞检测转向系统、面向事实和可重复的安全保证。

6.1.1 漏洞的概念

术语漏洞（vulnerability）是指系统的某个特性容易招致恶意攻击或引发危险事件。这个术语源自拉丁语系的名词 vulnus，以及相应的动词 vulnero，意为伤害、受伤。术语漏洞是一个遇到新情况需要创造新词汇的例子，人们通过一个称为物化（objectification，将动词或者形容词转化为名词，例如将 doing 变为 deed）的过程，创造出用来描述一些还不十分明朗的情景。系统如果受到攻击的影响，说明系统存在可被利用的漏洞（安全人员往往是事后才发现系统遭受攻击，容易忽略实施攻击前的准备工作）。在这种情况下就能推断出，系统的什么地方容易受到攻击，这时就可以用"漏洞"来描述系统容易遭受攻击的特性。然而，这些特性是什么？造成缺陷的背后原因是什么？如何能系统地找出这些特性？物化的动词和形容词的适用范围很大，甚至可能包含不同性质的特性。

漏洞好比是家庭住宅的门窗。以下是一个入室行窃的专家报告，与入侵系统有很多相同点：

统计表明，70%的小偷进入房屋需要借助一定程度的武力，但他们更倾向于利用没关闭的门或者窗。尽管家居被盗看似是随机事件，但其中也包含了一个选择的过程。小偷的选择过程很简单，无人居住、容易进入、隐蔽性好而且容易逃走的房屋是理想的目标。

请注意，如果小偷需要付出更多努力或者使用更多的技巧和工具才能进入房屋，他很可能就会放弃进入。窗户没上锁而且开在比门高得多的地方时，那么滑动玻璃门的安全只能依靠门闩，而且不能有锁。大多数小偷是通过前、后或者车库门进入。有经验的小偷知道，车库门是最容易进入的，其次是后门。普通门锁一般安装在软木门框上，而这些轻量级的建材是建筑性/结构性的缺陷，它们容易被破坏。

好邻居应该相互观望，检查脆弱点周围是否存在可疑人员。此外，警报系统是家庭安全计划的首要配置，同时，家庭保险柜是对付入室小偷，保护贵重物品的有效手段。

保护房子和资产的第一步，是加固要保护的目标，或者使房子难以进入。

软件系统也是大同小异，如果软件中的缺陷没有被及时发现、加固和保护，就会变成漏洞被用来入侵系统。

"漏洞"是一个强大的抽象概念，是相关的情况、事件和事物的统称，并从实现攻击的角度考察它们。漏洞这个概念是十分有用的，它简化了用于描述相关情况的句子（如"在关键基础设施中增加检测漏洞方面的预算"）。采用这个概念将以独立的视角观察攻击流程及细节（尽管这些细节并不一定存在），以及系统受攻击的细节（几乎没有任何组织会公开这些细节信息）。因此，"漏洞"使用攻击向量，抽象了系统和攻击者之间的关系。它可用于搜集攻击中留下的"足迹"，无论是攻击者的身份，还是攻击动作的变化。有些用法可能含糊不清，脱离事实，甚至引起争议。面向事实的方法和语义分析工具可以理清这些含糊之处，详见第9、10章。

为什么系统安全保证需要涉及"漏洞"概念？事实上，"漏洞"的概念正是系统安全保证主流方法的中心。根据NDIA［NDIA 2008］，系统安全保证被定义为系统功能正常运作的信心保证，避免可利用的漏洞，无论漏洞是有意或无意设计的、还是在软件生命周期植入系统中的。

这种方法是基于一个观察：该漏洞已经具有某些确定的性质了。无论它是"设计"还是"植入"系统中，一旦存在，它将一直留在原处。例如，一个无良建筑工人，在安装大门插销时将插销弄松，这就在房子里留下了一个位置，这个位置抵抗入侵的能力较低，这是故意将漏洞植入系统的。这位建筑工人可能将漏洞的消息卖给小偷。类似的漏洞可能在生产插销的工厂中不为察觉地产生。系统中不安全的操作规程是一个存在漏洞的设计例子，例如，着火了，主人可以先报火警再拉开防盗门向门外大喊"着火了！着火了！"第一个例子涉及系统的物理结构，第二个例子涉及系统的操作规程和状态。

从安全保证的角度来考察两个问题："如何系统地检查系统漏洞？"和"如何建立系统不受漏洞威胁的信心？"本章将对这几方面知识进行介绍。如何掌握所有漏洞？能否为一个特定的系统提供相应的全部漏洞列表？系统有多少漏洞？是否有有限的值？如何寻找漏洞？本章重点就是提供一个统一漏洞知识的统一视图，以便在系统安全保证过程中能对这些漏洞事实进行系统地管理。

6.1.2 知识单元的安全漏洞简史

将漏洞理解为一个具体的技术缺陷，便于对攻击进行研究和归类（因此 vulnerability 应该是复数），总之，漏洞概念作为一个知识单元，从 20 世纪 70 年代开始进入公众视野。

简要分析纽约时报（见表 6-1）中"漏洞"关键字的分布，比较其单复数形式。

这些统计数据来自所有包含"漏洞"字眼的文章，并不考虑内容。最频繁出现这个字眼的是政治和国防类文章，包括里根 1980 年竞选总统时提出来的著名主题《脆弱窗口》，相关内容被 181 篇同一时期文章的提及。20 世纪 80 年代之后，公众的注意力向对社会的影响越来越大的计算机系统，对"漏洞"的复数的使用也越来越多，公众把独立漏洞作为可识别的特性，并能进行枚举和分类。

表 6-1 纽约时报中的"漏洞"字眼"单数 vs 复数"

年代	单数	复数
1900 ~ 1909	33	0
1910 ~ 1919	54	1
1920 ~ 1929	111	0
1930 ~ 1939	271	0
1940 ~ 1949	385	1
1950 ~ 1959	462	7
1960 ~ 1969	890	25
1970 ~ 1979	1884	97
1980 ~ 1989	3098	233
1990 ~ 1999	2691	396
2000 ~ 2009	3892	980

计算机漏洞类别，使用丰富的技术细节来充实，相关信息从 20 世纪 80 年代末被公开。计算机应急响应中心（CERT）从 1988 年开始提供技术支持。CERT 将及时提供当前安全问题、漏洞情况以及利用手段等信息。1993 年建立 Bugtraq，能提高商业软件产品的安全意识，敦促软件厂商尽快地修补漏洞。

Morris 蠕虫事件推动了防御者社区的形成和发展，1988 年 11 月，Morris 蠕虫爆发，波及 11% 的互联网系统。几个月后，计算机应急响应中心（CERT/CC）在软件工程研究所（SEI）成立。由美国政府资助成立的研究发展中心，地点在宾夕法尼亚州匹兹堡的卡耐基梅隆大学。美国国防部先进研究项目局（DARPA）授权 SEI 设置了一个联络中心，用来在发生突发事件时与专家进行协调沟通，以及共同防范未来可能发生的安全事故。尽管 CERT 是作为应急响应团队成立的，但它的作用不止于此。CERT 关注和处理现存和潜在的威胁，及其对应的漏洞，并通知系统管理员和其他可能受这些漏洞影响的技术人员，同时协调厂商和全球的应急响应团队共同解决漏洞。

从 20 世纪 70 年代开始，学术界开始研究缺点、错误、缺陷，以及计算机中存在的漏洞等可被恶意攻击利用的元素。漏洞技术细节的发布开始很谨慎，并在 20 世纪 90 年代相关发布开始增加。从那时起，各方提出多种计算机漏洞的分类方法，并部署了多个在线计算机漏洞数据库，具体超过 60 000 个独立的技术漏洞，存在于 27 000 个软件产品之中，覆盖周期达 45 年。

或许最著名的计算机漏洞类型，缓冲区溢出，早在 1972 年就已被发现，在那时，计算机安全技术规划研究就已经打下了技术基础："代码执行时没有对源地址和目的地址进行严格检查，导致部分监视器的可执行代码被用户覆盖。这将导致代码注入监视器，使用户获取机器的控制权"。现在，监视器是指操作系统内核。

最早有文字记载的缓冲区溢出是在 1988 年。这也是 Morris 蠕虫利用来在互联网上传播的几个漏洞之一。存在漏洞的是 UNIX 的一个称为 finger 的服务。后来在 1995 年，Thomas Lopatic 重新独立发现了缓冲区溢出，并在 Bugtraq 上发布了这一发现。一年后的 1996 年，Elias Levy 在 Phrack 杂志上发表了《Smashing the Stack for Fun and Profit》，手把手地介绍了如何利用堆栈的缓冲区溢出漏洞。

从那以后，至少有两只著名的互联网蠕虫利用了缓冲区溢出漏洞造成大面积破坏。2001 年，红色代码蠕虫利用了微软的互联网信息服务（IIS）5.0 的缓冲区溢出漏洞，接下来在 2003 年，运行有微软 SQL Server 2000 的机器遭受到 Slammer 蠕虫的攻击。

人们都开始关注已经部署在计算机网络中的技术中，受漏洞影响的技术细节，网络犯罪率随之上升。其他技术也有创建网络的现象，如铁路、电报、电话，但没有一种能够像计算机网络的漏洞那样引人注目，部分原因是在可比的范围中，前人的技术没有创造更大的利用机会而且被利用所产生的影响也不及计算机网络的影响大。

另一方面，工程系统故障并不是新闻。有观点认为，过去失败的经验，也是理解工程行业的关键："重大灾难的发生，意味着设计的最终失败，但人们可以从这些灾难中吸取教训，从而改进世界上的机器和构造"［Petroski 1992］。对计算机灾难的讨论，在 1951 年，第一台商业计算机推出不久就开始了。起初，这些讨论由军事社区推动，关注点在于分时计算机系统的敏感信息处理。几乎在同时，公众开始讨论信息系统和计算机网络中的隐私问题。今天人们熟知的计算机安全和隐私的概念，至少在 20 世纪 60 年代就提出来了，而计算机漏洞的概念，则从 1965 年就出现了。

这时，安全工程领域已经发展出用数学方法分析系统中的随机故障，即故障模式、影响和分析（始于 1949 年），以及故障树分析方法（始于 1961 年）。防护措施不是新概念，并系统工程中建立完善。计算机互联带来的挑战，包括恶意、非随机性的攻击导致的故障，大大增加了系统的复杂性。

6.1.3 漏洞和系统生命周期

请注意，一个设计缺陷甚至一个实现缺陷，本身并不会造成损害（没开始使用的软件包不会带来危害），除非系统已经投入运行，执行其功能。这时，攻击者就不得不控制系统，从而破坏系统。

关键问题在于，"利用漏洞时究竟发生了什么"？"什么情况下会产生损害"？以及"攻击者要如何达到目的"？

这是一个在操作过程中产生损害的系统。攻击者通过一些经过特殊构造的输入参数获取系统控制权，并触发漏洞。

系统评估的目标是通过分析系统可用构件，达到发现（预测）系统中可能触发的漏洞的隐患的目的。

一系列有顺序的事件构成了状态，部分主事件序列与整体行为相关联。在大多数情况下，系统行为可认为是无穷的（实际上，每种行为是有限的，每个系统在有些具体的操作点投入运行，之后周期性地停止，即使有些信息系统会一直处于运行状态）。描述无限行为的一种方法是研究重复事件或行为的序列，并用状态转换图描述这种循环。这种方法总是可行的，原则上，每套系统的设置规则都是有限的（如代码中的指令），系统行为中的每个事件也是遵循特定规则的，如一个代码段。一个代码段通常与多个状态相关联。如代码中包含一个指令："显示项目的价格"，这将使得屏幕上显示数字。根据对事件表的选择，可能与多个状态对应，如"显示正数"和"显示零"。特定状态（在给定的事件表中）取决于系统的前一个行为，有时可能受攻击者输入的影响。

一些事件可描述为威胁事件。失误、错误、故障或问题可引入系统生命周期的不同阶段（包括系统正在尝试实现的错误需求）。系统代码需要部署和配置，生产可供实际运行的系统。在系统运行之前，不可能发生恶意事件。

在系统运行期间，系统可能发生操作规程或人为操作错误，导致产生威胁事件。

多部出版物试图区分不同类别的漏洞。如按技术和组织来区分就十分有用：

- 技术相关漏洞定义为任何引入已部署系统的缺陷，无论是没被系统配置过滤就引入系统代码的，还是由系统配置引入的。
- 组织漏洞定义为任何操作规程的缺陷。

可能引入故障的阶段如图 6-1 所示。此图是选择供自动化工具分析的构件的指南，也是这种方法的局限。

6.1.4 枚举知识产品的漏洞

个别漏洞是可以枚举的。事实上，系统（至少是现有组件）是可以通过鉴别事件能否产生损害进行漏洞识别的。一种特定的损害对应一种特定的漏洞。例如可以识别被攻击计算机上是否存在允许执行远程代码，或可能招致文件泄露的漏洞。但如何弄清什么漏洞能导致允许执行远程代码？含糊的来源可能对应不同的漏洞利用，进一步的问题是："两处不同的允许执行远程代码漏洞利用事件，利用的是相同的漏洞，还是不同的漏洞？"

为了解决漏洞来源的含糊不清，可以对"位置"这一明显特征加以考虑，包括漏洞在系统代码的位置，和受损害的构件位置。例如某些位置可以定义为组件可执行文件中的偏移。如果两个目标不同的缓冲区溢出攻击利用的是可执行文件的相同位置，则它们使用相同的漏洞。如果可以获取系统源代码，则可从漏洞在二进制文件中的位置对应找出源代码中位置。

漏洞与不安全配置之间的区别有时是很有用的，例如在指出系统代码和使用不同配置的部署系统之间的区别的时候。漏洞由软件代码决定，泄露（exposure）由系统配置决定。另一方面，泄露也需要代码的支持。一种常见的泄露是组件（如在路由器和防火墙）中的默认密码。在一些已部署的系统中，管理员会将默认密码更改为新密码（一套健壮的密码，需要有 10 个字母，包含大小写字母、特殊符号和数字）；但一些系统仍然使用默认密码，这将是一个系统配置时产生的漏洞（由于无所作为）。然而，有些漏洞是由设计代码支持的，如对默认密码进行硬编码，或假定密码始终保持在配置文件之中，这两种情况都导致管理员无所作为。这个代码确切位置的重要性明显低于能直接造成危害的代码，如缓冲区溢出的位置。这是个技术问题，不是概念性的问题。无论建立代码认证机制的边界有多困难，这项工作是可以完成的。这种边界将是泄露出现"位置"的一部分，因此如果使用默认密码越过这个边界就会可能发生危险事件，如攻击者下载管理员手册，或尝试默认密码。系统可能有多种配置泄露，如一套默认的管理员密码和默认的来宾用户密码。这些泄露所处"位置"并不同，甚至它们使用相同的代码来检查密码，如之前的管理员的例子，两种情况使用的是不同的入口点。

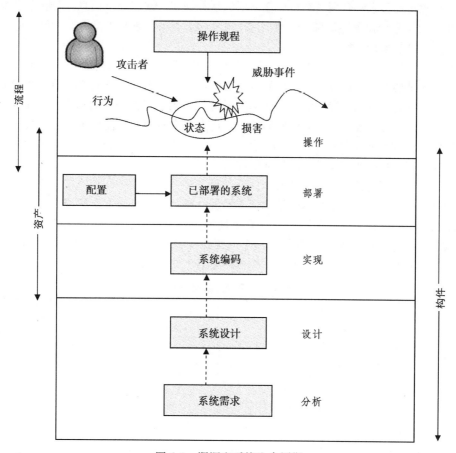

图 6-1　漏洞和系统生命周期

　　总之，不同漏洞产生不同的损害，使用系统或现有组件不同位置的代码。基于这些考虑，用户可以开始积累不同系统的漏洞知识。系统漏洞相关的技术知识，有三个层次：

　　1）特定系统或商业软件产品中存在的明显漏洞的知识。

　　2）仍然有效的漏洞利用的知识（至少一个）。

　　3）漏洞模式的知识（代码或产品中发生缓冲区溢出的共同点）。

6.2　漏洞数据库

1988 年的 Morris 互联网蠕虫事件是一个转折点，当时网络安全社区开始积累商业软件产品相关漏洞的技术细节知识。此后，开始建立一些公共漏洞数据库。

一个漏洞数据库是由一个所谓的安全信息提供商提供支持的，安全信息提供商追踪最新的漏洞，并向广大订阅用户发布安全警报。一个漏洞数据库是计算机系统漏洞相关的技术描述的集合。一些漏洞数据库的组织形式是简单的非结构化邮件列表，发现新的漏洞就贴出来并进行共同讨论。另一些漏洞数据库的记录集合则具有结构性，更像是数据库。许多安全信息提供商提供搜索功能和 RSS 订阅。有几家公司提供来自多个数据库的二次包装警报。表 6-2 提供了一份目前（2010 年 1 月中旬）漏洞数据库的快照。

漏洞数据库中的记录，是一个目前漏洞技术的知识单元。它包含了对一个问题的简要说明，并列出受漏洞影响的产品，以及厂商、产品名称和版本号。每个漏洞条目拥有唯一的标识号。大多数漏洞数据库允许搜索厂商和产品。一个记录通常包含多条相关信息的索引，通常是厂商、其他漏洞数据库和博客等。漏洞通常有给定的等级。这点非常有用，并能给风险评估提供有用信息（通过订阅），因为多数系统都使用现有的组件。哪一款数据库更合适或更有用，取决于一个给定环境下的一个给定的系统所需要的信息包含哪些。

由于系统是有现有构件构成，系统安全保证过程需要考虑无数种漏洞事实。关键问题在于如何系统地管理这些事实，并与系统的其他知识单元进行整合。接下来本书将描述漏洞知识的概念承诺。如下所示，不同的漏洞数据库提供略有不同的事实，所以整理这些事实很重要。在 NIST SCAP 体系这一节中，将会展示第一种针对这个问题的解决方案。进一步的方法，用 OMG 面向事实方法来整合所有网络安全知识单元的技术指导将在第 9 章介绍。

表 6-2　漏洞数据库列表

名称	建立年份	类型	漏洞总数	产品总数	厂商总数
CERT	1988	数据库	44 074		
Bugtraq	1993	邮件列表			
Internet Security Systems（ISSX-Force）	1994	数据库	40 000		
Security Focus	1999	数据库	37 927		3 176
CVE	1999	已命名的标准	42 232		
Security Tracker	2001	数据库			
Vulnwatch	2001	邮件列表			
OSVDB	2002	数据库	60 706	26 577	4 414
Secunia	2002	数据库	31 062	27 853	4 244
US-CERT	2003	数据库	2 615		
FrSirt/	2004	数据库	20 000	8 000	
Vupen NIST NVD	2005	数据库	40 358	20 275	

6.2.1　US-CERT

　　US-CERT 发布各种漏洞信息［USCERT］。超过严重性阈值的漏洞，将会被 US-CERT 技术警报告警。然而，同一漏洞对不同用户的严重性不同，所以衡量漏洞的严重性具有一定困难。例如，存在于很少使用的应用程序之中的严重漏洞，可能将不会出被技术警报发布，但这个漏洞对于运行此应用程序的系统管理员而言，威胁却是非常大的。US-CERT 的漏洞告警为这些不太严重的漏洞提供了发布信息的渠道。

　　漏洞告警包括对漏洞的技术性描述、影响、解决方案和方法，以及受影响的软件厂商。用户可以搜索漏洞告警数据库，或者可以通过几个关键字段进行浏览。自定义搜索和视图功能带有帮助说明。用户可以通过定制数据库查询获取特定的信息，如 10 条最近更新的漏洞信息，或 20 条最严重的漏洞信息。

　　US-CERT 同时提供订阅，可以列出 30 条最近发布的漏洞告警。

　　US-CERT 漏洞告警数据库包含两种文档：漏洞告警，通常用来描述独立于特定厂商的漏洞；厂商信息文档，提供可以解决某些问题的厂商解决方案。下面将会对这些文档的每个字段作详细说明。

　　要实现将安全数据库的漏洞条目进行信息整合，使用图 6-2 的模型来汇总信息将十分有用。

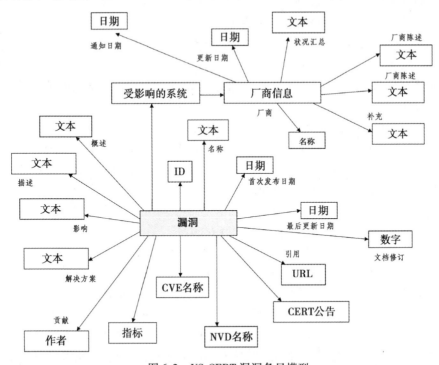

图 6-2　US-CERT 漏洞条目模型

　　该图是 US-CERT 数据库的概念模型，阐明了名词概念及其角色。这些概念解释如下，这是具体的漏洞事实词汇表，它扩展了第 5 章定义的通用术语。

漏洞 ID——US-CERT 随机分配漏洞 ID，作为一个漏洞唯一的识别标记。这些 ID 编号长 4 到 6 位，通常以"VU#"作为前缀来表示这是漏洞 ID，如 VU#492515。这些 ID 对应了由 US-CERT 数据库管理的漏洞事实。如果没有进行标准化，如 NIST SCAP，来自不同数据库的漏洞事实很难（甚至不能）与来自 US-CERT 的漏洞事实进行关联。漏洞是一个如此复杂的现象，因此很难出现两个漏洞研究人员将两个不同状态和位置的漏洞归结为同一个事故的情况。由于一个安全事故可能涉及多个漏洞，这种情况可能将更加复杂。

漏洞名称——漏洞名称是对问题性质和受影响产品的总结性的简述。名称可能包含对漏洞影响的描述，大多数名称关注导致问题发生的根源缺陷的性质。如"微软资源管理器的 HTML 对象内存损害漏洞"。

概述——概述是对漏洞的抽象，向读者提供对问题的总结以及影响分析。概述字段原来并不在数据库中，因此老文档可能不包含此项信息。如"可能导致任意代码执行的微软 IE 无效指针"。

描述——漏洞描述包括一段或多段对漏洞的描述性文字。

影响——影响陈述描述了攻击者利用漏洞可能获得的好处，通常还包括攻击者利用漏洞的先决条件。例如，"诱骗用户加载特定的 HTML 或微软 office 文档，一个远程、未通过身份验证的攻击者就可能执行任意代码，或导致 DOS"。

解决方案——解决方案部分提供修补漏洞的信息。

对系统的影响——该部分包括受漏洞影响的一个系统列表，其中包含厂商信息。厂商名称是一条线索，指向更多与之相关的待解决漏洞的具体信息。此外，还将提供每个厂商额外的摘要信息，包括一条状态字段，表示该厂商是否曾有产品被记入所描述缺陷的漏洞记录，厂商发出通知的日期，以及厂商最后更新信息的时间。

通知日期——这是厂商接到漏洞通知的日期。有时，这可能是厂商第一次与漏洞数据库进行接触的日期，或者是已知的厂商捕获漏洞的最早时间（例如厂商发布了补丁或公告）。

更新日期——这是厂商最后更新信息的日期。厂商发布的补丁或公告、厂商陈述、厂商信息以及补充信息的更新，都可能影响这个日期。

状况总结——从广义上讲，这个字段表示厂商是否生产了可能存在漏洞的产品。在多数情况下，厂商产品与漏洞的关系并不是简简单单的"存在漏洞"或"不存在漏洞"。应该鼓励用户详细阅读厂商陈述，然后使用这个字段作为判断产品是否存在漏洞的广泛指标。

厂商陈述——这是厂商对于漏洞查询的官方回应。比书面编辑更进一步的是，这是由厂商直接提供的信息，并不一定能反映查询方的意见。事实上，厂商欢迎提供与声明相矛盾的其他漏洞告警信息。给厂商的建议包括修正问题的信息，如对软件补丁和安全公告的指示。用户对于来自厂商的该字段信息应该有充足的信心。陈述通常使用 PGP 签名或其他认证方式。

厂商信息——通常认为这类信息来自厂商，包括公开的文档（就算不是由厂商直接发送）和未经严格认证的陈述。

补充——补充一节包含一段或多段 USCERT 对漏洞的意见，特别是在 USCERT 不认同厂商对问题的评估，而厂商又没有发表陈述的时候。

引用——引用是指本网站收集的 URL 信息和第三方提供的漏洞信息。

贡献——文档的这部分将注明漏洞的最初发现者、完善漏洞告警的贡献者，以及文档的主要作者的名单。

公布日期——这是公众获知漏洞的最早时间。这个日期通常是漏洞告警的首次发布日期，第一次发现攻击的日期，厂商首次发布补丁的日期或公共邮件列表首次提及漏洞的日期。

首次发布日期——这是漏洞告警的首次发布日期，该日期应该晚于上面的公布日期。

最后更新日期——这是漏洞告警最后更新的日期。漏洞告警就会在每次收到新信息时更新，或者在厂商根据漏洞告警修改信息文档时更新。

CERT 公告——如果 CERT 对某个漏洞发布了公告，那么这字段将包含公告的索引。从 2004 年 1 月 28 日开始，CERT 公告成为 US-CERT 技术警报的核心部分。

CVE 名称——CVE 名称是一个漏洞的标准化编号，是 NIST SCAP 的一部分。CVE 名称是一个十三个字符的编号，"公共漏洞和泄露"组织使用它作为每个漏洞的唯一编号。该名称也与 CVE 网站上的漏洞的额外信息相关联。CVE 名称与 US-CERT 的漏洞 ID 二者的映射非常接近，在某些情况下多个漏洞可能会映射为一个 CVE 名称，反之亦然。CVE 组织跟踪大量安全问题，但这些问题并非全都符合 US-CERT 的漏洞标准。例如，US-CERT 并不在漏洞告警数据库中追踪病毒和木马。一个简单的 CVE 名称形如"CVE – 2010 – 0249"。

NVD 名称——NVD 名称通常类似 CVE 名称。该名称同样与国家漏洞数据库（NVD，NSIT SCAP 的标准内容资料库）进行关联。

指标——指标值介乎于 0 到 180 之间，用来为漏洞分配一个近似的严重程度。该数值考虑几个因素，包括：

- 漏洞信息是否被广泛使用或了解？
- 该漏洞被利用了吗？
- 该漏洞会威胁互联网基础设施吗？
- 多少套互联网系统受该漏洞影响？
- 利用该漏洞会造成怎样的影响？
- 该漏洞的利用难度有多大？
- 利用该漏洞的前提条件是什么？

由于不同网站对于这些问题的回答可能存在明显分歧，用户不应该过度依赖指标值作为评判漏洞危害程度的依据。但指标值还是可以让用户从数据库描述的大量不太严重的漏洞中分离出更需要关注的重大漏洞。通常情况下，指标值大于 40 的漏洞将进入 US-CERT 的技术警报的候选名单。这些问题的加权值并不一样，因此产生的结果评分并不是线性的（不能认为指标值为 40 的漏洞比指标值为 20 的漏洞严重两倍）。

文档修订——本字段包含文档的修订号。本字段可用于确认该文档在最后一次查看之后是否发生了改变。

6.2.2 开源漏洞数据库

本节介绍开源漏洞数据库（OSVDB）［OSVDB］。

图 6-3 介绍了 OSVDB 漏洞数据库的概念模型，重点在于名词概念及其扮演的角色。

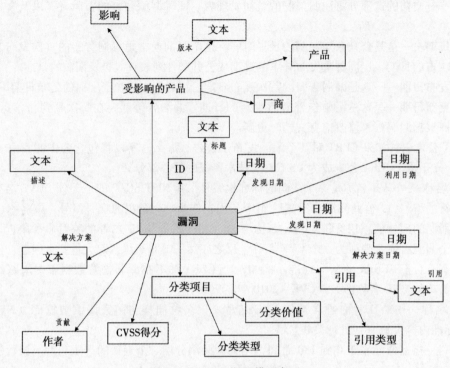

图 6-3　OSVDB 漏洞模型条目

漏洞 ID——OSVDB 分配了唯一的漏洞 ID 编号标识漏洞，如 61697。

标题——漏洞标题是对问题性质和受影响的软件产品的一个总结性的简述。名称可能包括对漏洞影响的简短描述，大多数名称主要关注的是导致问题发生的缺陷的性质。如"微软 IE 的 mshtml. dll 的 Use-After-Free Arbitrary Code Execution（Aurora）"。

公布日期——该日期与 US-CERT 的发布日期一致。这是漏洞首次发布的日期。然而，与 US-CERT 不同，OSVDB 区分了首次发现漏洞利用的时间、厂商首次发布补丁的时间和公共邮件列表首次发布漏洞消息的时间。

发现日期——漏洞被公共邮件列表公布的日期。

利用日期——相关的漏洞利用手段第一次被发现的日期。

解决日期——厂商第一次公开发布漏洞补丁的日期。

分类——OSVDB 提供自己对漏洞的分类。分类是一份项目列表，一项包含一个分类类型（分类向量的维度）和数值。如 61697 的分类陈述为"位置：本地/远程，与具体背景相关；攻击类型：输入操纵；影响：破坏完整性；发现地：野外；OSVDB：web 相关"。

分类类型——OSVDB 分类向量包括：位置、攻击类型、影响、发现地及其他。

分类值——分类值提供了一个分类项目的值，根据分类类型定义的维度进行分类的。例如，位置类型包括以下值：本地、远程、拨号、无线、移动、本地/远程、与具体背景相关以及未知。

攻击类型包括以下值：认证管理、加密、拒绝服务、信息泄露、基础设施、输入操纵、配置错误、竞争条件、其他、未知。影响包括以下值：机密性、完整性、可用性。

　　解决方案——本节对如何修复漏洞进行说明。

　　受影响产品——这部分包含可能受漏洞影响的厂商列表。OSVDB 包含的常规事实包括 {厂商、产品和版本} 配置，每项都可以标注为受影响、不受影响和可能受影响。厂商名称和产品名称采用 OSVDB 专用的枚举方式（见表6-3）。

表6-3　受影响产品事实的例子

影响类型：	受影响
厂商：	微软
产品：	IE
版本：	6 SP1

　　引用——引用是指本网站收集的 URL 信息和第三方提供的漏洞信息。在 OSVDB 中，每条引用需要注释引用类型。OSVDB 提供了指向其他主流漏洞数据库的引用，如 Security Focus、Secunia、ISS X-Force、CVE、US-CERT、Security Tracker 以及 VUPEN；对漏洞利用的引用，如 Metasploit 和 Milw0rm；扫描工具签名引用，如 Nessus Script ID、Nikto Item ID、OVAL ID、Packet Storm、Snort Signature ID 和 Tenable PV。

　　贡献——本节用来记录漏洞的发现者。截至本书写作时，OSVDB 上共有 4739 位贡献者。

6.3　漏洞生命周期

　　安全社区对这些漏洞相关的知识单元感兴趣：创建、发现、泄露、发布补丁、公布和自动化利用。"漏洞生命周期"（如图6-4）有助于更好地掌握漏洞存活期间与某个指定漏洞相关的事件序列。这说明以上所有现有的漏洞知识都具有时效性，可能失灵，需要集成到更系统的方法中。新的攻击表明，黑客掌握了一些厂商和安全信息提供商都不了解的漏洞信息。存在一个贩卖漏洞知识的地下市场，漏洞知识单元的标价高达几千美元。通常，漏洞生命周期的事件顺序如图6-4所示［Arbaugh 2000］。

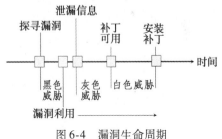

图6-4　漏洞生命周期

- **创建**。漏洞往往是在系统开发过程中不经意间被创建，是在系统生命周期的某个阶段由于不正确的设计决策导致的。在开发和测试阶段发现并修复的错误和 bug 并不算作漏洞，只有那些存在于系统运行期间的缺陷才算漏洞。如果漏洞是恶意或故意创建的，那么漏洞的发现和创建时间一致。在发现漏洞之后，可以回溯漏洞的创建时间。

- **发现**。如果有人发现一个产品的安全或健壮受到某个缺陷的影响，则这个缺陷即为漏洞。发现漏洞的人属于攻击者或防御者社区，这并不要紧。许多情况是无法找到发现事件的原始记录。发现者可能永远不会透露自己发现的漏洞。当厂商首先发现漏洞，可能同时发布补丁，有时候即时没有发布公告，但补丁也会加入一个大的升级包中。这就是漏洞研究人员研究厂商补丁的原因。

- **泄露**。如果研究人员公开泄露了漏洞的技术细节，该漏洞将被泄露。如漏洞公告会发布到一个公共的邮件列表，如 Bugtraq。作为一个完全公开的邮件列表，Bugtraq 提供论坛服务，用于详细讨论和发布计算机漏洞：它们是什么？怎样利用它们？怎样修复它们？另外，漏洞的细节可能直接传送给厂商。显然，多级泄露组成了信息提供方和信息接收方的联合体。目前，ISO/IEC 负责制定漏洞发布的标准 Responsible Vulnerability Disclosure（ISO/IEC CD 29147）。

- **修复**。漏洞是可以修复的，厂商或开发人员发布一个软件补丁或更改配置来进行缺陷修补。此后，受影响系统的系统管理员应负责打上补丁。许多系统漏洞多年后仍然未修复，导致系统的脆弱性增加。

- **利用**。漏洞的知识可拓展为发展和尝试一个特殊的行为，至少在可控环境下攻破至少一个存在漏洞的产品。有一个热门社区对漏洞的成功利用感兴趣（包括各色渗透测试人员、漏洞研究人员、黑客和犯罪分子）。不用说，有些对漏洞的利用从未进入公共视野。

- **公布**。有多种途径向公众公布漏洞。一个新的故事能让公众关注问题，或应急响应中心发布一份漏洞相关的报告。一些漏洞保持隐蔽状态（从未被发现、泄露或只泄露给厂商然后悄悄修复）。向安全社区的公共邮件列表泄露漏洞处于灰色地带。然而，有一些引人注目的漏洞，这些漏洞如此热门往往是因为它高调攻击网络，或媒体加以渲染使它超出了安全社区和厂商的范畴。

- **编写脚本**。刚开始的时候，成功利用一个漏洞需要掌握适当的技能水平。然而，当成功的漏洞利用步骤编写成脚本以后，水平较低甚至完全没水平的人也可以利用该漏洞攻击系统。漏洞脚本极大地扩大了能够利用系统漏洞的人群规模。此外，尽管这里提到的术语"脚本"，主要是自动化利用漏洞的意思，但编写脚本阶段还包括简化漏洞利用的技术方法，如黑客所谓的"指南"（cookbook）或如何利用漏洞的详细说明。从本质上讲，编写脚本使得漏洞利用成为一个产业了。

- **消亡**。漏洞消亡是指存在该漏洞的系统已经微乎其微，因为受影响的系统已经被修复或者报废。实际上，系统管理员永远无法修补所有安全风险。漏洞的创建、发现和泄露三者是因果关系，因此三者总是以这个顺序出现。然而，漏洞的泄露和发现可能会同时进行。在首次泄露漏洞后，漏洞还有进一步泄露的空间，如让更多的公众了解，或者编写利用脚本，或者提出修复建议等等。

6.4　NIST 安全内容自动化协议（SCAP）体系

NIST SCAP［NIST SP800 - 126］建立的漏洞知识标准是一个大型的网络安全体系，将有助于自动化地进行内容交换和漏洞管理工具的开发，这些工具能够利用这些标准化的内容，为防御者社区自动进行关键漏洞管理操作。安全内容自动化协议（SCAP）已经发展到能够为组织提供全面的标准化方法，用于将漏洞知识作为自动化漏洞管理工具所需的内容。SCAP 包含一套面向组织的规范，可以通用标准的方法表达漏洞相关的信息。SCAP 能用于维护企业系统的安全，如自动核实补丁的安装、检查系统安全配置和测试系统是否存在安全隐患。

6.4.1 SCAP 体系概述

SCAP 有两大要素。首先是协议，包括六种开放规范，用来规范安全软件交换软件缺陷和安全配置等信息的格式和术语。这些规范也被称为 SCAP 组件。其次，SCAP 包含软件缺陷和安全配置标准化的参考数据，这也被称为 SCAP 内容（见表6-4 和表6-5）。

表6-4　漏洞标准和相关知识

SCAP 组件	类型	描述	组织
公共漏洞和泄露（CVE）	字典	已知漏洞唯一标准名称的字典	CVE 编辑委员会负责给新漏洞分配唯一的名称；MITRE 公司负责维护字典；CVE 记录是 NIST NVD 的主要内容
公共平台枚举（CPE）结构	结构	已知产品和复杂平台的描述语言的字典结构定义	MITRE 公司负责维护结构
公共平台枚举（CPE）字典	字典	记录已知软件产品，包括 IT 系统、平台和应用的唯一标准名称的字典	MITRE 公司负责维护字典
CPE 的关联 CVE			NIST NVD 负责维护 CVE 记录以及对应的 CPE 描述
公共漏洞评分系统（CVSS）结构	规范	公共开放漏洞评分系统规范	Forum for Incidence Response and Security Teams（FZRST）
CVSS 的关联 CVE			NIST NVD 负责维护 CVE 记录以及对应的 CVSS 得分

表6-5　自动化配置检查清单

SCAP 组件	类型	描述	组织
扩展配置检查清单描述格式（XCCDF）	规范和结构	用于指定检查清单并报告检查清单结果的语言	NIST 和国家安全局
开放漏洞和评估语言（OVAL）	规范和结构	用于指定检查清单使用的低层次测试规程的语言	MITRE 公司
公共配置枚举（CCE）	字典	名称字典，其中包含几个主要 IT 平台配置设置的唯一标准名称	MITRE 公司

组件按类型分组：

- 枚举、漏洞度量和评分
- 表达和检查语言

枚举组包括术语和安全字典，以及产品相关信息。

SCAP 有多种用法。除了自动检查已知安全漏洞，还包括自动核实安全配置，并生成连接底层配置和高层需求的报告。

6.4.2　SCAP 体系的信息交换

接下来讨论和列举的 SCAP 体系的两个特征相当重要，因为它们关乎 SCAP 的成功和全球安全漏洞管理的改善。

SCAP 的 NIST 标准要求正式的一致性检查。NIST 已经建立 SCAP Product Validation 项目以及 SCAP Laboratory Accreditation 项目，用于检验产品是否符合 SCAP 要求。这些程序共同生效，确保 SCAP 的产品彻底通过测试和验证，满足 SCAP 的需求。SCAP 相当复杂，需要这种严格检查来确保产品能够实现 SCAP。采购官员已经将产品必须通过 SCAP 验证写入采购要求之中。例如，美国行政管理和预算局（OMB）要求联邦机构和 IT 企业供应商使用 SCAP 验证过的联邦桌面核心配置（FDCC）扫描器用于测试和评估 FDCC 是否存在违规。

为了便于自动化安全配置核实，组织可以通过国家漏洞数据库（NVD）确定和获取自己系统的操作系统和应用相关的 SCAP 推荐的安全配置检查清单。在某些情况下，一个安全配置是政策强制的（如联邦机构的 Windows XP 和 Vista 主机强制使用 FDCC）。在另一些情况下，强烈建议从国家检测列表计划（NCP）中选择检查清单。根据 2008 年 2 月修订的联邦采购条例（FAR）的第 39 部分，联邦机构只能采购满足 NCP 检查清单的 IT 产品。NCP 检查清单是公开审核的，不少提供厂商认可的配置和评估方法。

其次，NIST SCAP 便于从工具中分离出漏洞知识。这实现了两件事情：开放体系，和尽可能地保证内容。NIST SCAP 体系强调标准化投入，而不建议厂商画地为牢，使用自己的工具和数据库。SCAP 参与者之间的信息交换，如图 6-5 所示，促进了自动化。对内容进行保证以及运行自动工具的可行性，对于建立安全保证方案是有重要意义的，如第 2、3 章所示。

鉴别漏洞的工作通过定义 CVE 和其他漏洞数据库及漏洞管理工具达成共识，此后保存在不同记录中的同一对象可以相互参考，从而获取不同记录对同一对象的不同描述。另一种方法很具吸引力，即在工具之间进行约定成对的信息交换。CVE 是记录了公开漏洞的唯一公共名称的字典。该公共名称约定允许在组织内部共享内部数据以及有效整合服务和工具。

共同的漏洞鉴别为完成网络安全知识的信息交换迈出关键性的第一步（见图 6-6）。它使防御者社区关注的各个知识单元能够交叉关联，特别是便于安全人员向某些只在特定渠道发布信息的安全信息供应商获取意见和建议。如果几天后厂商发布了一条安全公告，那么，这条公告是否是指相同的漏洞？如果在另一个漏洞数据库中搜出了同样产品的一些漏洞，那么当初的漏洞是新漏洞吗？几个月后，一个厂商发布了针对一个新漏洞的补丁，那当初的漏洞被修复了吗？防御者团队使用的漏洞扫描器来自一个拥有独立的特征库和评估探测的数据库，那它是否包含了当初的漏洞？另一些数据库使用入侵检测系统（IDS），它能发现最初的漏洞吗？最后，防御者团队要撰写一份企业级的安全报告，包括映射主机和网络配置的安全漏洞、IDS 日志、评估结果和安全政策。为了完成整合，不同数据库之间需要有个交集。这个交集就是每个漏洞独有的 CVE 名称。CVE 名称在多个漏洞管理工具之间架起了逻辑桥梁，促进了整合。如一个修复工具能通过 CVE 名称使用多个扫描工具和漏洞信息检测器的信息，能够启用一份综合性的风险解决方案。

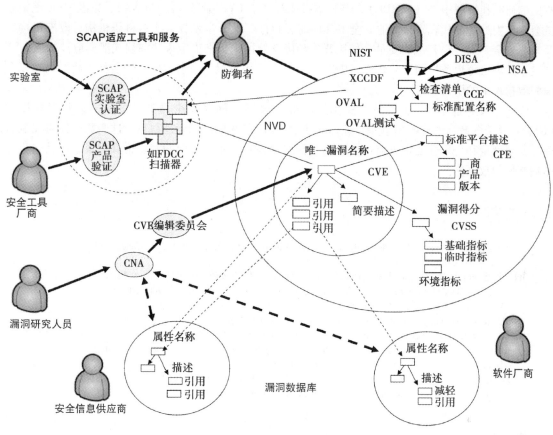

图 6-5　SCAP 参与者之间的信息交换

图 6-6　CVE 协助

使用相同的术语体系看起来很简单，但最大的挑战在于如何说服厂商采用，同时建立冲突解决机制。今天，CVE 是事实上的行业标准，共 145 个组织加入，包含 261 种产品和服务。93 种来自 51 个组织的产品和服务声称与"CVE 兼容"，意味着输出包含 CVE 引用，并且该引用是更新的和可搜索的。CVE 目前是由 MITRE 公司开发和管理，MITRE 是一个中立的非盈利组织，一个联邦资助的研究和发展中心（FFRDC）。CVE 体系涉及多个 CVE 编号部门（CNA），以及 CVE 编辑委员会，该委员会的代表来自商业安全工具厂商、软件厂商、学术界人士、科研机构、政府机构以及知名安全专家。CVE 编辑委员会使用开放和协作的讨论，来决定哪些漏洞或泄露应该加入 CVE 列表，并决定每项条目的公共名称和描述。一项 CVE 条目最终应包含描述性名称、简要描述以及漏洞数据库中的引用。

CVE 以及其他 SCAP 组件是由美国国土安全部国家网络安全局赞助的。国家漏洞数据库（NVD）是美国政府的标准信息库，该标准基于 SCAP 使用的漏洞管理数据。这些数据使得漏洞管理、安全度量和一致性变得自动化。NVD 包括安全检查清单、安全漏洞、错误配置、产品名称和影响指标的数据库。

参考文献

Arbaugh, W., Fithen, W., McHugh, J. (2000) Windows of Vulnerability: A Case Study Analysis. *Computer*, Dec. 2000, vol. 33, no. 12.

NIST Special Publication SP800-126. *The Technical Specification for the Security Content Automation Protocol (SCAP). SCAP Version 1.0*, Quinn, S., Waltermire, D., Johnson, C., Scarfone, K., Banghart, J.

NDIA, *Engineering for System Assurance Guidebook*. (2008).

OSVDB, *The Open Source Vulnerability Database*. http://osvdb.org/.

Petroski, H. (1992). *To engineer is human: the role of failure in successful design*. Vintage Books.

CVE, *Common Vulnerabilities and Exposures (CVE)*. http://cve.mitre.org/.

US-CERT, United States Computer Emergency Readiness Team. http://www.us-cert.gov/.

第 7 章

新的安全保证内容——漏洞模式

现在我手中的线索结成了一团乱麻。

——柯南·道尔,《血字的研究》

7.1 当前 SCAP 体系之外

在许多组织中,内部的安全专家的专长是发现和反馈最新的漏洞信息,这些信息来自他们负责的核心商业系统中使用的商业软件产品。许多安全资料,无论是在线的还是印刷的,都是由安全信息提供商提供,并已用于辅助解释和查明已知产品的潜在漏洞,及第 6 章所说的现存漏洞。然而,负责系统安全和完整性的人员面对两个问题:1)商业软件存在不稳定的公开漏洞;2)定制(封闭开发)应用存在未知漏洞,该应用连接商业软件并优先运行。

商业中部署的现有系统,大多数组织对于存在于它们中的不稳定的公开漏洞束手无策。组织可能会依赖软件提供商,希望他们已经进行质量控制和安全测试,并提供必要的修复补丁。

在定制(封闭开发)应用的案例中,一些组织对系统进行了彻底安全评审,方法是使用一个支持多用户的评估应用,评估包括四级:安全编码评估、组件级评估、安全架构评估和政策一致性评估。每级以递增顺序提供一个的更高等级的安全保证级别。组织需要根据安全保证需要来选择合适的评估等级。

安全编码等级评估注重在应用的实现层面发现代码级的漏洞。该等级可能在一次实际编码审计时被执行多次(尤其是在组织进行人工评审时)。刚开始时编码级评估很被看好,但很快很多组织就发现编码级评审无法发现部署时出现的问题。

组件级评估关注可能对应用物理架构安全造成影响的结构缺陷,以及可能在执行期间影响系统架构安全的关键架构/结构性组件的执行期安全漏洞。为了识别这些缺陷,组件级评估对架构组件、应用入口点、数据访问点、第三方服务(包括运行时平台),以及它们之中的数据流进行评估。

安全架构评估侧重于检验防御措施是否满足安全目标的要求。该评估等级采用并进一步分析前两个评估等级的结果,用来识别组件级的威胁、应用的攻击向量以及防御措施。下一步是执行分析以检验防御措施是否满足要求和有效。

政策一致性评估旨在验证已部署的应用和过程,是否符合安全政策。它验证在识别安全政策所需的安全控制时,是否遵循了安全工程原则,并利用此前的三个评估等级,确立政策可追踪性链接。任何差异将被标记为漏洞。

这种四级评估法重点在于检测和消除漏洞。评估的前三级处理正式构件,如源代码或二进制代码，或运行中的系统，以及自动搜索已知漏洞模式，无论是通过分析代码还是测试运行中的系统。需要注意，这些不是简单的文本模式，漏洞模式描述了一组单位行为，通常包括一个或多个陈述和一组模式规则，用来描述连接那些陈述的数据流路径的约束。模式能描述期望和非期望的单位行为。一个描述非期望行为单元的模式，往往称为反模式；同时，一个有安全隐患的反模式，被称为安全缺陷，或漏洞模式。一个期望模式与安全关联的例子，是"身份验证模式"，相应的同类漏洞模式为"绕过身份验证"。漏洞能通过模式描述，即第 6 章所提到的系统视图。

可识别漏洞模式的知识可以嵌入自动化工具之中，用来提供对正式构件的深入分析，或可运行系统交互，并发现潜在漏洞。要改善整个网络安全体系，需要独立于工具来开发漏洞模式知识以机器可识别的厂商无关的内容来提供，然后对内容进行积累、更新、认证并分发给多种漏洞分析工具。

如第 6 章所述，SCAP 体系［NIST SP800-126］成功解决了现有漏洞的相关知识的交换问题，这些知识是某款商业产品的某个版本的一些确定安全事件的记录。SCAP 中的问题描述本身是非正式的。一个更大的漏洞管理体系（超出当前的 SCAP）用来涵盖机器可识别的漏洞模式，来作为代码分析工具和网络扫描工具的输入内容。如图 7-1 所示，扩展 SCAP 使之包含下列情况的正式漏洞模式：

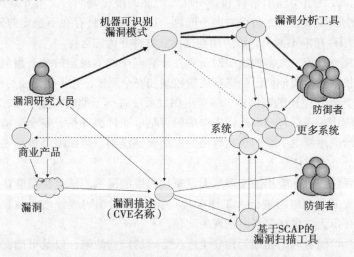

图 7-1　扩展 SCAP 以涵盖更多漏洞模式

- 研究人员评估一套系统，并找到漏洞。然后，研究人员描述这个漏洞（建立漏洞知识）。知识包括产品标识（名字、厂商和版本）以及一些问题描述。另一种漏洞是某款产品的配置错误。描述这类漏洞会额外包含特定配置。
- 更多的防御者将这些知识应用于其他系统，通过使用标准产品描述（SCAP CPE）或配置描述（SCAP CCE），搜索漏洞影响的产品版本和它的配置。
- 漏洞知识也会用于开发漏洞扫描工具，该工具可以自动搜索受影响的产品并生成报告。在理想的情况下，漏洞描述将作为该工具的输入。漏洞描述保存在漏洞数据库中。漏洞扫描工具能供更多的研究人员使用，以一种更系统的方法，以及更快更便宜。漏洞描述变成产品。漏洞描述格式推动漏洞研究人员和消费者形成体系。附加的元数据能与漏洞描述关联，如机器可识别描述（SCAP CVSS）。

上面的场景描述了当前的 SCAP，示意图见图 7-1 下部。下一步是深入了解漏洞的性质和通过一系列可识别的系统事实，以机器可识别的漏洞模式的形式，来描述它。新场景的示意图见图 7-1 上部。

研究人员创建了机器可识别模式，用系统事实描述漏洞。该模式可通过检查它们的元素和找出漏洞模式的发生频率，来搜索其他系统中存在的相同漏洞。漏洞模式可供不同的研究人员使用，可作为漏洞分析工具的输入。基于 SCAP 的漏洞扫描器和漏洞分析器最大的不同，在于扫描器的输入是系统清单，包括系统的配置，而分析器的输入则是系统的内部表示、实现事实，或一些系统的逻辑模型。SCAP OVAL 语言为漏洞扫描器提供通用的机器可识别格式，用于描述现有漏洞，这些漏洞可作为扫描器工具的输入，确定产品的版本和配置。另一方面，漏洞分析器需要了解产品的内部逻辑元素，通过解析源代码，或对二进制文件进行逆向工程，或解析通信协议。当漏洞分析器可用时，它将可以对更多的系统进行系统化的处理，无论这些系统是现有的，还是封闭的，是已经部署的，还是开发之中的，而基于 SCAP 的扫描器只能处理已知的现有商业产品及其配置。

7.2　厂商无关的漏洞模式

现在有多种软件漏洞的分类方法，但均不支持自动化。相比系统的高精度描述（可追踪到构件，如代码，二进制代码或协议），它们更关注漏洞的非官方描述。

有必要说明的是，漏洞模式是通过系统事实来描述的。多种自动化漏洞检测工具在分析中使用系统专有的内部格式，由于受格式限制，使得漏洞模式共享面临技术上的障碍。OMG 软件安全保证体系的主要贡献，在于建立第 11 章所描述的厂商无关的系统事实交换标准协议。该协议可作为厂商无关的漏洞模式的基础。本章将介绍如何将漏洞模式进行格式化，转化为厂商无关的机器可识别的内容，以便输入分析工具。进阶内容请参考第 9、10、11 章。

当前 SCAP 缺乏交换机器可识别的漏洞模式的协议。为了引入这样的协议，对漏洞的描述必须首先统一和格式化，作为厂商无关的机器可识别漏洞模式，这样从专用工具导出的信息才能转化为商业信息，输入一个规范的关联体系。

由 MITRE ［CWE］，［Martin 2007］发起的通用缺陷枚举（CWE）项目，收集和归类许多已知的现有漏洞，包括对特定厂商模式的非正式描述，以及现有理论对漏洞的分类，用作软件缺陷的综合性目录。美国国防部（DoD）已经启动一项科研项目，对非正式描述进行形式化，转换为机器可识别的漏洞模式，重点在于开发格式化的白盒漏洞模式（即基于系统事实的模式），并将它们与 CWE 目录中的非正式描述进行关联。这些模式被称为软件故障模式（SFP）。SFP 被描述成故障计算，该计算由系统构件定义，如代码、数据库模式和平台配置，以及格式化内容，如面向事实的陈述定义，重点在特征结构元素（系统视图中的可识别位置或立足点），以及连接代码元素（代码路径）的必要条件，这些信息可以由数据流分析工具系统地获取。计算和相应的可识别词汇表的详细内容请参考第 4 章。

该方法使用的系统事实的厂商无关协议，是由 ISO 19506 知识发现元模型（KDM）［KDM

2006] 定义，[ISO 19506]，如第 11 章所述。该项目重点在于直接导致损害或影响防御措施的故障计算。图 7-2 显示了知识发现元模型中漏洞式的使用情况。

7.3 软件故障模式

SFP 是对软件故障计算的通用描述。SFP 与 CWE 的多种元素进行映射，按这种方法，家族中每个独立的 CWE 元素均能定义为一个专有的 SFP。一个专有的 SFP 持有同样的立足点和同样的通用模式规则，同时可能增加一个或多个立足点和模式规则。因此，专有 SFP 的范围是基础 SFP 的范围的子集。来自 CWE 的描述，用于来作为定义"故障计算"的来源，以便确定 SFP。

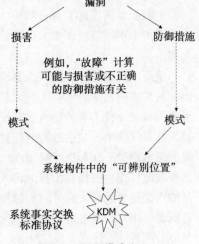

图 7-2　漏洞模式和 KDM

SFP 描述包括立足点（系统中的易识别位置是相应计算的必要元素，能在事实库中进行线性查找）和模式规则（决定立足点之间其余的计算的条件，通常需要全面的控制和数据流分析以供检测）。立足点是某些软件系统运行的通用"步骤"的可识别特征。

某些步骤序列是大的系统家族所通用的。如该通用序列与输入处理、认证、访问控制、密码表、信息输出、资源管理、内存缓冲区管理和异常管理有关。故障计算的类别应注重大型的系统家族的通用计算。同时，应加强更具针对性的拓展定制。为了表示 SFP 是一个可识别依据，对应的模式规则，将根据一致性进行区分，可测量和可对比的方法、理论和逻辑模型的发展，均按第 9 章介绍的导向方法，表示侧重于本质特征，如：

- 元素
- 元素关系
- 描述关系的规则

多物理模型能自动从逻辑模型中派生，用于实现和导入现有的分析工具。

SFP 的概念模型如图 7-3 所示。概念模型推动 SFP 的白盒定义。它消除了 SFP 的模糊地带，侧重于白盒对追踪程序要素的漏洞的可识别属性。每种模式都有一个开始和结束，通过受特定条件约束的路径连接。开始语句确定数据的源头，结束语句确定数据的汇集点，完整的模式描述了在开始和结束语句之间的所有计算，传递某些数据属性以满足端到端数据计算的条件。开始和/或结束语句至少包含一个立足点。

基于概率模型的逻辑模型展示了当前正在运算的代码的情况，同时显示了完成代码路径计算后账户添加属性的结果。逻辑模型增添具体细节，用白盒术语定义了"计算"和"属性"。图 7-4 的逻辑模型显示了 SPF 模式进一步格式化，通过进一步对相应元素和表示系统事实的标准协议进行映射，来产生机器可识别的 SFP。

这些模型便于以固定的结构定义每种缺陷，当需要根据不同设备的缺陷定义来确定相应计算时还可作为天然的分离点（详见图 7-5）。这是使用缺陷定义的关键，作为多种缺陷检测工具的通用内容。特别是软件故障模式包含应用编程接口（API），提供给控制流和数据流分析功能，用来搜索基于开始语句结束语句模式和条件的代码路径。定义结构有利于基于规范进行分类，这是创建基于通用立足点和条件的 CWE 自然聚类环节必不可少的一步，本章稍后对此进行概述。

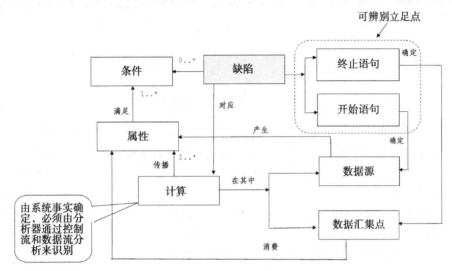

图 7-3　缺陷概念模型

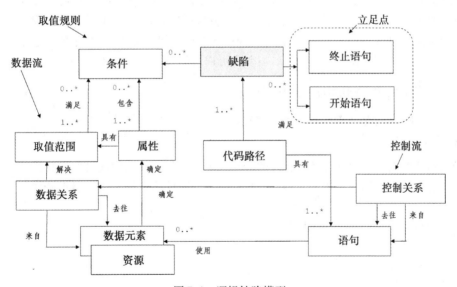

图 7-4　逻辑缺陷模型

　　漏洞被定义为"一个 Bug、缺陷、脆弱点以及应用程序、系统、设备或服务的泄露，可能影响机密性、完整性和可用性"。因此，从技术的角度说，计算可以被利用而产生损害。系统中的某些计算旨在减少漏洞。这些计算和对应的机制以及在代码中的"位置"，被称为"防御措施"。一个"故障计算"被定义为能够直接造成损害的计算，或一个对应于错误防御措施的计算。

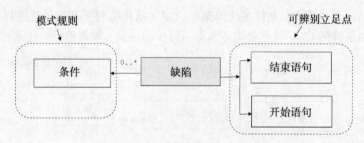

图 7-5   缺陷定义与相应计算分隔

一个"计算立足点"是一个可识别的结构，一个入口点，或者一个当前调用的应用编程接口（API）调用，在系统构件中特定的可识别位置，这是计算的必要元素。代码中某些结构在某些条件下能直接导致损害。这样的位置是对应的故障计算序列的立足点。防御措施（如计算序列）自身也具有立足点，以及受保护区域。SFP 是代码中与故障计算相关的独立位置的目录的元素，无论是直接导致损害，还是导致防御措施失效。软件故障模式由具体平台知识参数化，因为开始和结束语句通常涉及具体的系统调用签名。

这种观点具有建设性和系统性，并由此开启自动化进程。一个统一的观点让 SFP 方法具有系统性和可重复性。

美国国防部在该领域的研究仍在继续，本章后面的小节将详细介绍一些列入自然集合的 SFP，基于通用依据和条件，能进一步分为两大类：防御措施和直接损害。以下章节具体说明搜索 SFP 的可识别立足点。共计 640 个 CWE 元素将被分析并进行分组，基于 CWE 中的信息描述提及的通用特征，然后这些特征将做进一步分析，以确定可识别的立足点，如果存在的话。

7.3.1   防御措施集合和相应的 SFP

以下三种 SFP 集合是防御措施类别的实例。

7.3.1.1   认证

该软件故障集合用于建立与计算相关的参与人员的身份，或识别通过一定渠道涉及计算的端点。认证集合与访问控制密切相关，侧重于具有适当权限的已认证参与人员的资源访问，以及已认证参与人员对资源的所有权。

认证集合的通用特征如下（见图 7-6）：

- 认证令牌，包括密码；
- 认证参与人员，其身份验证和管理；
- 认证检查；
- 管理参与人员；
- 代码中的受保护区域，用于访问资源或信息资产。

这个集合包含 43 个 CWE。只有 14 个 CWE 有助于 SFP。认证集合的主要挑战是缺乏良好的白盒描述立足点。最大的挑战是确定认证代码的边界，将它从对应的保护区域区别出来。

认证集合包含以下 9 个二级集合。然而，目前只使用了 6 个用来提取 SFP（标记在列表中）：

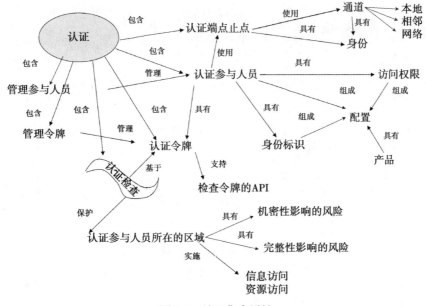

图 7-6　认证集合属性

- 认证绕过——该集合涵盖了认证步骤不完整的情况；该集合没有足够可供识别的立足点。然而，一旦分析人员确定认证代码的语句，就有可能分析出绕过认证的方法。
- 故障端点认证（SFP）——该集合涵盖端点认证的场景；该场景的立足点是使用不当身份认证机制的条件。
- 端点认证缺失（SFP）——该集合涵盖端点认证缺失的场景。该场景的立足点是资源访问或关键操作。
- 数字证书——该集合涵盖数字证书管理的特定身份认证问题。该集合没有足够的可识别认证立足点。
- 缺少认证（SFP）——该集合涵盖的场景包括认证缺失，或对代码区域进行资源访问或关键操作，而该区域中对应的参与人员没有经过身份验证。
- 不安全认证政策——该集合涵盖杂项认证政策问题。该集合没有足够的 CWE 的可识别认证立足点。
- 同一端口的复用绑定（SFP）——该集合涵盖一个特定的模式，描述对一个端口的复用绑定。
- 硬编码敏感数据（SFP）——该集合涵盖多种情况，涉及对认证检查中的敏感数据进行硬编码。
- 无限制认证（SFP）——该集合涵盖认证区域存在环路的特定情况，导致重返认证而缺乏足够的控制。

7.3.1.2　访问控制

这些软件故障集合涉及验证资源所有者和权限。该集合的共同特征如下（见图 7-7）：

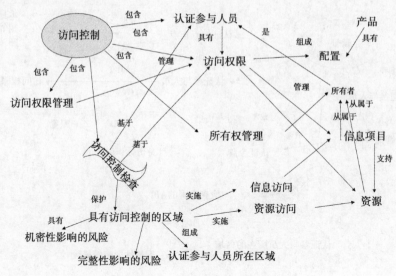

图 7-7 访问控制集合属性

- 认证的参与人员，及其身份和管理；
- 访问权限和管理；
- 资源，受保护资源；
- 资源所有权；
- 访问控制检查，受保护区域；
- 资源访问操作；
- 设置资源的访问权限的操作；

该集合有 16 个 CWE，其中大部分的 CWE 缺乏可识别的立足点。

访问控制集合包括以下 3 个二级集合，然而其中只有一个有助于建立 SFP（标记在列表中）：

- 非安全资源访问（SFP）——该集合涵盖绕过访问控制检查的情形。
- 访问管理——该集合涵盖各种管理资源所有者及其访问权限的情形。没有足够的 CWE 描述的白盒内容供它使用。
- 非安全资源权限——该集合涵盖各种设置资源权限的情景。场景的立足点在于设置资源权限的操作（如创建资源、克隆、或显式权限设置）。

7.3.1.3 权限

软件故障集合涉及具有不适当权限等级的代码区域。该集合的共同特征如下所述（参见图 7-8）：

- 权限等级；
- 权限操作；
- 提升权限的区域；
- 权限检测；
- 更改权限的操作；

该集合有 16 个 CWE，其中大部分的 CWE 不具备充足的白盒内容。

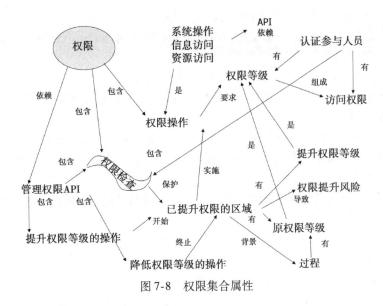

图 7-8　权限集合属性

该集合只有一个二级集合，用于创建权限 SFP。

7.3.2　直接损害集合和相应的 SFP

以下五个 SFP 集合，是这一类集合的例子。

7.3.2.1　信息泄露

该软件故障集合涉及从应用中输出敏感信息以及其他相关问题，共同特征包括：

- 敏感数据定义为来自敏感操作的数据，或作为关键参数流向敏感操作的数据。"敏感"是数据元素在一定上下文的角色。它能被基于包含生产/消费/转换数据元素的 API 识别。如果一个数据元素被传递给一个密码管理函数，它能假设为密码。如果一个数据元素被传递给一个函数，而该函数需要一个私钥，它是一个私钥。
- 信息输出操作（包括存储、记录、发布执行错误信息、发布调试信息以及其他输出）。

该集合包含 94 个 CWE，其中大部分缺乏可识别依据，因此只有 37 个用于 SFP。

信息泄漏集合包括以下 12 个二级集合，其中的 8 个用于创建 SFP（标记在列表中）：

- 在运动中泄露数据（SFP）——该集合涵盖数据移动导致信息泄露的各种情况，对应的代码具有充足的依据作为白盒描述。
- 存储时泄露（SFP）——该集合涵盖的存储数据时发生信息泄露的各种情况，对应的代码具有充足的依据作为白盒描述。
- 存储数据泄露（SFP）——该集合涵盖的存储数据时发生信息泄露的各种情况，没有对应的代码也不具备充足的依据作为白盒描述。
- 记录时泄露（SFP）——该集合涵盖记录使用数据时发生信息泄露的各种情况，对应的代码具有充足的依据作为白盒描述。
- 调试消息泄露（SFP）——该集合涵盖在使用数据时通过调试消息发生信息泄露的各种情

况，对应的代码具有充足的依据作为白盒描述。

- 错误消息泄露（SFP）——该集合涵盖在使用数据时通过错误消息发生信息泄露的各种情况，对应的代码具有充足的依据作为白盒描述。
- 不当清理（SFP）——该集合涵盖几种缓冲区清理缺陷。
- 不安全会话管理——该集合涵盖几种导致会话中泄露信息的场景，该集合的 CWE 没有充足的白盒内容。
- 编程数据泄露（SFP）——该集合包含几种杂项结构导致信息公开的情景。
- 其他泄露——该集合包括各种导致信息泄露的场景，并不被其他集合包含。该集合的 CWE 没有充足的白盒内容。
- 状态泄露——该集合涵盖各种状态泄露的情况，导致应用内部状态的知识泄露。该集合的 CWE 没有充足的白盒内容。
- 临时文件泄露——该集合涵盖临时文件管理，尤其是文件名管理的情景。该集合的 CWE 没有充足的白盒内容。

7.3.2.2 内存管理

该故障集合涉及内存缓冲区管理（与内存缓冲区的访问不同）。共同特征如下：

- 缓冲区，包含栈和堆的缓冲区；静态和动态缓冲区；
- 缓冲标识（指针、名字）；
- 缓冲分配操作；
- 缓冲释放操作；
- 管理缓冲标识；

这个集合包括 6 个 CWE。全部的 CWE 基于可识别属性，因此包含于一些 SFP。

内存管理集合包含以下两个二级集合，二者均有助于创建 SFP：

- 故障内存释放（SFP）——该集合涉及多个不正确释放内存缓冲区的场景。这些场景的立足点是缓冲区释放操作。
- 故障释放内存（SFP）——该集合涉及多个内存缓冲区标识管理失控的场景，造成的后果即为所谓的内存泄露。

7.3.2.3 内存访问

该软件故障集合涉及内存缓冲区访问。该集合的共同特征包括：

- 缓冲区，包括栈和堆缓冲区、静态和动态缓冲区；
- 缓冲区标识（指针、名字）
- 缓冲区访问操作，包括隐式缓冲区访问（常见的字符串扩展）；
- 涉及缓冲区的操作；
- 指针的使用，包括指针输出；

该集合包括 22 个 CWE，其中 21 个基于可识别属性，因此包含于一些 SFP；

内存访问集合包含 6 个二级集合，均有助于创建 SFP：

- 错误的指针使用（SFP）——该集合涉及不正确使用指向缓冲区的指针的常见场景；

- 错误的指针创建（SFP）——该集合与错误的指针使用有密切联系，但侧重于错误创建指针的场景（而不是使用错误）。
- 错误的缓冲区访问（SFP）——该集合包含多种缓冲区溢出、下溢以及相关缺陷的常见场景；
- 错误的字符串扩展（SFP）——该集合包含某些涉及隐式缓冲区的 API 调用，可能导致缓冲区溢出的场景；
- 不正确的缓冲区长度计算（SFP）——该集合包含一些已知的不正确计算缓冲区长度的情景；
- 不当使用 NULL 结束（SFP）——该集合包括一些涉及可能导致缓冲区溢出的操作，原因是缓冲区中的数据结束符不一致；

7.3.2.4　路径解析

该软件故障集合涉及使用复杂文件名来访问文件。该集合的软件故障涉及所谓的路径遍历功能，大部分文件系统都提供此功能，这些系统使用隐式规则集解析复杂文件名。这类故障通常会导致安全漏洞。该集合的共同特征包括：

- 文件资源；
- 文件名，包括特殊字符及解释；
- 文件标识；
- 函数限制（Chroot jail，解释复杂文件名的限制机制）；
- 等价路径。

该集合有 51 个 CWE，其中 43 个是基于可识别属性，因此包含于一些 SFP。

路径解析集合包括以下 3 个二级集合，均有助于创建 SFP：

- 路径遍历（SFP）——该集合涉及大多数导致路径遍历漏洞的模式。立足点对应的 SFP 是文件访问操作，文件名来自用户输入（是"污染输入"）。
- 失败的函数限制（SFP）——该集合涵盖函数限制未正确建立的具体情形。
- 链接资源名称解释（SFP）——该集合涵盖文件资源的符号链接的情况。

7.3.2.5　污染输入

该集合对将用户控制数据注入目标命令的软件故障进行分组。该集合侧重于数据验证问题。该集合的共同特征包括：

- 目标命令或结构；
- 数据验证、特殊字符及其解释；
- 污染数值；
- 通道（输入通道）；
- 输入转换（编码、规范等）；
- 输入处理（处理复杂的输入结构）；

该集合包括 137 个 CWE，其中 74 个用于 SFP，63 个为不可识别的。

污染输入集合包括以下 6 个二级集合，其中 4 个用于 SFP 的创建：

- 污染输入命令（SFP）——该集合涵盖多种场景，涉及数据校验，特别是针对各种目标命令的特殊字符。
- 污染输入变量（SFP）——该集合中，污染数据的目标不是 API 调用，而是一些结构，如一些基本条件、循环条件等。
- 污染输入环境（SFP）——该集合涵盖污染数据影响计算环境中的多种元素的场景，这种污染可能对计算本身造成间接影响。
- 故障输入转换——该集合涵盖多个输入转换场景，如编码和规范化。
- 错误输入处理——该集合涵盖多个处理复杂输入结构的场景。
- 复合污染输入（SFP）——该集合用来描述可能触发其他缺陷的用户控制输入的漏洞，如缓冲区长度被污染而引发的缓冲区溢出。

污染输入二级集合具有可识别属性，包括三类：污染输入命令（TIC）类型、污染输入环境（TIE）类型和污染输入变量（TIV）。

通用缺陷枚举（CWE）中许多元素描述已知的代码故障，但这些故障不会直接造成损害。例如，整数溢出是一个很严重的实现问题（一个软件 Bug），然而，它自身并不会产生损害，只有在一些使用了错误数值的情景才产生危害，如循环增量或缓冲区操作。额外的 SFP 也能描述这些问题，所以它们能与更多纯正漏洞模式混合使用。然而，在系统安全保证范畴，这种情况往往只有助于产生误报，导致处理和消除的成本提高。漏洞模式的目标是为代码分析工具提供机器可识别的内容，相关工具能生成支持安全保证案例的证据，而不是简单地执行错误检测。

7.4 软件故障模式实例

为了说明软件故障模式是机器可识别的内容，这里描述了一个来自污染输入命令集合（TIV）的独立具体的 SFP。该 SFP 是一个按 CWE134 格式化的"不可控格式字符串"。

CWE 中对该缺陷的描述是很正式的，描述如下："该软件在类似 printf 的函数中使用外部控制格式字符串，可能导致缓冲区溢出或数据表示问题"。

白盒内容能按照图 7-3 所示的概念模型的指引，对该内容进行提炼。

提炼白盒内容

定　　义：代码路径包含如下缺陷：

1）开始语句接受输入。

2）结束语句向格式字符串函数传递格式字符串，包括：

　　a）输入数据是格式字符串的一部分。

　　b）格式字符串没有正确验证。

"没有正确验证"是指如下情况：

　　a）没有验证。

　　b）接受元素会导致格式字符串函数的缓冲区溢出。

该内容可以使用 SBVR 结构英语（详见第 10 章）进一步格式化声明如下：

不可控格式字符串是一个缺陷，当代码路径包含一个接受输入的开始语句明和向格式字符串函数传递<u>格式化字符串</u>的<u>结束语句</u>，该函数的<u>输入</u>是<u>格式化字符串</u>的一部分，同时<u>格式化字符串</u>没有正确验证。

支持名词概念

> <u>缺陷</u>
>
> <u>语句</u>
>
> <u>结束语句</u>
>
> <u>开始语句</u>
>
> <u>格式化字符串</u>
>
> <u>输入</u>
>
> <u>格式化字符串函数</u>

支持动词概念

> <u>代码路径</u>有<u>语句</u>
>
> <u>代码路径</u>有<u>开始语句</u>
>
> <u>代码路径</u>有<u>结束语句</u>
>
> <u>语句</u>接受<u>输入</u>
>
> <u>语句</u>向<u>函数</u>传递<u>数据元素</u>
>
> <u>数据元素</u>是<u>数据元素</u>的一部分
>
> <u>输入</u>的验证不正确

该模式定义的依据是：

> 向<u>格式化字符串函数</u>传递<u>格式化字符串</u>的<u>语句</u>。

该模式的条件是：

> 向<u>格式化字符串函数</u>传递的<u>数据元素</u>的<u>值</u>，包括一个<u>语句</u>接受的不正确验证的<u>输入</u>。

一般来说，该模式能用于检测漏洞，如：

1）查找向格式化字符串函数传递格式化字符串的语句。

2）执行数据流分析，以便计算格式化字符串可能的数值集。

3）检查数值集。如果数值集包含一个特定的"污染"值，则可以检测出 CWZ134 "不可控格式字符串"，这意味着存在一个本地代码路径，在此代码路径上格式化字符串中包含了用户输入，而此输入未正确验证。

这些考虑，加上逻辑脆弱模型（如图 7-4）提供的指导，可得出以下使用 SBVR 结构英语的陈述：

> <u>控制元素</u>在<u>代码路径</u>上具有<u>不可控格式化字符串</u>的漏洞，如果<u>控制元素</u>包含<u>行为元素</u>，同时<u>行为元素</u>向<u>格式化字符串函数</u>传递<u>格式化字符串</u>，该<u>格式化字符串</u>在<u>代码路径</u>的<u>控制元素</u>和<u>行为元素</u>中满足不可控格式化字符串条件。

控制元素和行为元素是 KDM 术语，分别与行为的命名单元（如 C 编程语言的函数）和语句相对应。

此外，

> <u>数据元素</u>在<u>代码路径</u>的<u>控制元素</u>和<u>行为元素</u>中满足不受控格式化字符串条件，一个<u>数值</u>在行

为元素的<u>数据元素</u>和<u>数值</u>已被污染的情况下是一条<u>数据流</u>的解决方案——<u>代码路径</u>为了<u>数据元素</u>和<u>数值</u>需与控制元素及<u>行为元素</u>对应。

这里的不可控格式化字符串条件分析工具 API 这方面。另一方面，行为元素向格式化字符串函数传递格式化字符串，行为元素能完全依据由知识发现元模型（KDM）提供的标准词汇表来定义。

这里使用的 SBVR 结构化英语，如第 10 章所述，来表示形式化语句。SBVR 定义了事实集，是这些语句的含义。SVBR 同时定义了一个规范的 XML 交换格式，详细介绍请见第 10 章。

参考文献

CWE, Common Weakness Enumeration. http://cwe.mitre.org.

ISO/IEC 19506 Architecture Driven Modernization—Knowledge Discovery Metamodel. (2009).

KDM Object Management Group. (2006). *The Knowledge Discovery Metamodel (KDM)*.

Martin, R. (2007). Being Explicit About Security Weaknesses, *CrossTalk. The Journal of Defense Software Engineering*, March.

NIST Special Publication SP800-126. *The Technical Specification for the Security Content Automation Protocol (SCAP). SCAP Version 1.0*, Quinn, S., Waltermire, D., Johnson, C., Scarfone, K., Banghart, J.

第 8 章
OMG 软件安全保证体系

赫尔克里波洛:"大人弗雷泽,请记住我们的武器是我们的知识,但我们可能并不知道我们已经拥有它。"

——阿加莎·克里斯蒂,《ABC 凶杀案》

8.1 概述

一个可负担的、成本有效的安全保证需要在发现知识、交换系统知识,整合多方信息、整理知识碎片、发布积累知识的过程中提高效率。防御措施有效性的证据需要围绕具体的系统来收集。因此,就需要掌握系统的精确知识,同时结合现成的描述系统漏洞信息、漏洞模式以及威胁知识等广义的知识。

OMG 的软件安全保证体系采用严谨的方式,进行知识的发现和共享,此时,个体知识单元称为事实。这些事实可用来在一个受限词汇表中使用陈述来进行描述,该词汇表是由名词、动词,和具有特定结构的英文短语构成这些事实可以在基于事实的高效数据库中表示,或以各种可供机器识别的格式,包括以 XML 格式呈现。这种面向事实的方式允许使用工具发现更准确的事实,并对多个事实来源进行整合、分析和推理,包括从初始事实推导出新事实,整理事实以及以英文短语形式表达事实。通用的知识单元也可以表示为事实,并与系统的具体事实进行整合。这种统一的环境以工业化的方式使用系统安全保证,允许对事实模式进行描述,将模式作为内容分享,并使用自动化工具在基于事实的数据库查找模式。面向事实的方式关键在于将抽象概念转变为通用词汇表,这是启动一个体系的关键。

为了更好地解释如何使用工业化的方法管理安全保证中的知识,这里举一个读者都应该经历过的实际例子——拖着行李过机场安检。扫描行李是机场安检程序的一个环节,安检人员使用器械依照特定程序检查乘客携带的行李,以防混入可用作武器的任何东西。整套机制包括连接检查站的行李传送带,包含电子检测和成像设备以及配套操作员和筛选员。该环节依靠的设备是一台 X 光机,可用于检测行李中是否存有爆炸物。筛选器采用计算机轴向断层扫描(CAT)技术,该项技术原为医学领域设计,用于对人体组织密度进行"切片"(CAT 扫描)。筛选器分别采用了武器和爆炸物两个模式数据库,并能生成一份彩色编码图像供安检人员参考,从而协助安检人员处理威胁。换句话说,就是武器和可用作武器的物件相关的常识被转换模式,X 光机在行李安检时能够自动检测和显示。X 光机理论上并不保证能够对行李内的全部物件进行分类,例如,一套服装、一套个人护理套装,或者一个电子设备。X 光机无法提供行李中的物品列表,而是根据密度显示行李内的物品。行李内物品的密度图片就是所谓的具体知识,当行李被这些特殊的 X 光机扫描的时候，将根据对密度照片应用模式以生成彩色编码图像，这些图像将提供给负责筛选的安检人员。

以下是一个在可重复和系统的自动化规程中整合广义知识和具体知识的实例。需要注意的是，所有组成行李安检系统的元素，包括安检人员，都遵循相同的预定义密度图片词汇表（以形状以及物品密度的形式），这样模式就可以被识别和恰当地标记（例如金属刀和塑料刀，其中金属刀属于威胁，而塑料刀则根据约定的颜色编码标记为无害物）。安检人员可以通过显示器查看检测生成的彩色编码图像，安检人员将会复查这些图像，并通过规定的威胁处理规程确定后续行动（例如行李过机、进一步的人工检测，移除行李）。人工检测是在自动检测无法确定危险性时才会启动，并非常态行为，但意味着不同的概念化（安检人员通过人工检测能够一眼即判定物品的危险性）和更高层次的解析（不只局限于材料密度等，还包括实际的形状、颜色、重量等项目）。

以系统安全保证的角度来看，行李安检是一种防御措施，包括技术上和规程上的要素。明白这种防御措施的有效性，有利于提高对机场安全态势的信心。然而，这里使用这个实例来说明系统的、可重复的和面向事实的检测方式，是需要建立在概念承诺的基础上的。行李安检的例子说明安检系统关注点在于需要对行李中的项目进行检测（是什么）和评估（是否危险）。有许多方法可以用于行李内物件的概念化，从而得到目标系统的具体事实。具体知识需要与用于安全保证的广义知识（如炸药和武器等特殊危险品的概念）一起使用。检测需要可重复和系统地确定待测行李是否具有危险物品。

为了保证检测结果的有效性，需要准备一些东西：机器可识别的危险品模式必须可用、行李内待测物品的具体项目（具体事实）的机器可识别描述必须可用、自动模式识别必须开启。所有这些组件必须采用通用概念化，这样安全模式的表现形式就能符合具体事实。因此，行李包内的物品通过 X 光机时，通常根据物品的密度，以形状的方式呈现。危险物品库，例如炸弹和武器（手枪、小刀、剪刀等）就是基于这些形状特征的。此时，自动模式识别已经准备就绪，可使用模式对行李包内物品的标准化表示进行查询。一旦发现标准化表示的事实中与某个模式匹配，将会生成对应的彩色编码图像。X 光机将执行具体知识发现任务。所有广义和具体的知识单元，将会被筛选器通过模式匹配算法进行合并。通用概念化将构建一个体系：

- 集成了 CAT 技术、X 光机、规程和安检人员；
- 统一的具体知识（行李内物品的密度切片）和广义知识（以材料密度的形状表示的预定义的物品和模式），二者是相互独立的，通过特定的技术进行合并。这将有助于确定行李内是否包含与特定模式匹配的危险品。

如果没有这套体系，安检人员需要手工检测行李内的每样物品，这是件费时费事的工作，不可重复且成本很高而且会为乘客带来不便。如果采用手工检测，将需要乘客提前数天过安检。

8.2 OMG 软件安全保证体系：协助提升网络安全

本**体系**是一个参与者社区，分享的信息为显式共享的知识体。一套体系包括一些可供沟通的基础设施，或"渠道"，包括一些利用知识管理工具实现的标准协议。每种协议是基于一种确定的概念化，其中定义了相应的交换格式。该体系建立了一个市场，参与者可以通过市场交换工具、服务和内容，以便解决重大问题。一个体系的本质特征是构建知识内容，并以此为产品，此产品独立于生产者和消费者的工具，并通过定义良好的协议进行交付，这样能使经济规模的扩大和可用知识的快速积累变得可行。防御者若希望得到系统和可负担的解决方案，必须构建这样的体系。

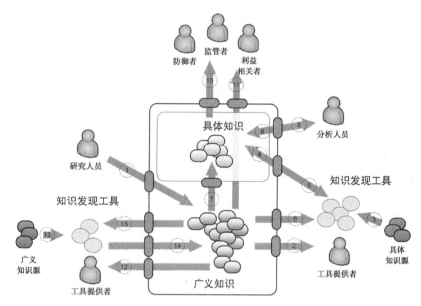

图 8-1　安全保证参与者之间的知识交换

图 8-1 描述了主要的安全保证体系关键参与者，和他们之间的知识交换。

建立体系的目的，是为了更方便地收集和积累安全保证知识，并确保这些知识能够高效和可负担地传递给网络系统的防御者，以及其他利益相关者。网络安全知识的一个重要特征，是广义知识（适用于大范围）与具体知识（与目标系统相关的精确事实）的分离。为了突出这种分离，处于体系"市场"顶端的具体知识，在图例的中央，其余为广义知识。请记住，"具体"事实是具体到单个系统。因此，"具体知识"代表多个本地网络防御环境，而"广义知识"则涵盖整个网络防御社区所掌握的全部知识。因此，"防御者"，"监管者"和利益相关者的图标表示关注某一系统安全保证的人群。

图 8-1 同时介绍了安全保证体系中的信息交换以及相关协议。信息交换以箭头表示。安全保证体系的参与者用两种图标表示。第一种图标是"参与人员"，代表信息交换中的一类参与者。一个单一的"参与人员"图标表示某个真实的参与者团体，这个团体可能同时参加多个互动。第二个图标（灰色椭圆）代表一种工具。这个体系图显示了两个知识发现工具集。作为安全系统的真正参与者，每个工具集代表多个真正的工具。圆角矩形图标表示一个知识单元，为体系中的信息交换的来源或结果。图 8-1 分别介绍了安全保证体系中参与信息交换的不同元素。

接下来看看防御团队如何使用安全保证体系。

知识分发协议。构建安全保证体系、工具和"渠道"的目的，是为了向防御团队分发知识。

以流#10 和#1 为例，流#10 分发了系统及其环境的具体事实，这些事实是安全保证案例的证据。流#11 分发了广义知识，这些知识大部分用于构成论据。定义保证体系的标准定义了分发论据［ARM］和证据［SAEM］的协议。

系统分析协议。 信息流#9 和#8 显示了信息分析的过程。这个过程以安全保证论据为指导，基于系统的具体事实运作。分析师依据系统架构分析，从顶级保证声明开始分析，并发展出子声明。分析师需要某种可在系统上进行的分析，以便产生子声明所需的证据。分析也将是某些独立事实——如威胁模型，或该系统的资产价值报表——的源头。通常情况下，这些事实源不能被机器识别，因此分析人员扮演了收集这些数据的角色。流#9 显示了这些事实加入"具体知识"数据库的过程。

广义知识协议。 在构建安全保证案例的过程中，将用到广义知识，在图中表示为流#7。例如，为了建立系统威胁模型，分析人员需要掌握同类系统最近发生的事故。威胁模型是具体知识的一个实例，这类知识针对特定系统，可以根据系统特征对安全事故数据库进行查询，包括攻击者的动机、能力和造成的损害，这是广义网络安全知识的一个例子。OMG 安全保证体系处理的核心问题之一就是定义有效机制，供分析人员和安全团队（流#7）使用广义网络安全知识定义有效机制。

具体知识发现协议。 大多数具体网络安全事实由自动化工具提供，如流#4 所示。OMG 安全保证体系的关键协议是交换系统事实的协议，称为知识发现元模型（KDM），详见 11 章。这里有几个重要的场景，如流#3 以及接下来的流#4 所示。每个场景以独立的知识源以及相应的知识发现工具作为区分。

1）访问现有的知识库，知识库中包含安全保证所需的事实。本场景中，知识发现工具扮演的角色是现有知识库格式和体系事实格式二者之间的适配器。例如，ITIL 知识库包含系统资产的相关信息；系统架构库包括运行和系统视图，以及数据词典；人力资源库包含人员信息。业务模型包含业务规则；问题报告跟踪系统包含漏洞信息，网络管理系统包含系统的网络配置及其他配置的事实，如防火墙的配置。有效的保证过程必须利用所有掌握的信息，以避免手工收集数据时引入的人为差错，获取最新的快照，并及时在随后的评估中更新相关信息。

2）发现网络配置。"知识发现工具"在本场景扮演的角色是扫描网络并映射主机、网络拓扑结构和开放的端口。具体的知识源来自网络本身。

3）从系统构件中发现信息，例如代码、数据库模式和部署配置文件。知识发现工具在这里扮演应用挖掘的角色。这项活动包括挖掘基本行为和架构事实，如自动检测漏洞，确定已知漏洞的模式，也被称为静态代码分析。一些应用挖掘工具需要使用源代码，而另一些则需要使用机器码。数据库结构可以从数据定义文件（源代码）中发现，或者直接查询数据库本身。

4）从非官方文档中发现事实，例如需求、政策规定和手册。知识发现工具在本场景扮演辅助分析的角色，对文档进行语义分析，并提取其中与系统安全保证相关的事实。

内容导入协议。 知识发现，尤其在检测漏洞的过程，通过广义知识进行驱动（以流#6 表示）。如一款名为 NIST SCAP 漏洞扫描工具，是由国家漏洞数据库（NVD）中的漏洞描述驱动，一款反病毒工具则是由病毒模式驱动的。

整合协议。 流#5 代表整合时的场景，这也是建立安全保证体系的核心目的。不难看出，可以从多个源获取系统安全的相关事实，每个源均描述了系统某个部分的视图。将这些知识整合成一张完整的视图以便于分析系统。整合过程如流#5 所示，接着是流#4，流#4 将回到数据库。工具在本场景扮演的角色是识别公共实体，整理来自多个数信息源的事实。这就是知识发现的形式，因为整合过程产生新的事实，描述了不同视图之间的链接。知识整合不使用任何外部知识源（没使用流#3）。

知识提炼协议。 这是一个类似的过程，如流#5 所示，接着是流#4，流#4 将返回数据库，这个过程称为知识提炼，从现有事实中派生出新的事实。这个过程通常以广义事实（流#6）和具体事实（流#5）作为输入。在知识提炼过程中，初始事实（流#5）和广义模式（流#6）通过知识提炼工具（流#7），将有可能产生（流#4）更多的具体事实。

知识共享协议。 最后是上图右侧的信息流#2，这是个同样重要的信息流，描述了安全保证体系中如何影响工具的提供者来开发更多更好的有效知识发现工具。防御团队的直接好处来自有效知识发现工具的使用情况，因此，促进广义网络安全知识与知识发现工具提供者之间的互动循环，是建立安全保证体系的一大目的。

知识创建协议。 在安全保证体系图的左侧，信息流#1 描述了网络安全知识的主要来源。所有的广义知识由安全研究人员通过分析提供，分析的内容包括系统、安全事故、恶意软件、经验报告等。安全保证体系扮演的角色是定义高效接口，用来支持流#1，并启用知识积累，同时将知识向消费者分发。OMG 的安全保证体系在现存信息交换的最佳实践的基础上建立，这些信息交换在网络安全社区里进行，还衍生出现代技术，用于定义下一代基于开放标准的协作网络安全。

参见图中的流#12、#13、#14 和#15。

桥接协议。 现有的广义网络安全知识源包括一切现有的知识库，这些知识库的信息结构并不符合安全保证系统的"渠道"标准，包括 NVD、US-CERT 当前的开源漏洞数据库（OSVDB）、Bugtraq、入侵检测工具的专用知识库、风险管理系统及其专用知识库等。信息流#13 以及接下来的#14 演示了这些信息如何通过桥接进入安全保证体系。在此场景中知识发现工具的角色是格式转换适配器。

知识共享协议。 流#12 与流#2 对应，演示了在安全保证体系中，知识的积累和分配对工具提供者产生怎样的影响，如何为该体系提供更多更有效的数据。

桥接协议。 流#15 是本图最后的一条信息流，演示了信息如何从安全保证体系流向外部社区，包括支持特定格式的工具以及建立在不同的信息交换标准基础上的体系。

安全保证体系中的协议有约定，确保不同参与者之间的互操作性，包含人和工具。安全保证体系的实现，为信息交换提供"渠道"，并促进相关的合作，有利于通用知识的积累。有充分证据表明，基于标准的体系能带动社区的活跃，并消除工具、服务和信息进入市场的障碍，这样还能吸引新的人才。因此，信息内容被创建和共享，通过竞争对手和工具对信息内容的重复使用，能迅速提高信息的质量。这正是网络安全所需要的环境，能缩小攻击者和防御者之间的知识差距。因此，知识发现工具集在图中的集成架构里起到知识驱动和枢纽的作用，定义了工具即插即用的接口。这些接口通过信息交换协议（见图 8-2）定义。

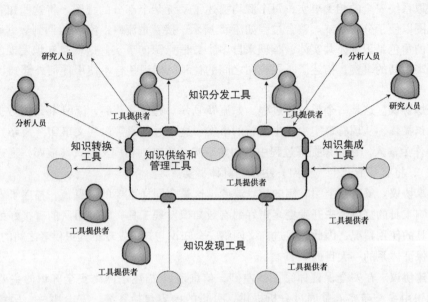

图 8-2　知识驱动型整合

以物理的角度来看，这些工具为安全保证体系工具的用户提供了接口。安全保证体系同时定义了逻辑接口，提供兼容性工具（见图 8-3）。合作的目的是为系统评估者以及相关人员提供一个经过整合的端到端的解决方案（见图 8-4）。

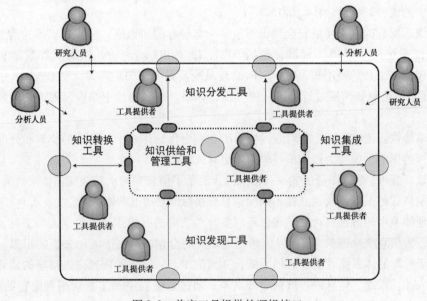

图 8-3　兼容工具提供的逻辑接口

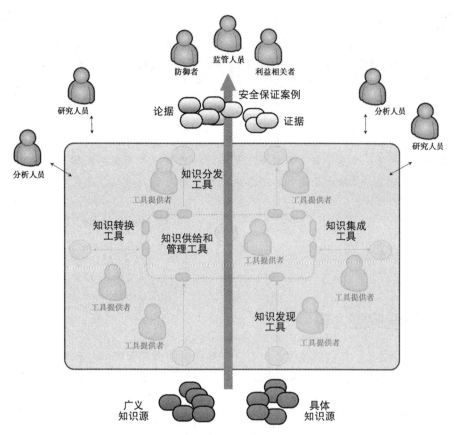

图 8-4　向系统利益相关者提供端到端的安全保证

参考文献

Object Management Group, *Argumentation Metamodel (ARM)*. (2010).
National Vulnerability Database (NVD). http://nvd.nist.gov/home.cfm.
OSVDB, The Open Source Vulnerability Database. http://osvdb.org.
Object Management Group, *Software Assurance Evident Metamodel (SAEM)*. (2010).
US-CERT United States Computer Emergency Readiness Team. http://www.us-cert.gov.

第9章
通用安全保证内容事实模型

　　获取智慧的第一步是了解事物本身，包括对对象有一个真实的理解。我们可以通过系统地将对象分类，并给出合适的名字来区分并了解对象。因此，分类和命名是科学的基础。

——Carolus linnaeus，《自然系统》

　　名可名，非常名。

——老子，《道德经》

9.1 系统安全保证内容

　　为了评估系统的安全，不仅需要收集与安全态势相关的内部因素信息和外部因素信息，还需要收集与数据收集过程相关的信息，这些都为安全保证案例提供证据。尤为重要的是，必须先了解系统的入口点：攻击者怎样访问系统？如何保证已经考虑了所有的入口点？还需要了解系统中的资产：需要保护的是什么信息及其重要性。如何保证已经考虑了所有的资产？这些问题具有相当的难度，因为在评估范围内相同系统的组成部分之间存在相互依赖关系，而且在不同系统之间也存在相互依赖关系。例如，一份看似很不起眼的资产可能是一个关键的保护对象，或者是可以作为多阶段攻击的一个里程碑。还需要知道不安全系统带来的影响：什么是需要保护以防止其发生的非期望事件？如何才能知道已经考虑了所有的影响？最后，需要知道安全控制：系统应该采取什么样的应对措施？

　　同时，还需要了解系统所面临的威胁。开发可信的威胁评估过程必须在社区信息的指导下进行。相似系统之间存在哪些共同的威胁？必须了解人们已经在与当前系统相似的系统上做了哪些工作，这样你才可以利用先前的经验、历史数据和统计信息。共同威胁有哪些？已经使用了哪些攻击方法？有可能进入什么样的陷阱？使用了哪些通用组件？通用组件存在什么样的安全态势？它们是怎样引起攻击的？在使用这些组件时有什么值得借鉴的经验？

　　漏洞位于外部因素与内部因素的交接处。最终需要检测系统中的漏洞。可以从现有组件开始查找漏洞，这些信息可以从公共漏洞数据库中得到。接着需要查找待评估系统中特有的实现和架构中的漏洞。可以通过漏洞模式知识进行搜索：那样的代码可能存在什么样的常见问题？如果安全保证工具可以下载相关的、最新的漏洞模式，并在代码中进行检测，那么安全保证工具就可以高效地找出漏洞。

　　在考虑内部因素时，主要是从系统构件和开发团队收集证据。而在考虑外部因素时，主要收集作为建立安全保证案例的特定输入信息。

　　安全保证内容是关于目标系统和操作环境的事实的集合，我们应该收集、管理、积累并分享这些事实。

　　建立标准协议对于信息交换至关重要，这样才能高效地在信息所有者、生产者（包括自动化的工具）与消费者之间进行信息交换：

- 建立通用词汇库以便进行信息交换，这样可以解决如下问题：如何表示信息请求才能使其被信息所有者理解并获得准确的数据？当存在一个信息源时，比如一个在线数据库，或者一个信息收集工具，怎样才能正确地查询信息源，并获取准确的数据？其中的一些数据交换不可避免地是点对点的，并且词汇表间的转换必须根据需要实时建立。幸运的是，随着行业的成熟，可以使用更多的信息源。并且，可以开发标准词汇表以避免点对点之间的词汇协商问题。
- 一旦信息项是可用的，就将它整合起来。信息高效管理意味着使用自动化工具，并规定使用一些机器可识别的格式以进行交换。
- 将现有的广义知识与待评估系统的特定知识结合起来。

　　OMG 软件安全保证体系通过定义体系中不同参与者间信息交换的标准协议，为协作式的网络安全提供了基础设施。为了达到此目的，第一步需要形成可辨别的概念集合，以建立概念承诺；第二步需要使用通用格式来表示所有的信息片段，这样信息才可以被发布、管理、整合、转换、提炼及分析。我们将从描述面向事实的方法入手，该方法基于规范化的通用词汇表。一个事实模型是概念模式的组合。对于某一个特定系统，事实模型是事实集合，它们只能由概念模式中的概念定义。概念模式是概念和陈述的组合，这些陈述表示了什么是可能的、必须的、可允许的及强制的。事实模型把重点放在简单的事实陈述上，它断言（Assert）了单个对象或事物的存在性及这些对象和事物之间的关系。在下一章中，我们将介绍 OMG 标准，即业务词汇和业务规则语义（SBVR）。它通过定义语义模型扩展了面向事实的方法，并把重点放在概念模式，尤其是表示什么是可能的、必需的、可允许的及强制的陈述。OMG 安全保证体系使用语义模型，以便使用结构化的英语来描述高级安全保证内容。

9.2　目标

　　正如我们在第 4 章到第 7 章所讲，系统安全保证包含了多种视角，并且每一个视角都由自己的词汇表来表示。因此，就有多个事实模型。设计通用词汇表，并通过标准协议实现互操作性是系统安全保证中人们一直提及的话题。通用事实模型为 OMG 软件安全保证体系标准协议提供了基础，如第 8 章所述。通用事实模型的目标如下：

- 为网络安全知识交换提供便利，通过引入标准信息交换协议，从而以较低成本建立安全保证论据。
- 为开发厂商中立、机器可辨别的网络安全内容提供便利，自动化工具可以使用这些网络安全内容来实现信息交换协议。
- 为网络安全领域的协作提供便利，以积累、发布网络安全保证内容。这些内容必须基于由信息交换协议定义的通用词汇表，而不是各自的词汇表。使用信息交换协议可以将通用协议导入私有工具中。

- 为建立系统安全保证通用术语提供便利。

这些目标是相互依赖的。在协作式的网络安全框架中进行安全保证内容的交换需要统一的术语支持；专用的点对点的整合成本会太高；用散文的形式来进行信息交换的成本太高，因为需要花费大量的精力去进行解释，容易造成误解，并且很难被自动化的工具所理解。所以，需要机器可识别的格式。为了实现自动化，需要正式的契约以描述由自动化工具生成的事实。所以，内容必须是明确的、可辨别的。另一方面，为了区分生产者和消费者工具、获得规模效益、打开安全内容市场，安全内容必须独立于工具，而不受特定工具的特有表示形式的限制。

不确定的术语是网络安全领域下协作的一大障碍。网络安全是未成熟的、快速发展的学科。它因不一致的术语而出名，这也降低了在机器可识别层次的互操作性。不同的作者和机构对网络安全中的基本术语提出了不同的定义，这些术语包括：威胁、攻击、资产、应对措施、漏洞和风险等。在每一个领域，相继提出了不同的分类，但没有一个能得到广泛的认可，甚至有一些分类是反自动化的。因为缺乏对描述系统事实的术语的可追踪性，很难区分对于同一个概念的两个不同定义是否一样，以及两个陈述是否具有一样的含义。同时也使得将一个分类映射到另一个分类变得困难，并且使一个工具生成的报告由另一个工具来验证也变得困难。通用事实模型通过可区分的概念和统一的、机器可识别的表示形式解决了这个问题。

因此，通用事实模型使得协作式地开发工业化的系统安全保证通用知识成为可能。

9.3 设计信息交换协议的标准

信息交换协议隐式地定义了通用词汇表，参与者的特定词汇可以映射到该词汇表。设计信息交换协议的首要问题是恰当地设计这个通用词汇表。当选择使用哪些词汇表中的单词来表示事物时，我们就在进行设计决策。为了引导并评估我们的设计，需要如下的客观标准：

1）**清晰性**。通用词汇表应该有效地表示出所定义项的内在含义。定义应该是客观的。虽然定义一个概念的动机可能源自社会环境或者计算需求，但是定义应该独立于社会环境或者计算需求。形式化是达到此目的的终极方法。当一个定义可以用逻辑公理的形式表示时，就应该用公理来进行定义。当可能时，尽量使用完整定义（由充分条件和必要条件定义），而不使用部分定义（仅由充分条件或必要条件定义）。所有的定义必须用自然语言描述，并使用文档记录。

2）**一致性**。通用词汇表应该是一致的。也就是说，它允许进行与定义一致的推理。至少，定义公理在逻辑上应该是一致的。一致性还应该可以适用于非正式定义的概念，比如使用自然语言描述的文档和案例。如果一个可由公理推出的句子与一个定义或给定的案例相矛盾，那么该通用词汇表是不一致的。

3）**可扩展性**。应该设计一个通用语言来满足共享词汇表的需求。该语言能够为不同的任务提供概念基础，并应该精心设计表示形式，这样才能扩展并专有化词汇表。也就是说，能够在现有词汇表的基础上为了某项特殊用途定义新的术语，而不需要修改现存的定义。

4）**最小编码倾向**。概念化应该在知识层次指定，而不依赖于特定的符号层编码，如 XML 模式。如果仅仅为了表示和实现的方便来选择表示形式，就会产生编码倾向。编码倾向之所以要最小化，是因为知识共享单位可能由不同的表示系统和表示格式实现。

5）**最小概念承诺**。通用词汇表应该只包含足以表示潜在知识共享活动的概念。通用词汇表应该尽可能少地对所建模的领域做出声明，这样使用该词汇表的单位才能自由地根据自己的需要专有化并案例化词汇表。因为概念承诺是以词汇表使用的一致性为基础的，所以，可以通过如下两种方法将概念承诺最小化：使用最通用的、可辨别的概念和只定义对知识交流至关重要的术语。

成功的通用词汇表通常还包括：

- 排他性：一个类中的元素对其他类具有排他性，因为不同的类之间不相互重叠。
- 完全性：将所有的类放在一起，就可以包含所有的可能性。
- 清晰性：不论是谁在分类，词汇表都应该是清晰、准确的，这样分类才是确定的。
- 可重复性：不论是谁在操作，重复同样的操作都可以得到一样的结果。
- 可接受性：词汇表应该是合乎逻辑和直觉的，这样的分类才可能被大家一致认可。
- 有用性：能够用于加深对所探索领域的认识。

9.4　权衡与取舍

正如大多数的设计问题一样，在设计通用词汇表时，需要在各个标准之间进行权衡。然而，设计通用词汇表的各个标准并不存在本质上的矛盾。例如，为了获得清晰性，在定义术语时，应该尽可能限制术语的可能解释。最小化概念承诺意味着使用尽可能小的通用概念集合，而允许一个术语存在多种解释。这两者看似矛盾，实际上这两个目标并不是矛盾的。清晰性标准是针对术语的定义的，而概念承诺是针对可区分概念集合的。在确定一个项与其他已有术语的含义都不相同时，就要给这个术语做出最严格的定义。

可扩展性和概念承诺也看似矛盾。能够满足不同任务需求的通用词汇表不需要包含用于表示与这些任务相关的所有知识的概念（这需要更多的词汇量）。可扩展的词汇表可能需要指定很少的非常通用的概念，也可能包含一些用于定义所需的专业化的、具有代表性的词汇。

可扩展性和概念承诺都需要考虑充分性和适合性。通用词汇表与知识库有着不同的功能：共享词汇表用于对给定的领域做出陈述；而知识库则包含了在给定领域特定系统内用于解决问题或响应查询的事实。

9.5　信息交换协议

在设计高效的信息交换协议时，要考虑如下因素：

1）标识出通信过程中所涉及的真正的、实际存在的事物，并给出具体的案例。这可以实现从各个参与者的私有词汇表到通用词汇表的映射。图9-1阐释了建立通用词汇表的过程。该过程以IDEAS Group所使用的BORO方法为基础，建立了一个通用词汇表，并实现了NATO联军内部的企业架构信息的交换。该过程的输入是已经被信息交换过程中潜在参与者所使用的、现有的词汇表。

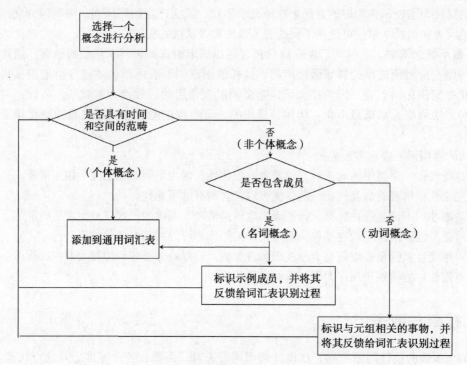

图 9-1　建立通用词汇表的过程

2）集中注意力以识别出在两个或多个通信过程中被引用的同一个实体。这是整合多个关于相同对象的陈述的关键。

3）标识这些对象之间的关系，这些关系决定了被交换的事实。

4）该过程的输出是一个规范化的通用词汇表，它可以方便地实现现存工具与知识库（在所关心领域内已经收集到了事实）的映射，最终实现互操作性。

5）选择一个语言社区，比如一个英语社区。将重点放在词汇表定义上，包括：名词概念以及用于表示事实的动词。这两项是关键的可交付成果。所定义的概念必须非常明晰，并可明显与其他概念区分。用散文的形式实现的交换不是基于定义明确的概念集，这样会降低交换效率，并丧失大部分的互操作性。一个易于理解的陈述应该能够被完全解构，并在任何给定的情况下，不论真假，都能指导你进行决策。这也就意味着：应该能够将陈述解构到元素级的事实；使用定义明确的方式将元素级的事实构造成陈述；有一个高效的方法提供元素级的事实。这样每个陈述的准确性才能得到验证。将选择元素级事实集和从元素级事实构造更大的陈述的方法结合起来，便可以实现互操作性。

6）接着为事实选择标准的表示形式。使用 XML 文件进行交换是一个比较好的折中方案。因为 XML 已经被广泛使用，所以可以快速被人们接受。我们可以通过指定标准的 XML 模式来定义 XML 文档。XML 文档可以表示用词汇表中描述和已识别的事实。开发者可以从这种方式中获益，因为他们对使用 XML 进行交换的内容的意义有一个很自然的理解，他们只需要为现有工具实现转接器，就可以导入、导出新的通用格式。因此，他们可以在他们的系统中更快地理解这些 XML 文档的意义。并且，没有了额外的编码，就消除了整个过程中可能的不一致性。

7）允许由通用词汇表定义的事实有多种表示形式。我们是在定义语义，而不是在定义语法。为交换格式手工地设计 XML 模式是很容易出错的。并且在设计 XML 模式时，在规范化词汇表和使用该词汇表表示事实的 XML 文件之间有引入新的隐式事实可能。这样当使用你所定义的互操作格式的用户收到 XML 文件并在理解其含义时就容易造成误解。将注意力集中于词汇表可以帮助你明晰交换格式的含义。自然语言中的陈述可以被大众所理解，因此可以使用陈述来验证 XML。手工写出来的 XML 模式可能造成歧义。基于手工写出来的 XML 模式的交换格式通常会违反最小概念承诺的原则。

还可以更进一步，将概念词汇表作为交换规范（定义了参与者想要交换的可能的信息）的体现。为了达到这个目标，你需要使用由 OMG XML 模型交换协议定义的标准转换算法，从规范词汇表自动生成 XML 模式。

9.6 事实模型的"螺母和螺栓"

为了建立一个可以消除术语中的不确定性并去除不可区分概念的通用词汇表，你必须理解面向事实方法的精髓，比如：名词和动词概念，对象和事实以及如何建立概念承诺［Halpin 2008］，［Ross 2003］，［Ross 2009］。接下来，我们将用示例来说明，并用螺母、螺栓和垫圈来比喻。

9.6.1 对象

建立通用词汇表的第一步是识别出所关心领域内实际存在的事物。拿起一个螺母，感受它在你手上的重量，把它抛进水池中，观看所激起的波纹。这里的对象和面向对象编程中的对象毫无关系。一个对象具有空间或时间范畴和特性，这就是对象的全部。你必须能够将一个对象从它所在的背景环境和其他对象中区分开来。对象的近义词是事物。图 9-2 展示了一个对象。你可以称这个对象为这个东西、我最爱的螺母或 n-2 型号螺母。这时候概念承诺就是指区分一个对象、确定它的边界，并如何识别该对象。

有许多方法可以用来引用一个对象，包括：文字、图片、姿势和声音。其中有些引用方式包含了对象的概念。

集合包含了个体的某些特性。现在拿起一手的螺母，它有重量，在抛进水池中也会产生波纹，它还具有时间和空间范畴。对象的个体特性还具有一些新的特性：可以数集合中包含了多少个个体，可以往集合中加入更多的个体，还可以检查最喜爱的个体是否在一个集合之中。图 9-3 阐释了几个相同物体所组成的集合。

图 9-2 对象 n-2 螺母的阐释　　　　　　图 9-3 对象组成集合的阐释

9.6.2　名词概念

现在让我们进行一项心理练习。假想有一个装满螺母的玻璃杯，并且有无穷的 $1\frac{1}{4}$ 英尺长的不锈钢螺母。如果我们需要一个螺母（例如需要将其抛进水池以观看波纹），就可以从玻璃杯中拿出一个。这个杯子阐释了一个概念——螺母，它是知识的基本单元，对应了由具有相同特定特征的相似物体组成的整个集合。手上拿着的那个螺母（从装满相似螺母的玻璃杯中拿出的）是概念"螺母"的一个"成员"。当我说"螺母可以比石头激起更好看的波纹"时，指的是概念"螺母"中的某个成员。当我说"我将 10 个螺母扔进了水池中"时，指的是概念"螺母"中特定的 10 个成员。一个概念拥有一个范畴，由该概念的所有成员组成。螺母概念的范畴就是所有 $1\frac{1}{4}$ 英寸不锈钢螺母所组成的集合。并且，所有成员所组成的集合只是在思想上与概念相对应。也就是说，你不可能将螺母这一概念扔进水中。

通常来讲，为了认识一个对象，首先要知道它是什么。一个概念是可辨别的，是指可以确信一个具体的对象是该概念的成员。从这种意义上讲，概念"螺母"是可辨别的。当需要对某一个螺母进行陈述时，可以对这个概念"实例化"（可以想象一下从玻璃瓶中拿出一个螺母）。当描述你的思维时，可以使用常见单词。比如，你可以使用单词"螺母"来表示概念螺母中的一个成员。当其他人阅读该陈述时，需要将单词与概念对应起来。这就像通过物理对象对概念进行物化，从而使人们可以感觉到概念；然后，再把物化的螺母扔回之前它所在的玻璃杯中。信息交流发生需要两个条件：一是信息交流的双方对概念的理解一致；二是信息交流的双方使用一致的表示形式。

概念"螺母"只是名词概念的一个例子，它使用名词或名词词组来表示。在接下来的例子中，我们还需要使用概念"螺栓"和"垫圈"。

现在概念承诺包括两方面的含义：一是在名词概念范畴之间区分任何对象的能力（至少在原理上区分）；二是在陈述中使用对应的名词词组。此外，我们还承认可能存在其他对象，它们与已有概念承诺中的某些对象可能有一些相同特性。名词概念允许对对象的特性和对象之间的关系做出陈述，而不需要使用具体的对象。

9.6.3　关于对象存在的事实

为了陈述事实，必须确定如何引用对象。对象标识符用于在陈述事实时引用对象。图 9-5 展示了对象标识符。

我们设想通过标准的标识符（例如序列号）为每个硬件项确定一个唯一的引用策略。在实际操作中，一个特定的对象可以通过多种方式引用。标准的标识符也并不是一直可行的。在接下来的部分中，你可以找到间接引用的案例。

一旦定下引用策略后，我们就可以陈述事实。第一个事实集用于表示某些独特的、可识别对象的存在性。图 9-5 可以用下面的 4 个事实来表示：

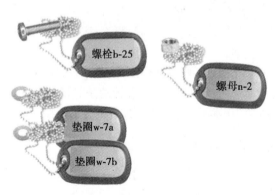

图 9-4　展示了螺母的概念　　　　　　图 9-5　对象标识符的阐释

- 存在一个标识符为 b-25 的螺栓；
- 存在一个标识符为 n-2 的螺母；
- 存在一个标识符为 w-7a 的垫圈；
- 存在一个标识符为 w-7b2 的垫圈。

以上四个事实称为存在性事实，因为它们断言了属于特定概念的特定对象的存在性。这些看似浅显易懂，但是在你断言任何对象的存在性之前，必须确定概念集。通过通用概念化，不同的信息交换方都可以使用一致的概念集。

9.6.4　个体概念

一个个体概念对应于一个单独的对象。图 9-6 展示了个体概念和 n-2 螺母。你可以将用 n-2 标识的螺母扔进水池中，那么这个螺母就不在了（至少从实际的角度看是这样）。然而你并不能将概念 n-2 螺母扔进水中。我们需要这个概念以讨论个体所具有的潜在属性，此时不考虑在任意给定时刻的实际存在性。个体概念为事物命名。此时对应的概念承诺是指对对象标准名称的认可。

图 9-6　个体概念的阐释

名字和标准标识符不需要是一样的。例如，SPAIN、ESPAGNE、ISO 标准标识符 ES 和赢得 2010 FIFA 世界杯的国家都指同一个对象，即概念"国家"的一个特定实例，并且名字为 Spain（西班牙）。

9.6.5 概念间关系

每一个概念也是一个事物，只不过这个事物是无形的。接下来我们将讨论概念集和概念之间的关系。例如，一个概念的范围可能比另一个概念具有更广义的范畴，你可以想象玻璃杯中套着的玻璃杯。比螺母、螺栓和垫圈具有更广义范畴的概念是硬件项。我们可以说最广义范畴的概念就是称为概念的概念。动词概念指的是名词概念之间的关系，而事实则是单个对象之间的关系。我们将在第 10 章语义模型中更加详细地描述概念和它们之间的关系。

9.6.6 动词概念

动词概念描述了事物之间的关系，并由动词和动词词组组成。同样，对象是名词概念的实例，事实是动词概念的实例。例如，有如下两个动词概念：螺母被拧在了螺栓上，垫圈被拧在螺栓上。图 9-7 展示了一些对应的事实。我们假定存在对象 b-26 螺栓和 b-27 螺栓。

图 9-7　基于动词概念的事实

- 螺母 n-2 被拧在螺栓 b-25 上；
- 垫圈 w-7a 被拧在螺栓 b-26 上；
- 垫圈 w-7b 被拧在螺栓 b-27 上。

以上三个事实定义了动词概念"螺母被拧在螺栓上"和"垫圈被拧在螺栓上"的实例。对象的标识对于正确的事实陈述至关重要。事实陈述了多个个体事物之间关联的存在性，因此事实从本质上来说就是元组（相关对象标识的顺序列表）。一个动词概念是可区分的，是指可以确信一个关系是否存在。

概念承诺在此处是指对识别任意对象间的关系并在陈述中使用对应的动词词组的认可。

对象间的关系可能具有时间属性，因为有些关系随着时间的变化而变化。例如，之前我们说 n-2 螺母被拧在 b-25 螺栓上。但是你可能需要加上时间限定，从周一到周五该陈述是真的，因为在周五螺母从螺栓上脱落下来了。在下一章语义模型中，主要描述一些像上面这样复杂的陈述。本章主要讨论对应于基本陈述的事实。因此，我们还需要认可使用一个更加复杂的动词词组，例如螺母从时间 1 到时间 2 被拧在螺栓上。该动词概念词组表示一个螺母、一个螺栓和两个日期之间的关系，总共包含了四个对象，而不是之前的两个对象。时间也是一个概念，例如：星期一，2010. 07. 12。

使用动词概念来表示事物之间的关系可以得到易读的事实陈述。不将元素级的动词概念作为有意义的信息交换的基础，是术语混乱的根本原因。这将在介绍复杂条件概念时进行详细说明。

9.6.7 特征

之前的例子解释了二元关系，即只包含两个对象。有些关系只跟一个对象有关，这种关系称为一元关系，也可以称为特征（只有某一个对象具有）。下面来看一个特征的例子：硬件项具有螺纹。这里的螺纹并不是一个新概念。相反，具有螺纹是一个可辨别的特征，它可以将一个概念与一组其他概念区分开来。例如，硬件项可以分为两大组：一组包含螺母和螺栓（因为它们都具有螺纹）；另一组包含垫圈（因为它不具有螺纹）。你不可以否认一个具有螺纹的螺母。这种动词概念称为关键特征或"属性"。每一个螺母都具有螺纹，这一点是螺母之所以称为螺母的最根本的原因。如果没有螺纹，那么螺母就可能不再是螺母，而是一个环。

螺母和螺栓比较重要的其他特征如下所示：

- 硬件项是圆柱形的；
- 硬件项有孔；
- 硬件项表面是光滑的。

有些人认为概念通过命名这一过程来定义。然而，名字只是在某一个语言社区内的概念表示形式。概念的定义包括两个方面：提供广义概念和关键特征集。例如：

- 一个垫圈是一个硬件项，且它的表面是光滑的，并具有一个孔，还不具有螺纹。
- 一个螺母是一个硬件项，它是圆柱形的，并具有孔和螺纹。

9.6.8 条件概念

造成术语模糊的一个原因是一些概念并不像其他概念那样是可触摸到的。拿起一个螺栓、一个螺母和两个垫圈，像图 9-8 右边所示的那样将它们组装起来。图 9-8 左边显示了所需的基本硬件项。

一方面，所有的物件在组装之后与组装之前保持不变。另一方面，在当前情形下，

图 9-8　螺母螺栓组合体的阐释

四个物件被联系了起来。这一关系可以用如下的动词词组表示：一个螺母被拧在了螺栓上，一个垫圈也被拧在了螺栓上，并且垫圈 1 在垫圈 2 之上。这个场景与之前所描述的根本区别是（这里的螺栓是同一个螺栓）：

- 螺母 n-2 被拧在螺栓 b-25 上；
- 垫圈 w-7a 被拧在螺栓 b-26 上；
- 垫圈 w-7b 被拧在螺栓 b-27 上；
- 垫圈 w-7a 在垫圈 w-7b 之上。

在当前场景下，所有的四个物件成为了一个整体。所以，在将这个整体拆成四个独立的个体之前，你不可能将其中的一个个体扔进水池中。从语言学上讲，这种情况下需要使用一个新的概念来表示。如图 9-9 所示，在该例中，使用了一个新的概念"螺母螺栓组合体"。这个新的概念和之前的名词概念也有某些相同的特征：该组合体也具有重量，也可以被扔进水池中。然而，该组合体与之前的概念螺母、螺栓和垫圈的本质区别是组合体并不像单个个体那样真实存在。这是因为，只有当所有的成员联系起来时，该组合体才存在。所以，我们说螺母螺栓组合体是成员之间关系的对象化。

在该新场景下，每一个组件都扮演着一

图 9-9　名词概念螺母螺栓组合体的阐释

个特定的角色。例如，螺母螺栓组合体最顶端的垫圈。正如你所见，通过标识一个角色可以创建一个新的概念——顶端垫圈。这个概念在一定的语境下才成立：只有存在螺母螺栓组合体的时候，我们才可以使用顶端垫圈。顶端垫圈也是一个角色概念。语境下的概念通常作为引用模式：可以将 w-7a 垫圈作为包含 b-25 螺栓的螺母螺栓组合体的顶端垫圈。

还可以对组合体的存在性进行断言：存在一个标识符为 1 的螺母螺栓组合体。除了上面定义的事实，你还可以得到与包含性的动词词组概念相对应的不同事实：

- b-25 螺栓是螺母螺栓组合体 1 的螺栓；
- n-2 螺母是螺母螺栓组合体 1 的螺母；
- 垫圈 w-7a 是螺母螺栓组合体 1 的顶端垫圈；
- 垫圈 w-7b 是螺母螺栓组合体 1 的底端垫圈。

在由语义模型支持的自由交流中，你可能想使用自然语言来表达。然而，高效的信息交换需要对于同一个概念有相同的解释。

如果不能认识到元素级的动词概念作为复杂条件概念的基础，在不同的社区使用重叠、不相同但基于相同元素级动词概念集的条件概念时，就会导致术语混乱，尤其是当情境的物理边界不是很清晰的时候。例如，考虑如下的情境，其元素级的动词概念如下所示：

- 一个威胁代理攻击了系统；
- 攻击行为包含了一系列的数据包；
- 每一个数据包使用一个特定的入口点；
- 一些数据包会触发系统中的特定事件；
- 一个事件会触发另一个事件；
- 有些事件是人们不希望发生的；
- 非期望事件会对资产造成一定的损害；
- 有些事件是另一个事件的结果。

更进一步说，多个数据包序列可能造成不希望事件的发生。

元素级的动词概念可以通过多个事实间的公用对象生成复杂的事实链。在使用公用对象的传递性推导条件概念时就有可能造成歧义。例如，一个社区可能会使用条件概念"威胁"来表示所有的会对特定资产造成相同损害的攻击类型，而不考虑可以造成相同攻击的攻击代理。该社区接着可能使用派生的动词概念"由威胁代理造成的威胁"和"威胁会造成一定的后果"来解释其他动词概念。而另一个社区可能使用相同的条件概念"威胁"来表示重要的非期望事件。第二个社区可能会使用如下派生动词概念：威胁由事件造成，事件是威胁的结果，威胁会造成损害。当考虑间接攻击时，"威胁"的范畴就完全不一样了，也就容易造成更严重的互操作性问题。图 9-1 描述了建立信息交换协议的准则，它详细地阐述了如何分析潜在不明晰的条件概念的使用，并如何将注意力集中于元素级的动词概念。

9.6.9　视角和视图

表示概念集的名词和动词短语的集合称为词汇表。词汇表定义了用于描述一个系统的视角。这样的描述通常都是片面的，因为预先选择大多数人认可的概念，就已经决定了特定系统视图中待描述事实的类型。视角决定了系统视图中可以存在什么样的事实。图 9-10 阐释了基于螺母和螺栓视角下的视图。四个玻璃瓶分别阐释了螺母、螺栓、垫圈和螺母螺栓组合体四个概念，其中螺母螺栓组合体表示了几个名词概念之间的关系。图 9-10 展示了系统的螺母螺栓视角下的视图。在该例中，系统指的是在 Cyber Brick 公司总部一个 iBrick 设备的安装演示。托盘展示了视图的范围。视图只包含关于螺母、螺栓、垫圈和它们之间关系的事实，而不包含 iBrick 设备的其他部件的任何信息，因为这些并不在视角范围内。

图 9-10　以螺母螺栓视角为基础的一个视图的阐释

每一个视图都有一个范围：在该例中，视图描述了在 2010 年 7 月 12 日得到的 Cyber Brick 公司的 iBrick 设备的螺母和螺栓。概念承诺的另一部分是一个视图的完整性，它对于使用面向事实的视图至关重要。一个视图包含了关于螺母螺栓的所有事实，还是只包含了其中的一部分？也就是说，托盘是否包含了从 Cyber Brick 公司得到的 iBrick 设备的所有螺母、螺栓和垫圈？完整性并不是针对视角而言的，而是针对某一视图的。在将事实作为支持安全保证声明的证据时，理解完整性是非常重要的。其中包含了对整个系统的肯定陈述和否定陈述，如"所有的螺母都是……样的"和"不存在……样的螺母螺栓组合体"。视图的完整性声明对于分析事实，并将分析结果作为证据展示是至关重要的。

视图的范围为创建一些新的概念提供了背景。例如，我们如何定义一个松散的螺母？在一个特定视图的背景下，一个松散的螺母指的是没有拧在任何一个螺栓上的螺母。我们在讨论松散的螺母时，如果不存在到特定词汇表的可追踪性，也不存在到特定事实库的可追踪性，就会导致术语的不明晰。

9.6.10　信息交换和安全保证

现在假定你负责 Cyber Brick 公司的 iBrick 设备的安全评估。为了了解 iBrick 设备，你请求得到了 iBrick 设备的螺母螺栓视图。你也同意螺母螺栓词汇表由如下词汇定义：动词词组"螺母拧在螺栓上"，"垫圈拧在螺栓上"，"一个垫圈在另一个垫圈之上"，以及名词概念"螺母"、"螺栓"和"垫圈"。螺母螺栓视角定义了螺母螺栓视图生产者和视图消费者之间的契约。螺母螺栓词汇表可以引导着我们理解螺母螺栓视图的结构和意思。这个视图可以通过如下的物理表示形式传输给你，如图片、报告、XML 文件、SOAP 信息和 SQL 查询响应等。在使用螺母螺栓视图后，你可以使用其他的一些名词和动词短语（如螺母螺栓组合体、顶端垫圈）来为你的报告阅读者提供更易于阅读的视图陈述。

有时候你可能需要请求在 iBrick 设备的螺母螺栓视图上执行松散的螺母分析。松散螺母分析的过程指的是将初始的螺母螺栓视图作为输入，以推导螺母是松散的事实。这一分析过程会生成使用扩展词汇的事实，它为之前的螺母螺栓词汇表增加了螺母是松散的特征。扩展词汇表是你和新事实生产者之间的契约，但螺母是松散的概念并不是和原始事实生产者之间的契约的一部分。因为新事实起源于原始的视角，推导得到的事实可以很容易地与原始事实整合起来。

假定一本 Justifiable Cyber Brick Security 手册中提出"一个安全的 iBrick 设备必须不包含松散的螺母"。那么你就可以直接使用推导的事实作为证据以证明如下声明：目标 iBrick 设备中不存在任何松散的螺母。或者更进一步使用该证据以证明目标 iBrick 设备是安全的这一论据。此外，安全保证案例还需要由一个论据支持，该论据与原始事实集的准确性和松散螺母分析过程的准确性密切相关。

我们将"螺母是松散的"这一概念的规范化定义作为一个查询条件，通过查询"螺母螺栓"事实库，以生成用与手册中的词汇表一致的词汇描述的事实。

9.6.11 面向事实的整合

假定有对应于供应链视角的另一个词汇表，包含如下的概念：

- 订单
- 仓库
- 货运公司
- 日期
- 硬件项是订单的一部分
- 订单在某个日期从仓库由货运公司中送货

iBrick 设备的新供应链视图包括如下事实：

- 螺栓 b-25 是订单 hw145 的一部分；
- 螺母 n-2 是订单 hw146 的一部分；
- 垫圈 w-7a 是订单 hw145 的一部分；
- 垫圈 w-7b 是订单 hw145 的一部分；
- 订单 hw145 在 2009 年 01 月 05 日从仓库 A 由 UPS 货运公司送货；
- 订单 hw146 在 2009 年 02 月 05 日从仓库 A 由 FedEx 货运公司送货；
- 螺栓 b-26 是订单 hw147 的一部分；
- 订单 hw147 在 2009 年 03 月 06 日从仓库 B 由 UPS 货运公司送货。

为了将该视图与之前的螺母螺栓视图整合起来，首先需要匹配由对应的存在事实所描述的对象。为了使两个事实集使用相同的名称引用同一对象，在进行整合时，需要建立一个转换表以将两个视图中的对象对应起来。这种存在事实之间的对应关系在任何信息交换协议中都是很重要的一部分。之前的螺母螺栓视图和供应链视图对硬件项的命名是一致的，所以这里可以很容易地实现整合。因为两个事实集中存在对相同对象的引用，所以很容易地将两个事实集合并。这样，我们既可以追踪螺母螺栓到其组合体，也可以追踪螺母螺栓到订单、仓库和日期。

9.6.12 事实的自动推导

原始事实通常是可辨别的，并且可以通过一些工具，使用客观的、系统的、可重复的方法，实现自动发现。然而，这些事实由于层次太低，一般不能直接用于系统安全保证声明。为了将这些事实用于安全保证，需要通过这些事实推导得到一些更有说服力的事实。聚集是一个简单的自动化操作，它通过使用"从属（part-of）"性质的事实以推导得到更高层次概念间的关系。例如，假定存在之前所介绍的所有的 iBrick 设备事实，我们可以合理地推导出如下的事实：

- 因为螺栓 b-25 是订单 hw145 的一部分，螺栓 b-25 是组合体 1 的一部分，我们可以推导出如下事实：组合体 1 依赖于（depend on）订单 hw145。
- 因为螺母 n-2 是组合体 1 的一部分，螺母 n-2 是订单 hw146 的一部分，我们可以推导出：组合体 1 依赖于订单 hw146。
- 组合体 1 依赖于订单 hw145 的程度要比组合体 1 依赖于订单 hw146 强，因为第一个关系基于三条原始事实（螺栓和两个垫圈），而第二个关系只基于一条事实（螺母 n-2）。
- 基于当前事实，组合体 1 不依赖于订单 hw147。

因为组合体 1 是 iBrick 设备的一部分，我们还可以推出如下事实：

- iBrick 设备依赖于订单 hw145；
- iBrick 设备依赖于订单 hw146；
- 基于当前事实，iBrick 设备不依赖于订单 hw147。

"从属"关系的另一种变种是"由实现（is implemented by）"。这种关系可用于追踪具体领域的高层概念和由低层编程语言实现的具体概念之间的映射关系。例如，客户 customer 的概念由类 client、变量 current client、customers 和 customer details 关系表、add customer 和 browse customer html 表单实现。

最后，可以使用同样的聚集机制来推导更多的事实：

- 因为订单 hw145 的货物存储在仓库 A，并且螺母 b-25 是订单 hw145 的一部分，可以推导出：螺母 b-25 依赖于仓库 A；
- 然后可以推导出：iBrick 设备依赖于仓库 A；
- 基于当前的事实，可以推导出 iBrick 设备不依赖于仓库 B；
- 基于当前的事实，还可以推导出 iBrick 设备不依赖于在 2010 年发货的订单。

原始关系在聚集的过程中可能会丢失某些特征。然而，所得的依赖关系是可辨别的。并且，如果原始事实是全面的，那么所得的依赖关系可用于精确推导高层次对象。因此，它们可以作为证据以支持包含网络安全外部因素的安全保证声明。

9.7 事实的表示

建立信息交换协议的下一步是选择事实的表示形式。目前已经存在很多种表示形式，例如：使用像英语一样的自然语言表示事实，或使用如 XML、SQL、RDF［leuf 2006］或 Prolog 的形式化语言。甚至还可以使用类似 CORBA IDL 或者 SOAP 之类的 API。此外，还可以使用 C、Java 或

Python 等编程语言定义事实。也可以使用 UML 之类的工具来图形化地表示事实。

这里，我们将使用 XML 和 Prolog 来表示事实。

9.7.1 用 XML 表示事实

XML 已经是公共交换格式的基础。然而，仅仅为了互操作性，将 XML 作为信息交换的基础是不够的，因为使用 XML 的方式有很多种。下面将讨论使用 XML 来表示事实的一些设计模式。

第一个模式展示了基于名词的方法。这个例子使用了显式的 XML 元素来表示原始概念对应的事物，并使用关系的对象化。这里我们可以看到一个显式的元素对应于螺母螺栓组合体概念，显式的 XML 属性以对应于角色，如螺母螺栓组合体的螺母、螺母螺栓组合体的螺栓等。这些属性引用了对应的原始对象。

```xml
<?xml version="1.0"?>
<NutsAndBolts name="iBrick device from Cyber Bricks corp">
  <Nut id="n-2"/>
  <Bolt id="b-24"/>
  <Washer id="w-7a"/>
  <Washer id="w-7b"/>
  <NutAndBoltAssembly id="1" bolt="b-24" top-washer="w-7a" bottom-
washer="w-7b" nut="n-2" />
</NutsAndBolts>
```

该模式的好处是元素在 XML 文件中是显式可识别的，并且它们的名字与原始词汇表是一致的。最顶层的 XML 元素 NutsAndBolts 对应了整个视图，所有其他元素则嵌套在该范围内。这也是表示从属性事实的最自然的表示方法。

下面是该例子的 XSD 模式：

```xml
<xsd:schema xmlns:xsd="http://www.w3.org/2001/XMLSchema"
            targetNamespace="http://www.example.com/nutsandbolts"
xmlns:nab="http://www.example.com/nutsanbbolts"
<xsd:complexType name="NutsAndBolts">
  <xsd:choice maxOccurs="unbounded" minOccurs="0">
  <xsd:element name="Nut" type="nab:Nut" />
  <xsd:element name="Bolt" type="nab:Bolt" />
  <xsd:element name="Washer" type="nab:Washer" />
  <xsd:element name="Assembly" type="nab:NutAndBoltAssembly" />
</xsd:choice >
  <xsd:attribute name="name" type="string" use="required" />
</xsd:complexType>

<xsd:complexType name="Nut">
  <xsd:attribute name="id" type="string" use="required" />
</xsd:complexType>
<xsd:complexType name="Bolt">
  <xsd:attribute name="id" type="string" use="required" />
</xsd:complexType>
```

```
<xsd:complexType name="Washer">
    <xsd:attribute name="id" type="string" use="required" />
</xsd:complexType>
<xsd:complexType name="NutAndBoltAssembly">
    <xsd:attribute name="id" type="string" use="required" />
    <xsd:attribute name="bolt" type="nab:Bolt" use="required" />
    <xsd:attribute name="topWasher" type="nab:Washer" use="required" />
    <xsd:attribute name="bottomWasher" type="name:Washer"
    use="required" />
    <xsd:attribute name="nut" type="nab:Nut" use="required" />
    </xsd:complexType>
</xsd:schema>
```

该模式为原始词汇表中的每个名词概念引入一个 XSD 类型。并且，XSD 允许使用一些特定方法来表示模式的约束。在上例中，我们对螺母螺栓组合体的元素数进行了约束。从上面的 XSD 中，我们可以看到，该模式不允许只有一个垫圈的螺栓，也不允许只有三个垫圈的螺栓。组合体元素间的顺序并没有进行约束，模式只是对元素的角色进行了约束。所以，我们为了区分顶端垫圈和底端垫圈还需要显式角色。

第二个模式更进一步地强调了从属性事实：螺母螺栓组合体的元素被嵌套在组合体中。所以复杂类型 NutAndBoltAssembly 定义了嵌套元素，而不是使用属性进行定义。

```
<?xml version="1.0"?>
<NutsAndBolts name="iBrick device from Cyber Bricks corp">
    <NutAndBoltAssembly id="1" />
        <Bolt id="b-24"/>
            <Washer id="w-7a"/>
            <Washer id="w-7b"/>
            <Nut id="n-2"/>
</NutAndBoltAssembly/>
</NutsAndBolts>
```

下面是该方法所对应的 XSD 模式。首先，将 NutAndBoltAssembly 定义为一个 XSD 元素序列，这样就实现了对顺序的约束。该例子允许存在 0 个或多个垫圈，并且在组合体的底部最多只有一个螺母。

```
<xsd:complexType name="NutAndBoltAssembly">
 <xsd:sequence>
    <xsd:element name="bolt" type="nab:Bolt" minOccurs="1"
maxOccurs="1" />
    <xsd:element  name="Washer"  type="nab:Washer"  minOccurs="0"
maxOccurs="unbounded"/>
    <xsd:element name="nut" type="nab:Nut" minOccurs="0" maxOccurs=
"unbounded" />
  </xsd:sequence>
  <xsd:attribute name="id" type="string" use="required" />
</xsd:complexType>
```

这里我们将嵌套元素定义为无顺序的集合，与之前所定义的 NutsAndBolts 元素的定义一样。

```
<xsd:complexType name="NutAndBoltAssembly">
  <xsd:choice maxOccurs="unbounded" minOccurs="0">
      <xsd:element name="bolt" type="nab:Bolt" />
      <xsd:element name="topWasher" type="nab:Washer" />
      <xsd:element name="bottomWasher" type="nab:Washer" />
      <xsd:element name="nut" type="nab:Nut" />
  </xsd:choice>
  <xsd:attribute name="id" type="string" use="required" />
</xsd:complexType>
```

第三个模式展示了基于动词的方法。这里没有使用将名词概念对象化的方法来表示螺母螺栓组合体，因为需要引入关于组合体原始对象的显式角色，这样就限制了可能的组合。相反，我们采用基于原始动词概念的方法来构建 XML 表示，动词概念描述了事物之间的关系（在对象化之前）。下面是事实的 XML 视图：

```
<?xml version="1.0"?>
<NutsAndBolts name="iBrick device from Cyber Bricks corp">
  <Nut id="n-2"/>
  <Bolt id="b-24"/>
  <Washer id="w-7a"/>
  <Washer id="w-7b"/>
  <IsScrewedOnto nut="n-2" bolt="b-24"/>
  <IsSecuredOn washer="w-7a" bolt="b-24"/>
  <IsSecuredOn washer="w-7b" bolt="b-24"/>
  <IsAbove washer1="w-7a" washer2="w-7b"/>
</NutsAndBolts>
```

本例的 XSD 模式与第一个模式非常相近。然而，这里没有定义螺母螺栓组合体名词概念，而是定义了动词概念的显式类型，如"拧在……上（Is Screwed Onto）"、"垫在……上（Is Secured On）"、"位于……上面（Is Above）"。这种方法的优点是：与原始词汇很相似，并且不会限制组合集，可以表示出两个垫圈和一个螺母之外的组合体。缺点是：XSD 类型中不包括螺母螺栓组合体概念中的名词的对象化。

现在已经给出了用 XML 表示事实视图的最常见的模式，并且用 XML 模式来表示了词汇表。还存在很多其他的表示方法，为了进行总结，我们将介绍另一个方法来演示如何将一个 XSD 模式规范化。

第四个模式采用了基于角色的方法。它没有显式地表示所有的原始词汇表中的概念，如"Bolt"、"Is Screwed Onto"或"Nut And Bolt Assembly"等。相反，它把重点放在元概念。元概念在某种程度上与广义（general）概念类似。螺栓、螺母、垫圈的一般概念是硬件项。广义概念描述了有多个特定概念所共有的特征。而元概念则解决了下面这个问题：螺栓、螺母、垫圈是什么的实例？螺栓、螺母、垫圈是名词概念的实例，"拧在……上"、"位于……上面"是动词概念的实例，将它们放在一起是概念的实例。从这个视角来看，一个螺母是一个名词概念，在螺母螺栓视角中扮演螺母角色。这样就可以通过另一种不同的方法来组织 XML 文件。该方法没有显式地定义元素螺母、螺栓等概念，而是定义了一个一般元素"对象"，且它有一个"角色"属性。那么螺母螺栓视图就可以使用螺母、螺栓等角色。用该方法表示的 XML 文件如下所示：

```
<?xml version="1.0"?>
<Scope id="s1" type="NutsAndBolts" name="iBrick device from Cyber
Bricks corp">
  <Object type="Nut" id="n-2"/>
  <Object type="Bolt" id="b-24"/>
  <Object type="Washer" id="w-7a"/>
  <Object type="Washer" id="w-7b"/>
  <Fact type="NutAndBoltAssembly" id="1" />
    <RoleBinding id="f1" role="bolt" subject="1" object="b-24"/>
    <RoleBinding id="f2" role="nut" subject="1" object="n-2"/>
    <RoleBinding id="f3" role="top washer" subject="1" object="w-7a"/>
    <RoleBinding id="f4" role="bottom washer" subject="1"
object="w-7b"/>
</Scope>
```

同样的元元素还可以被用来表示动词概念：

```
<Fact type="washer1 is above washer2" id="r1" />
    <RoleBinding id="f5" role="washer1" subject="r1" object="w-7a"/>
    <RoleBinding id="f6" role="washer2" subject="r2" object="w-7b"/>
```

下面是这个例子的 XSD 模式：

```
<xsd:schema xmlns:xsd="http://www.w3.org/2001/XMLSchema"
         targetNamespace="http://www.example.com/nutsandbolts"
             xmlns:nab="http://www.example.com/nutsandbolts"
<xsd:complexType name="Scope">
  <xsd:attribute name="id" type="string" use="required" />
  <xsd:attribute name="name" type="string" use="required" />
  <xsd:element name="type" type="nab:type" minOccurs="0"
maxOccurs="unbounded" />
</xsd:complexType>

<xsd:complexType name="Object">
  <xsd:attribute name="id" type="string" use="required" />
  <xsd:element name="type" type="nab:noun" minOccurs="0"
maxOccurs="unbounded" />
</xsd:complexType>

<xsd:complexType name="Fact">
  <xsd:attribute name="id" type="string" use="required" />
  <xsd:element name="type" type="nab:verb" minOccurs="0"
maxOccurs="unbounded" />
</xsd:complexType>
<xsd:complexType name="RoleBinding">
```

```
<xsd:attribute name="id" type="string" use="required" />
<xsd:attribute name="role" type="nab:role" use="required" />
<xsd:attribute name="subject" type="Object" use="required" />
<xsd:attribute name="object" type="Object" use="required" />
</xsd:complexType>
<xsd:simpleType name="noun">
<xsd:Restriction base="xsd:NCName">
    <xsd:enumeration value="bolt"/>
    <xsd:enumeration value="nut"/>
    <xsd:enumeration value="washer"/>
</xsd:Restriction>
</xsd:simpleType>

<xsd:simpleType name="verb">
<xsd:Restriction base="xsd:NCName">
    <xsd:enumeration value="nut and bolt assembly"/>
    <xsd:enumeration value="washer1 is above washer2"/>
</xsd:Restriction>
</xsd:simpleType>

<xsd:simpleType name="role">
<xsd:Restriction base="xsd:NCName">
  <xsd:enumeration value="bolt"/>
  <xsd:enumeration value="nut"/>
  <xsd:enumeration value="top washer"/>
  <xsd:enumeration value="bottom washer"/>
</xsd:Restriction>
</xsd:simpleType>
</xsd:schema>
```

这个方法的优点是模式与词汇表分离。这样，模式就可以被所有的词汇表所通用，从而支持不同词汇表的事实的整合。

9.7.2 用 Prolog 表示事实和模式

下面将考虑更多的可被机器识别的事实表示方法。Prolog 语言与面向事实的方法一致。下面是用 Prolog 表示的螺母螺栓事实：

```
nut('n-2').
bolt('b-24').
washer('w-7a').
washer('w-7b').
scope('s1','iBrick device from Cyber Bricks corp').
nutAndBoltAssembly('1','b-24','n-2','w-7a','w-7b').
contains('s1','b-2').
contains('s1','b-24').
contains('s1','w-7a').
contains('s1','w-7b').
contains('s1','1').
```

上面的例子中，螺母螺栓组合体的范围用显式对象 "scope" 和一些 "contain" 关系来表示。而在 XML 实例中，我们使用的是嵌套的方法来达到该目的。Prolog 允许事实的嵌套，但是这已经超出了本书的范围。下面是使用 Prolog 来描述的基于角色的方法：

```
object('n-2','Nut').
object('b-24','bolt').
object('w-7a','washer'),
object('w-7b','washer').
object('s1','scope').
fact('s1','name','iBrick device from Cyber Bricks corp').
object('1','nutAndBoltAssembly').
fact('s1','part-of','b-2').
fact('s1','part-of','b-24').
fact('s1','part-of','w-7a').
fact('s1','part-of','w-7b').
fact('s1','part-of','1').
fact('1','bolt','b-24').
fact('1','nut','n-2').
fact('1','top washer','w-7a').
fact('1','bottom washer','w-7b').
object('r1','washer1 is above washer2').
fact('r1','washer1','w-7a').
fact('r1','washer2','w-7b').
```

在上面的例子中，只使用了两个 Prolog 谓词：对象 "object" 和事实 "fact"，以支持不同词汇表中事实的整合。属性用显式关系来表示：螺母螺栓视图的名词用一个显式事实来表示。

9.8 通用模式

这部分将会为交换事实而引入一个简单的通用模式。假定已经开发了词汇表，只需要考虑基础事实。事实模型引用词汇表中的元素，这些元素已经在外部定义，并且可以通过 URL 来标识。这个基础事实模型是由 OMG 标准在软件安全保证证据元模型（SAEM）中提出。基础事实遵循对应词汇表的约束。词汇表的约束也是在外部进行定义。

对象元素表示一个名词概念的实例，事实元素表示一个动词概念的实例。事实需要引用一个或多个主体，而每一个主体都在事实中扮演特定的角色。事实和对象用段进行组织。

下面是通用事实模型的 XSD 模式：

```
<xsd:schema xmlns:xsd="http://www.w3.org/2001/XMLSchema"
        targetNamespace="http://www.omg.org/CommonFactModel"
            xmlns:cfm="http://www.omg.org/CommonFactModel"
<xsd:complexType name="Segment">
    <xsd:attribute name="id" type="string" use="required" />
    <xsd:element name="type" type="nab:type" minOccurs="0"
maxOccurs="unbounded" />
</xsd:complexType>
```

```
<xsd:complexType name="Object">
    <xsd:attribute name="id" type="string" use="required" />
    <xsd:element name="type" type="string" minOccurs="0"
maxOccurs="unbounded" />
</xsd:complexType>
<xsd:complexType name="Fact">
<xsd:sequence>
    <xsd:element name="role" type="cfm:RoleBinding" minOccurs= "1"
maxOccurs="1" />
  </xsd:sequence>
    <xsd:attribute name="id" type="string" use="required" />
    <xsd:attribute name="type" type="string" use="required" />
</xsd:complexType>

<xsd:complexType name="RoleBinding">
  <xsd:choice maxOccurs="unbounded" minOccurs="1">
    <xsd:attribute name="role" type="string" use="required" />
    <xsd:attribute name="object" type="cfm:Object" use="required" />
  </xsd:choice>
</xsd:complexType>
</xsd:schema>
```

9.9　系统安全保证事实

系统安全保证需要与系统安全相关的外部和内部视角下的事实支持。从传统意义上讲，这些视角可以分为如下几个领域：

- 系统事实；
- 资产；
- 结果（影响和损害）；
- 威胁代理；
- 威胁和风险；
- 应对措施；
- 漏洞。

此外，我们还增加了漏洞模式视角。

在本书的第一部分，我们就提出了这些视角，每个视角定义了它自己的安全保证论据类型。一个全面的且可防御的安全保证论据需要使用所有的视角，且考虑不同层面的防御论据。每一种论据都基于特定名词和动词概念的词汇表。通常情况下，系统所对应的视图是独立建立的。每一个视角的概念化定义了视图生产者和视图消费者（建立安全保证案例的分析者）之间的契约。可能需要对目标系统取其资产视图或者威胁视图。然而，为了建立全面的安全保证案例，必须核对多个视图。因此，也就需要对多个视图进行整合。

通用事实模型包括八个词汇表，并支持六种安全保证论据。通用事实模型还包含了另外两个词汇表以建立安全保证案例，这两个词汇库是：论据词汇表（ARM）和证据词汇表（SAEM）。并且，通用词汇表还包含用于表示系统事实的通用词汇表——知识发现元模型（KDM）。表9-1展示了网络安全论据是怎样由不同视角得到的证据支持的。

表9-1　论据类型和证据列表

论据类型	事实
漏洞论据	漏洞事实，系统事实
漏洞模式论据	漏洞模式，系统事实
威胁事件论据	威胁代理事实，威胁事件事实，威胁事实
资产论据	资产事实，系统事实
应对措施论据	应对措施事实，系统事实
入口点论据	入口点事实，系统事实
	论据事实
	证据事实
	系统事实

通用事实模型解决了系统描述概念层的问题［Bridgeland 2009］，［Olive 2007］，［Halpin 2008］。在进行系统开发时，至少在如下四个层次需要对系统进行描述：

- 概念层；
- 逻辑层；
- 物理层；
- 实现层。

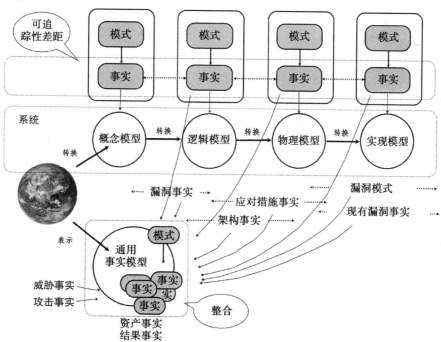

图9-11　使用通用事实模型实现可追踪性

每一层都包含对事实的解析，并包含由概念模式所表示的特定概念。概念模式是一个词汇表，并且包含说明什么是必需的、允许的、强制的陈述。例如，在实现层，概念化由编程语言（如 Java）、数据定义语言（如 SQL）、用户接口定义语言（如 JSP 和 HTML）和运行时平台（如 J2EE）决定。在每个层次下的事实都由对应的概念化所决定。所以，在实现层有 Java 事实（如 Java 类、Java 表达式和 Java 预定义类型）、J2EE 事实（如 Threadpool Executor）、SQL 事实（如选择语句）等等。逻辑层可能涉及 SysML 概念化和对应的事实。系统开发就是不同层次间事实的转换：首先将现实世界转换为概念事实；接着将这些概念事实转换为由所选的逻辑模型决定的逻辑事实；然后再将逻辑事实转换为由物理模型所决定的物理事实。不同的团队在进行开发时，可能在每个层都使用不同的方法。因此，两个不同的团队开发同一个系统可能会产生完全不同的实现层事实。不同方法之间的转换可能会导致不同层中事实的可追踪性差距。

另一方面，一些安全事实属于现实世界，包括：威胁、威胁代理、资产和结果。为了实现全面的安全保证论据，所有的事实必须整合到一个模型中。在这个模型中，还包括了结构事实和其他系统事实。因此，在本章前面介绍的通用事实聚集机制对于通用事实模型至关重要。通过聚集机制可以根据低层的对象和高层对象之间的"实现"可追踪性链接，从低层的事实自动推导高层事实。然而，为了充分利用通用机制，所有的事实都必须用通用表示形式进行规范。否则，在整合过程中就会出现很严重的问题。

通用事实模型层次的另一个问题是关于系统事实交换标准协议以及对应的通用系统词汇表，必须不依赖于实现语言和运行时平台，支持概念层整合和所有安全保证事实的无缝聚集。这一要求与多元实现层模型有着本质的不同，多元实现层模型充分利用了特定编程语言和运行时平台的特定词汇表。在第 11 章中介绍的基于 OMG 知识发现元模型（KDM）的系统事实交换标准协议满足这些要求。

实现高效的、可支付的安全保证的关键是将与厂商无关的安全保证内容之类的广义知识和关于目标系统的具体事实进行整合的机制。广义网络安全知识可以根据系统分为很多不同种类。然而，每一个安全保证项目都只解决一个具体系统中的问题。广义网络安全知识包括通用词汇表、特定类、枚举和检查清单，如表示通用威胁活动的枚举，表示通用威胁代理的类，以及通用漏洞。然而，每个系统都会根据它的特定目标架构、操作及实现来使用不同的、特有的词汇表。这些与具体系统相关的词汇表和对应的事实是至关重要的，因为它们作为声明或证据的一部分。因此，通用事实模型必须是可扩充的，并支持系统特定词汇表的有效扩展，因为这一裁剪必须在每一次评估中实现。这种处理方法是很高效的，因为整个安全保证"渠道"可以被所有的项目所重用。一旦获得了系统特有的视图，并将其与通用视图整合起来，就完成了安全保证渠道的最后一部分。这样安全保证小组就可以从安全保证体系中获取大量的机器可识别的安全保证内容。

本章所定义的通用事实模型是一个开放框架，可用于为不同安全保证领域开发标准信息交换协议，并具有如下特点：

1）提供一个统一的表示格式。

2）提供多种可互操作的物理表示形式。

3）通用词汇表不会限制新词汇的增加，并可以通过在多个词汇表间建立链接以方便整合。

4）可以扩展词汇表以解决特定的信息交换需求（是通过将自己的词汇表链接到通用词汇表

以实现高效整合的另一种说法）。

5）通用格式遵循语义模型。

6）通用格式可以实现高效的转换整合和分析。

参考文献

Object Management Group. (2010). *Argumentation Metamodel (ARM) 1.0.*

Bridgeland, D. M., & Zahavi, R. (2009). *Business Modeling: A Practical Value to Realizing Business Value.* Burlington, MA: Morgan Kaufmann Publishers.

Halpin, T., & Morgan, T. (2008). *Information Modeling and Relational Databases.* Burlington, MA: Elsevier Morgan Kaufmann Publishers.

Object Management Group. (2006). *Knowledge Discovery Metamodel (KDM) 1.2.*

Bo Leuf. (2006). *The Semantic Web: Crafting Infrastructure for Agency.* Hoboken, NJ: John Wiley & Sons.

McDaniel, D. (2008). Analyzing and Presenting Multi-Nation Process Interoperability Data for End-Users: the International Defence Enterprise Architecture Specification (IDEAS) project. In *Proc. Integrated EA Conference.* London, UK. http://www.integrated-ea.com.

Olive, A. (2007). *Conceptual Modeling of Information Systems.* Berlin, Heidelberg: Springer.

Ross, R. G. (2009). *Business Rules Concepts, Business Rules Solutions* (3rd ed.). Houston, TX: Business Rule Solutions, LLC.

Ross, R. G. (2003). *Principles of the Business Rules Approach.* Boston, MA: Addison-Wesley.

Object Management Group. (2010). *Software Assurance Evidence Metamodel (SAEM) 1.0.*

Object Management Group. (2009). *Semantics of Business Vocabularies and Rules (SBVR) 1.1.*

Object Management Group. *XML Model Interchange (XMI).*

W3C. (2008). *Extensible Markup Language (XML) 1.0* (5th ed.). W3C Recommendation.

第 10 章

语 义 模 型

– 这首歌的名字是 Haddock' Eyes。

– 哦，这就是那首歌的名字？

– 不，你还没有明白，那只是人们这样称呼这首歌。它的真正名字是 Aged
  Aged Man。

– 那么我应该说那首歌的名字是 Aged Aged Man？

– 不，你不应该那样叫这首歌。这首歌应该叫做 Ways and Means，但只是有时候这么叫。

– 好吧，那么那首歌到底是什么？（Alice 问到，此时她已经彻底糊涂了）

– 事实上，这首歌的真实名字是 A-sitting On A Gate，并且是我自己为它作的曲。

——路易斯·卡罗尔，《爱丽丝梦游仙境记》

10.1　事实模型和语义模型

语义模型主要涉及陈述，因为它主要用于表达含义。事实模型主要集中于在给定的概念承诺（对象的存在性、表示特定概念的对象的可辨别性、单个对象的特征和对象间关系的特征）上进行简单的语义操作，而语义模型则集中概念承诺本身的意义。它与真实的对象无关，例如它表示概念的特征是什么，一个概念是如何使用其他概念进行定义的，概念间的什么关系是必需的、可允许的或者强制的。所以说，事实模型中的陈述描述了单独的视图，而语义模型中的陈述描述视图视角。语义模型还集中解决新含义的定义，因此可以便于进行不受限制的通信，即时定义一些新含义。不受限制的语义通信的灵活性是有代价的：预期的含义必须从表达式中解析出来，含义越复杂，解析的过程也就越复杂。不受限制的语义通信的关键挑战并不在于解析自然语义语句，虽然这项工作也比较复杂。不受限制的语义通信的关键挑战是：如何处理由某些语句即时定义的复杂含义，以及这些含义在接下来语句中如何使用。例如，我们可以说"还记得前一章的螺母螺栓示意图吗？注意到那个图中总共有 35 个螺母了吗？"人可以很容易理解对这一概念承诺的动态更新，但是对于机器到机器的信息交换来说却是一大障碍。

然而，事实模型可以从如下几个方面以便于进行受限的通信：词汇表是预先选择的，表示含义的形式也是预先选择的，所表达的含义的范围也是有限的。事实模型不即时地定义新的含义，而是用之前所定义的词汇表来表示含义。这些边界（词汇表、表达含义的形式和所表示含义的范围）是信息交换参与者之间的契约。这一契约对于实现可重复的信息交换是至关重要的。可重复的信息交换包括两个阶段：通信的范围是有限的，并且建立通信契约；然后开始进行真实的信息交换。语义模型可以高效地处理第一阶段；事实模型则可以用于第二阶段。每个事实模型都要进行裁剪以满足某一特定的契约。人们很容易错误地将事实模型理解为契约，但实际上除了交换的含义和表示含义的形式之外，还包括其他方面的互操作性。这些额外的方面包括：位置、对应的接触点、信任、货币化、质量等等。事实模型也可以用于信息系统中的概念定义。

图 10-1 比较了语义模型和事实模型以及存在论。存在论是哲学中的一个分支，它主要解决关于实体存在性、实体分类、实体层次结构和实体相似性及差异性的问题。然而，最近这个词从应用的意义上已经通过概念集和概念间的关系而被广泛作为特定领域知识的正式表示。语义模型和事实模型都描述现实世界或可能的世界中的实体及实体之间的关系，而与这些实体和关系是否存在或潜在地存在无关。事实模型将实际事物的具体（操作）知识、事物之间的关系（即事实）和表示什么类型的事物和关系的广义知识（即概念模式）分离开来。语义模型并不区分这些概念，而是集中于概念和概念之间的关系是否是必需的、可允许的、强制的，并不考虑这些概念和关系的实例。这也是语义模型成为描述商业规则基础的原因，如指导行为的陈述。

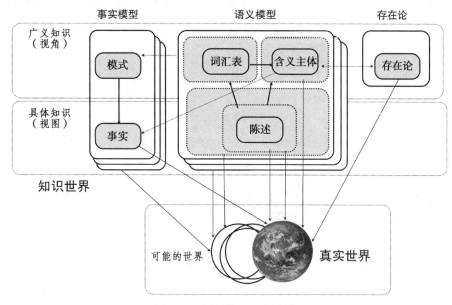

图 10-1　语义模型和事实模型

语义模型涉及大量含义主体、一个表达含义的词汇表和构造陈述的机制。陈述可以根据之前定义的含义来定义新的含义。这种机制就可以使语义模型相对于事实模型提供无限的表示范围。

10.2　背景

业务词汇和业务规则的语义（SBVR）是对象管理组公布的一个规范。它由七个国家的十七个机构所开发，被对象管理组在 2005 年 9 月所采用，并于 2008 年 1 月作为对象管理组规范公布。"业务"强调的是 SBVR 把重点放在表示系统操作词汇表的概念模型，且概念模型与系统的业务使命相关，而与系统生命周期下游阶段所使用的实现视图无关。业务模型和概念模型通常作为同义词使用［Ross 2003］，［Ross 2009］，［Halpin 2008］，［Olive 2007］，［Bridgeland 2009］。

SBVR 提供如下的方法以建立语义模型：
- 将词汇表定义为连续的、互相联系的概念集合，而不是术语和定义的列表；
- 定义行为指导（政策、规则等）以管理由词汇表定义的概念化主题的行为；
- 交换词汇表定义、规则和模式。

OMG 安全保证体系使用 SBVR 来分析和表示网络安全知识，知识表示为机器可识别的内容，以方便安全保证工具直接使用，同时还允许使用结构化的英语或其他自然语言来表示以便于人们阅读。在安全保证体系中还可以使用 SBVR 将模式定义为互联概念的片段，从而对事实模型进行查询和匹配。

10.3　SBVR 概述

SBVR 提供建立语义模型的方法，包括：命题、问题、规则、对应的概念模式和词汇表。SB-VR 规范由六个主要部分组成，如图 10-2 所示：

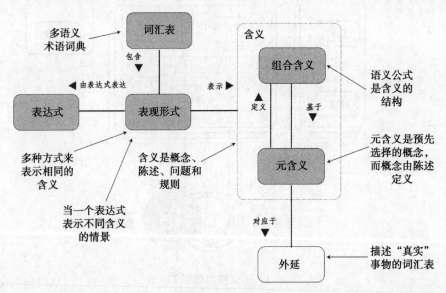

图 10-2　SBVR 概观

- 元含义：描述元含义的词汇表，包括概念模式
- 组合含义：基于元含义定义新含义的词汇表，新含义包括：命题、问题、规则
- 表达式：建立用于表示含义的、并专用于手写通信方式的词汇表
- 表现形式：将表达式和含义对应起来的词汇表
- 词汇表：将词汇表定义为表示法的集合的词汇表
- 外延：描述概念所指对象的词汇表，即对象和事实

SBVR 可以捕获规范表示的和非规范表示的业务规则和业务概念。规范表示的业务规则是完全用预先选择的概念模式所表示的，并且被用于业务领域和语义公式化，包括特定逻辑和数学操作符、逻辑量词等等。规范规则还可以作为内容与其他基于规则的软件工具进行信息交换［Leuf

2006〕。非规范规则还可以作为未解释的注释以进行交换。

SBVR 规范定义了标准协议以支持词汇表、规则和模式（包括 XML Schema）的交换。

10.4 如何使用 SBVR

下面来看一些使用 SBVR 的实例。首先，介绍如何使用 SBVR 已知的、非规范定义的术语来定义一个简单的概念模式。然后，介绍如何使用 SBVR 词汇表来规范化命题。最后，介绍如何使用命题来定义新的词汇表。

10.4.1 简单词汇

在做出有意义的陈述前，需要对包括名词概念、动词概念和个体概念的概念模式达成一致。概念由术语和其他符号进行定义和表示，并且它们在 SBVR 结构化英语中表示为词汇项。下面是第 9 章中螺母螺栓词汇表用 SBVR 表示的例子：

螺母
 定 义：中间为空的，并可以将其拧在合适的螺栓上以固定的硬件项
 来 源：维基百科
 概念类型：名词概念
 引用模式：螺母序列号
 注 释：这是名词概念的非规范定义

螺栓
 定 义：可以将合适的螺母拧在它上面以固定的带螺纹的铁柱
 来 源：美国新牛津词典，第二版，2005
 引用模式：螺栓序列号

垫圈
 定 义：一个由金属、橡胶或塑料造成的小环，可固定在螺母下面或螺栓顶部以分散压
     力，可用于固定，或在两个连接表面之间作为密封物
 来 源：美国新牛津词典，第二版，2005
 概念类型：名词概念
 引用模式：垫圈序列号

螺母拧在螺栓上
 定 义：螺母拧在螺栓上的事实
 概念类型：动词概念
 注 释：这是一个动词概念的非正式定义

垫圈拧在螺栓上
 定 义：垫圈拧在螺栓上的事实

垫圈 1 在垫圈 2 之上
 定 义：为如下事实，垫圈 1 和垫圈 2 都拧在相同的螺栓上，且垫圈 1 比垫圈 2 到螺栓
     头部更近一些。
 同义表示形式：垫圈 2 在垫圈 1 下面

螺母有<u>序列号</u>

　　概念类型：特征

螺栓有<u>序列号</u>

　　概念类型：特征

螺栓有<u>头部</u>

　　概念类型：特征

垫圈有<u>序列号</u>

　　概念类型：特征

螺母 n-2

　　定　　义：<u>序列号</u>为 n-2 的<u>螺母</u>

　　注　　释：这是一个个体概念的定义

螺栓 b-25

　　定　　义：<u>序列号</u>为 b-25 的<u>螺栓</u>

10.4.2　词汇项

　　词汇表是用一个文档（或部分文档）来描述的，其中每一项定义了一个概念在词汇表中的表示形式。并且，每一个词汇项都以主表示形式开始，或者是一个赋值（designation），或者是一个表示概念的表达式模板。接着给出词汇项所对应概念的一些具体细节。词汇项之间顺序和词汇项内部细节的顺序都是不重要的。下面是有细节的词汇项的框架：

主表示形式

广义概念：广义概念的赋值

定　　义：陈述或者文本

描　　述：文本

词 项 基：所引用的外部术语的文本

来　　源：引用外部定义术语的词汇表引用

实　　例：文本

注　　释：文本

引　　用：对首选的表示形式的引用

同 义 词：其他的赋值

同义结构：其他的赋值

　　一个名词概念的典型的主表示形式是它的赋值。一个动词概念（事实类型）的主表示形式常常是有角色占位符的表达式模板。当一个占位符被多次相同赋值时，可以给占位符指定下标以进行区分。所以，在词汇项中对角色的引用是明确的（参看螺母螺栓词汇表中的动词概念"垫圈 1 在垫圈 2 之上"）。赋值通常不包含量词和逻辑操作符。

　　下面的列表中描述了一些简单的细节。在本章的后续部分会介绍一些更详细的细节。

- **源**：引用一个与某一概念的含义相关的外部源。对概念的源的赋值（可能与词项的主表示不匹配）是用方括号括起来，并用源的名字进行引用。关键词"基于"指的是新概念的定义主要从给定的源得来，但进行了一些修改。
- **实例**：提供关于概念项的相关例子。
- **注释**：提供一些其他解释性的说明文字。
- **同义词**：描述可用于替换当前名词概念的主表示形式的其他表示形式，是对相同概念的一个赋值。
- **引用**：介绍当主表示形式不能作为概念项的首选表示形式时的其他表示形式。这里不给出任何定义。
- **同义结构**：对相同动词概念项的其他表达式模板。例如，可以是主表示形式的被动形式，或者是逆转角色的顺序。两个表达式模板是同义的，指的是这两个表示形式表示的是同一个动词概念。

10.4.3　陈述

陈述是由命题、问题和规则组成。SBVR 定义了 SBVR 结构化英语表示形式，它使用英语词汇库来表示命题、问题和规则，而不是以图表和类似于 Prolog、XML 的规范化逻辑语言的形式表示。

下面是使用上面螺母螺栓词汇表得到的一些陈述例子：

螺母 n-2 拧在螺栓 b-25 上

螺母 n-2 不是一个螺栓

螺母 n-2 的序列号是 n-2

一些螺母拧在螺栓 b-25 上

所有的螺母都拧在螺栓上

所有的螺母都拧在螺栓 b-25 上

将两个螺母拧在螺栓 b-25 上，没有案例

将两个螺母拧在一个螺栓上，这是不允许的

多于一个的垫圈被拧在螺栓上，这是有可能的

10.4.4　用于新概念规范化定义的陈述

每一个 SBVR 词汇表都对应于一个特定的语言社区。因为这本书是用英语编写的，所以本书中的实例都采用的是英语语言社区。SBVR 将含义和表达式相分离，这样当交换 SBVR 词汇表时，可以将新的表达式与给定的含义关联起来。如在使用德语时，为不同的语言社区创建一个新词汇表。两个词汇表可以共享相同的含义结构。这样一个给定的含义就不是由特定的单词所定义，而是由含义的结构定义，包括动词概念和概念特有的特征，并与所使用的语言无关。SBVR 定义了含义结构的集合，并称为语义公式化，在本章的结尾部分会有专门的介绍。

10.4.4.1　名词概念的定义

一个通用的定义模式通常以一个更广义的概念赋值开始，然后通过 that 引导的定语从句进行

限定，在从句中给出必要和充分特征以将所定义的概念与其他更广义的概念区分开来。另一种不太常见的模式为使用 of 后面的表达式来赋值。

一个规范化的定义必须包含两种信息：

1）所定义的概念是一个更为广义的概念的子集；

2）通过闭包映射来定义概念。

只有第一种信息通过部分规范的定义表示了出来。一个部分规范的定义指的是用一个更为广义的概念进行赋值。在这个赋值后面还有 that 修饰的从句，给出了必要和充分特征的非规范表示形式。

对个体概念螺母 n-2 和螺栓 b-25 的定义是完全规范的。而其他的定义则是部分规范的，或者是不规范的。

规范定义的另一种形式是存在性。存在性通常使用析取以将多个概念结合起来。

10.4.4.2 动词概念的定义

动词概念（事实类型）的定义是一个表达式，并且可以用一个使用事实类型表达式模板表示的简单陈述来替换。定义必须引用表达式模板中的占位符。这样做是为了将定义与事实类型的实例联系起来。不论这里的定义是否是规范的，对每个占位符的引用都是以确切的名词概念的形式表示。

10.4.4.3 广义概念标题

广义概念标题用于表示一个概念，它比所定义的概念的范围更广泛。如果一个定义以广义概念开始，那么就不需要使用广义概念标题。但是当没有定义时，如常见的个体概念（命名实体）和从其他源得到的概念，广义概念标题就很有用。

10.5 描述元含义的 SBVR 词汇表

SBVR 本身被定义为一些词汇表。SBVR 词汇表中的名词概念被用于定义元含义，如图 10-3 所示：

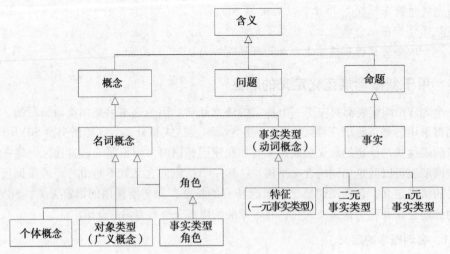

图 10-3 SBVR 中含义的要素：名词概念

下面给出了在 SBVR 中对 SBVR 的原始定义：

含义

定　　义：一个单词、符号、陈述或描述所表达的意思，也是一方所想表达的或另一方所理解的。

概念

源　　　：ISO 1087-1（English）（3.2.1）［'concept'］

定　　义：由唯一的特征所组合得到的知识单元。

广义概念：含义

引用模式：概念的赋值

名词概念

定　　义：表示一个名词或名词词组的概念

引用模式：定义名词概念的一个闭包映射

对象类型

定　　义：根据通用特征进行分类的名词概念

源　　　：ISO-1087-1（English）（3.2.3）［'general concept'］

同 义 词：广义概念

必 须 性：由该对象类型所特有的特征集，而不是由其他对象类型所具有的特征集。

注　　释：一个对象类型所特有的特征集可以将该对象类型与其他对象类型进行区分。如果一个对象类型 A 和一个对象类型 B 具有完全一样的特征集，那么它们是同一个概念。如果它们具有相同的必须特征，那么它们在逻辑上是等价的，并且在所有的可能世界中都表示相同的事物。

实　　例：概念"螺母"对应于硬件紧固件。

实　　例：概念"号码"，概念"人"

个体概念

源　　　：ISO-1087-1（English）（3.2.2）［'Individual concept'］

定　　义：只对应于一个对象［事物］的概念

广义概念：名词概念

必 须 性：没有一个个体概念是一个对象类型

必 须 性：没有一个个体概念是一个事实类型角色

特征

定　　义：只有一个角色的事实类型

源　　　：ISO-1087-1（English）（3.2.4）［'characteristic'］

定　　义：一个对象［事物］或一些对象的属性的抽象

同 义 词：一元事实类型

注　　释：一个特征通常只有一个角色，但是可以通过包含多个角色的事实来定义

事实类型

定　　义：表示动词短语意思的概念，该动词概念涉及一个或多个名词概念，并且它的实例是事件的状态。

同 义 词：动词概念

注　　释：对于一个事实类型的每个实例，事实类型的每个角色是该实例中一些对象的一个接入点

必 须 性：每个事实类型都至少有一个角色

概念"特征"是每一个概念实例一些本质属性的抽象，关键特征的集合构成了概念。两个定义如果包括同样的特征，就可以描述同一个对象。在第 9 章中非规范地引入了名词概念。概念的特有特征将概念的对象与其他对象区分开来。

SBVR 概念之间的一些关系如图 10-4 所示。

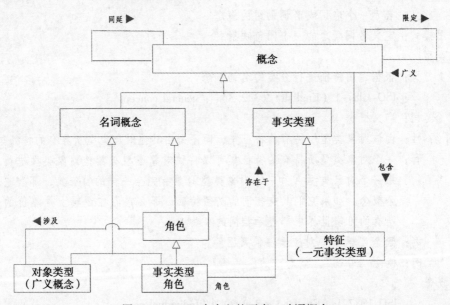

图 10-4　SBVR 中含义的要素：动词概念

角色是动词概念实例中的一个事物的抽象。通过动词概念的赋值"动词概念具有（has）角色"，可以为某动词概念指定角色（事实类型是动词概念的同义词）。还可以将这种表示形式倒置为动词概念"事实类型角色存在于（is in）事实类型中"。

角色可以与概念的特征（对象类型更为精确）相联系。动词概念"角色涉及（range over）哪些对象类型"指出了对应的特征。例如，动词概念"公司雇佣员工"中的角色"公司"涉及对象类型"公司"。

动词概念"概念 1 限定（specialize）概念 2"是进行新定义的关键。这个动词概念由下面的陈述表示：概念 1 包含（incorporate）概念 2 的所有特征，并且还具有至少一个概念 2 所不具有的特征。该动词概念还有一种同义的表示形式：概念 2 是概念 1 的广义（generalize）概念。

例如，名词概念"正整数"限定名词概念"整数"，正整数具有整数所不具有的特征：正整

数是非负的。另一个实例是：个体概念"Cyber Bricks"限定了概念"公司"，Cyber Bricks 所特有的特征是：Cyber Bricks 是一个虚构的公司，以用于本书的案例研究。

语义整合通常包括识别不同的概念具有相同扩展的情况。并且，使用不同概念化方法的概念可能具有相同的扩展。例如，定义为"Clicks2Bricks 系统的所有者"的个体概念与定义为"本书所使用的案例研究中的公司"的对象类型是同延的。这两个公司具有相同的外延，它们都指 Cyber Bricks 公司，但是它们是两个不同的概念。概念之间的对应关系可以使用下面的赋值语句来表示"概念1 与概念2 是同延的（is coextensive with）"。

命题和问题也都是含义。命题被定义为具有真假的含义。命题对应事件的一个状态，它由相关事务集合和可能的时间帧构成。同一个命题在一个世界中为真，而在另一个世界中可能为假。命题具有两层意思：一是，肯定或否定某事的陈述；二是，该陈述所表示的含义。SBVR 概念中的"命题"是用第二层含义来定义的，而不应该与命题中的陈述混淆。

SBVR 中的事实被定义为值为真的命题。而如何确定什么为真，或通过断言、观察，或其他方法，并不在 SBVR 的范围之内。然而，判断特定命题（安全保证声明）的有效性是系统安全保证的根本问题。SBVR 是一个语义模型，所以，对一个"事实"的定义与之前在第 9 章中介绍的稍微有些差异。然而，这两个定义却是一致的。

下面所列的 SBVR 中所定义的命题特征对于系统安全保证尤为重要：

<u>命题</u>必须为真。命题通常对应于事实。如果一个命题根据定义为真（相关概念的定义使得命题不可能逻辑为假），那么该命题就必须为真。

<u>命题</u>可能为真。命题可能对应于事实。

<u>命题</u>强制为真。命题在所有可接受的世界中都对应于事实。

<u>命题</u>可以为真。命题至少在一个可接受的世界中对应于事实。

问题定义为质疑的含义。问题也有两层含义：一是，疑问的口头或书面表达式；二是，询问的含义。根据第二个定义，一个问题可以用两种语言进行表示。但是根据第一个定义，使用两种语言会产生两种表达式，因此，也就产生两个问题。SBVR 中的概念"问题"是根据第二层含义进行定义的，而不能与一个问题的表示形式混淆。

10.6 描述表示形式的 SBVR 词汇表

下面的定义将 SBVR 的三个主要方面联系在一起：

<u>表达式表示含义</u>
　　定　　义：表达式描述并表达含义。
<u>表示形式</u>
　　定　　义：一个给定表达式表示一个给定含义的事实。
　　必　须　性：每一个表达式只有一个含义
　　必　须　性：每一个表现形式只表示一个含义
<u>表示形式具有表达式</u>

表示形式<u>表示</u>含义

　　同义形式：含义具有表示形式

　　同义形式：表示形式具有含义

图 10-5 展示了 SBVR 词汇表中定义表示形式的名词概念。

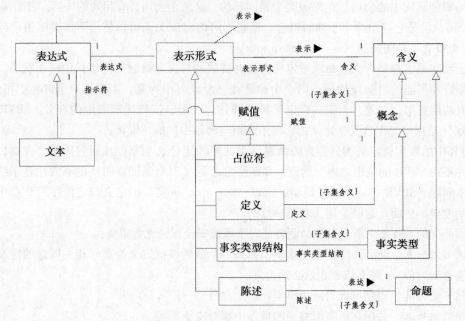

图 10-5　SBVR 中表示形式的要素

　　SBVR 中的<u>赋值</u>指的是：用一个符号来表示概念的形式。这可能还需要包含一个特定的命名空间，以免在将不同社区的陈述进行整合时发生术语混淆。赋值需要一个<u>指示符</u>，它是赋值表达式。例如，概念 "nut"，就是由三个字符 "n"、"u" 和 "t" 所连接组成的一个字符串。指示符仅存在于赋值的上下文中，所以，字符串 "nut" 本身可以以多种不同的方式进行解释。

　　SBVR 中的<u>定义</u>指的是：通过一个描述性的陈述（表达式）所表示的概念，该陈述可以将本概念与其他相关概念区分开来。一个完全形式化的定义使用一个语义公式来表示，并且它的含义被明确地解释。

　　图 10-6 阐释了动词概念赋值的组织结构。

　　SBVR 中的<u>事实类型结构</u>是通过表达模板所定义的一些动词概念的表示形式。例如，事实类型结构 "product of company" 展示了一个 "of" 所定义的赋值，以及两个占位符：一个在起始位置 1 使用赋值 "product"；另一个在位置 12 使用赋值 "company"。

　　<u>句子结构</u>（也称为事实类型解析）是一个事实类型结构，且该结构中的模板可用于开始一个基于事实类型的命题。

　　<u>名词结构</u>也是一个事实类型结构，但它是作为一个名词，而不是形成一个命题。一个名词结

构可以为事实类型中的每个角色置一个占位符，这样根据第一个占位符的角色就可以得到名词结构的结果。一个名词结构中的占位符数可以比角色总数少一，这样可以根据没有占位符的角色得到名词结构的结果。一个实例为："螺母螺栓组合体中的螺栓"对应于事实类型"螺母螺栓组合体具有螺栓"。这个名词结构引用了概念螺栓。另一个名词结构的实例为："拧紧的螺母"对应于事实类型"螺母拧在螺栓上"。这个名词结构产生拧的动作。动名词就在动作、事件和状态这样的名词结构中使用。它们在句子中按下面的方式使用：在垫上垫圈后，必须将一个螺母拧到螺栓上。

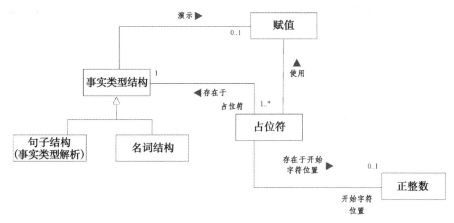

图 10-6　事实类型结构

SVBR 区分如下三种类型的赋值：

- 术语：特定领域内的一个广义概念的动词赋值（通常为名词或名词短语）
- 命名：个体概念的动词赋值
- 图标：指示符为一个图片的非动词赋值

表达式被定义为用于表示或交流的事物，它与所表示的含义紧密相关（例如字符序列、声音序列、图表或者 XML 文件等）。一个指示符是在概念赋值时所使用的语义单元或模式的表达式，例如持续的声音、书面符号或手势。两种最为重要的表达式为：文本和统一资源定位符（URI）。

10.7　描述外延的 SBVR 词汇表

在本章的前部分讨论了语义模型和事实模型的不同。SBVR 提供了建立语义模型的方法，包括：定义描述事实模型的概念模式，描述在概念模式所描述的世界中什么是必须的、允许的或强制的。SBVR 并没有将重点放在关于对象存在性和对象间关系的陈述上。个体概念是事实模型和语义模型一致性的基准点。然而，SBVR 词汇表包括描述对概念引用的术语，因为需要术语以建立定义其他 SBVR 概念的陈述和规则。第 9 章所定义的事实模型的语义视角由图 10-7

所示。

　　外延是一个概念所对应的所有对象的总和。SBVR 基于 ISO 1087-1 中的"对象"将概念"事物"定义为可感知、可想象的任何东西。SBVR 中所有其他概念都隐含地限定概念事物。

　　概念"事件状态"是理解动词概念及其含义的关键。一个<u>事件状态</u>可以是任意的事件、活动、环境或者背景。事件状态可以是可能发生的，也可以是不可能的。其中，可能发生的事件状态称为"<u>事实</u>"，它们存在于现实世界中。事件状态由命题表示。事件状态或者发生，或者不发生；而命题只可以为真或为假。一个事件状态并不表示一个含义，而是表示一个存在的事物，甚至是一个概念的实例，尽管它并不会发生。以词汇表形式表示的概念承诺决定了我们的看待事件状态视角。

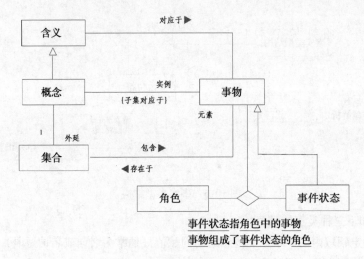

图 10-7　SBVR 中外延的要素

10.8　引用模式

　　引用模式定义了标识一个给定概念的实例的方式。理解引用模式对于信息交换期间将多个来源的事实进行整合至关重要。一个引用模式是通过相关事物引用一个概念实例的方法。引用模式通常使用一个或多个二元类型的事实类型角色，以从实例事实中标识一个特定概念的实例。引用模式还可以使用一个或多个特征。引用模式可以是部分的，也可以是完全的。当一个引用模式可以被用于引用一个概念的所有实例时，它是完全的。可以通过该概念的多个部分引用模式、更广义的概念和分类得到一个概念的全局的、完全的引用模式。例如，概念<u>螺母</u>包括一个<u>id</u>特征，用于标识这一概念的实例，如<u>螺母n-2</u>。并且，一个给定的螺母实例可以通过与其他概念的关系而标识出来。例如，<u>螺母螺栓组合体</u>中的<u>螺母</u>包括（involve）<u>螺栓b-52</u>。

　　引用模式的语义由图 10-8 所展示：

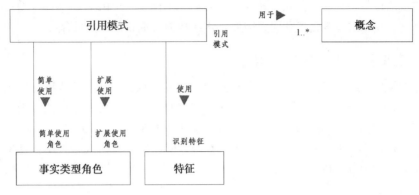

图 10-8　SBVR 中的引用模式

10.9　SBVR 语义公式

人与人之间的交流通常使用自然语言来表示命题，尽管一些科技命题有时使用形式化语言进行表示，例如 XML、C、Prolog，甚至是图形化的 UML 模型。SBVR 提供了一种方法用于描述命题含义的结构，这些命题由商业人士使用，并以自然语言的形式表示。SBVR 称此为语义公式。语义公式并不是表达式或者陈述，而是组成含义的结构。SBVR 提供了用于描述它们的词汇表。通过使用 SBVR，一个定义或者陈述的含义通过含义语义公式的相关事实进行传递，而不是使用形式化的语言进行再陈述。

语义公式通过如下的关键词定义为 SBVR 结构化英语做出了重大贡献：

- **量词关键词**：（每个、一些、至少一个、至少 n 个、最多一个、只有一个、只有 n 个、至少 n 个且最多 m 个、多于一个）
- **逻辑操作关键词**：（下面的陈述是错误的、并且、或者、以下两者有且只有一个成立、如果那么、当且仅当、以下两者不能同时成立、以下两者都不成立、无论）
- **模式操作关键词**：（以下是必须的、以下是禁止的、以下是必需的、以下是不可能的、以下是可能的、以下是允许的）
- **其他关键词**：（那个 the、一个 a 和 an、另一个 another、给定的一个 a given、的一个 that、who、is of、what）

语义公式将表达式、表示形式、含义和处延区分开来。以下是短语"会话劫持是网络应用的安全威胁"的四种解释：

1）表达式（字面含义）：John 在谷歌中搜索"会话劫持是网络应用的安全威胁。"

2）表示形式（引用一个陈述）：Ron 说："会话劫持是网络应用的安全威胁。"

3）含义（命题的规范化）：Ron 说会话劫持是网络应用的安全威胁。

4）外延（命题对象化）：评估无视会话劫持是网络应用的安全威胁。

SBVR 提供了一种公式，用于将命题规范化，即将命题转换为如上面 3）所示的语句中的一个对象。SBVR 还支持否定和质疑（"什么"、"是否"等）的规范化。一种独立的公式化完成对象化，即将事实或对应于命题的事件状态转换为上面 4）所示的语句中的一个对象。上面 2）中包含了一个引用陈述，所以在将其公式化时，需要将陈述作为文本和含义的组合。

使用 SBVR 定义新术语和事实类型

SBVR 可以使用语义公式定义新术语和事实。OMG 安全保证体系将 SBVR 与系统事实交换标准协议（OMG 知识发现元模型 KDM）结合起来以定义与厂商无关的保证模式。知识发现元模型 KDM 为系统事实描述了一个通用词汇表。在第 11 章中会详细地介绍 KDM。

下面的例子使用 SBVR 为一个新模式给出了规范定义：一个将格式字符串传递给格式输出函数的语句，对应于类似 printf 的格式输出函数。这个定义曾在第 7 章中的漏洞模式中使用过。

SBVR 结构化英语：

如果一个<u>动作元素</u>通过<u>名字</u>调用一个<u>控制元素</u>，并且<u>动作元素</u>读入特定<u>位置</u>的<u>格式字符串</u>，<u>名字</u>是在那个<u>位置</u>的<u>格式字符串函数</u>，<u>动作元素</u>将<u>格式字符串</u>传递到<u>格式输出函数</u>。

支持性的 KDM 名词概念：

<u>动作元素</u>

<u>控制元素</u>

<u>名字</u>

<u>位置</u>

支持性的平台相关概念：

<u>格式字符串函数</u>

<u>名字</u>是<u>位置</u>的一个<u>格式字符串函数</u>。

支持性的 KDM 动词概念：

<u>动作元素</u>调用<u>控制元素</u>

<u>动作元素</u>读入给定<u>位置</u>的<u>数据元素</u>

<u>控制元素</u>具有<u>名字</u>

SBVR 语义公式框架：

动词概念"<u>动作元素</u>传递<u>格式字符串</u>到<u>格式字符串函数</u>"可以通过一个 sbvr: setprojection (1) 来定义：

    Projection1 定义在变量"Stmt"之上

        变量"Stmt"的取值范围为名词概念"<u>动作元素</u>"

    Projection1 定义在变量"Fmt"之上

        变量"Fmt"的取值范围为名词概念"<u>格式字符串</u>"

Projection1 通过 sbvr: existentialquantification (1) 进行约束：

    Existentialquantification1 定义在变量"F"之上

        变量"F"的取值范围为名词概念"<u>控制元素</u>"

    Existentialquantification1 覆盖了 sbvr: existentialquantification (2)

Existentialquantification2 定义在变量"FN"之上
　　变量"FN"的取值范围为名词概念"名字"
Existentialquantification2 覆盖了 sbvr：existentialquantification (3)
　　　Existentialquantification3 定义在变量"Pos"之上
　　变量"Pos"的取值范围为名词概念"位置"
Existentialquantification3 覆盖了 sbvr：conjunction (1)
　　conjunction1 的逻辑操作符 1 是 sbvr：atomicformulation
　　　Atomicformulation 基于动词概念"动作元素调用控制元素"
　　　　　"动作元素"的角色限定为变量"Stmt"
　　　　　"控制元素"的角色限定为变量"F"
　　conjunction1 的逻辑操作符 2 是 sbvr：conjunction (2)
　　　conjunction2 的逻辑操作符 1 是 sbvr：atomicformulation
　　　　Atomicformulation 基于动词概念"控制元素具有名字"
　　　　　　"控制元素"的角色限定为变量"F"
　　　　　　"名字"的角色限定为变量"FN"
　　conjunction2 的逻辑操作符 2 是 sbvr：conjunction (3)
　　　conjunction (3) 的逻辑操作符 1 是 sbvr：atomicformulation
　　　Atomicformulation 基于动词概念"动作元素读入给定位置的数据元素"
　　　　　"动作元素"的角色限定为变量"Stmt"
　　　　　"数据元素"的角色限定为变量"Fmt"
　　　　　"位置"的角色限定为变量"Pos"
　　　conjunction (3) 的逻辑操作符 2 是 sbvr：atomicformulation
　　　Atomicformulation 基于动词概念"名字是给定位置的格式化字符串函数"
　　　　　"名字"的角色限定为变量"FN"
　　　　　"位置"的角色限定为变量"Pos"

这还可以进一步用下面的 Prolog 规则进行标示：
Statement That Passes Format String To Format Function（Stmt, Fmt），
且满足：
参数：
　　输入 Stmt——Callable Unit，表示触发器的范围。
　　输出 Fmt——是被传递给格式化字符串函数的格式化字符。
规则定义：
Calls（Stmt, F），
Feature（F, name, FN），
Reads（Stmt, Fmt, Pos），
isFormatStringFunction（FN, Pos）

参考文献

Bridgeland, D. M., & Zahavi, R. (2009). *Business Modeling: A Practical Value to Realizing Business Value*. Burlington, MA: Morgan Kaufmann Publishers.

Halpin, T, & Morgan, T (2008). *Information Modeling and Relational Databases*. Burlington, MA: Elsevier Morgan Kaufmann Publishers.

Object Management Group, (2006). *Knowledge Discovery Metamodel (KDM) 1.2*.

Leuf, B. (2006). *The Semantic Web: Crafting Infrastructure for Agency*. Hoboken, NJ: John Wiley & Sons.

Olive, A. (2007). *Conceptual Modeling of Information Systems*. Berlin, Heidelberg: Springer.

Ross, R. G. (2009). *Business Rules Concepts, Business Rules Solutions* (3rd ed.) Business Rule Solutions, LLC, Houston, TX.

Ross, R. G. (2003). *Principles of the Business Rules Approach*. Boston, MA: Addison-Wesley.

Object Management Group. (2009). *Semantics of Business Vocabularies and Rules (SBVR) 1.1*.

Object Management Group *XML Model Interchange (XMI)*.

W3C. (2008). *Extensible Markup Language (XML) 1.0* (5th ed.). W3C Recommendation.

第 11 章

系统事实交换标准协议

案例分析中的主要问题在于存在太多的证据，并且重要的证据往往被不相关的证据所覆盖或隐藏。在呈现给我们的所有事实中，首先选出我们认为是重要的，然后按照它们本身的顺序组织起来，最后重构事件序列。

——柯南·道尔，《海军协约》

被取消的事实往往是可疑的，而直接泄露的事实往往被人们忽视了它本身所具有的重要性。

——阿加莎·克里斯蒂，《十三个人的晚宴》

11.1　背景

知识发现元模型（KDM）是对象管理组（OMG）开发的开放规范。该规范最初是由软件现代化领域中的一些公司所提出的，这些公司包括：IBM、Unisys 和 Digital Data Systems（现在是 Hewlett-Packard 公司的一个部门）。接着，在 2003 年至 2006 年期间，由 12 家公司组成的小组又进一步发展了该规范。最后，对象管理组在 2006 年接受了 KDM 标准，并设立了一个专门的任务组来维护该标准。当前最新的 KDM 标准版本是 KDM 1.3。该标准已经被 ISO 所接受，序列号为 ISO/IEC 19506 [ISO 19506]。

KDM 被设计为 OMG 的逆向建模的公共基础。也就是说，通过对现有软件系统进行面向事实的分析以实现软件现代化和软件安全保证。KDM 将软件工程构件和软件挖掘中的知识发现方法标准化。在进行逆向建模时的最根本需求是，有一个由自底向上方法建立的系统构件模型，并规范化了编程语言和厂商专有运行时环境之间的差异。

KDM 为现存软件系统及其操作环境提供了通用表示形式，并为各种评估项目中的关于系统的事实交换定义了共享含义的主体。

KDM 为系统事实交换定义了标准协议，以实现现存软件分析和现代化工具、服务以及各自私有的格式之间的互操作性。正如第 8 章中描述的，KDM 协议是 OMG 安全保证体系的基础。具体说来，KDM 定义了一个通用词汇表和一个利于数据交换的交换格式。这些数据是与编程语言和厂商模型相关的。元模型既表示了系统的物理元素和逻辑元素，还表示了不同的解析层次中它们的关系。

KDM 将现存系统中的事实组织成一些视角，这些视角分别对应一个 ISO 42010 架构视角。通过面向事实的方法，KDM 关注实体以及它们之间的关系，并规范化每个视角的通用词汇表（视角语言)。一个给定软件系统的 KDM 表示形式——KDM 视图,是关于系统的事实的集合。在第 9 章中已经介绍,KDM 通过下面的方式支持通用事实模型,即 KDM 元素是系统的标准位置,这样就可以很容易地将其他非 KDM 词汇表整合起来。ISO 42010 定义:KDM 视图是系统完全架构描述的一部分。

KDM 视图使用遵循 KDM XMI 模式的 XML 文档表示。KDM 使用 OMG 的元对象装置定义工具之间的 XMI 交换格式 [XMI],并为下一代的安全保证工具和现代化工具定义一个 API 应用编程接口。

11.2　KDM 词汇表的组织

KDM 的核心部分是表示和交换系统事实的通用词汇表。组成标准系统事实交换协议的其他部分,既包括从系统构件中生成 KDM 事实的指导,还包括映射为 XML 的规范。

系统事实通用词汇表由知识发现元模型定义,由 12 个包组成,并分成四层(如图 11-1 中的同心圆所示)。大多数的 KDM 包只为一个视角定义语言。KDM 实现为了统一可能会只选择一个单独的包。

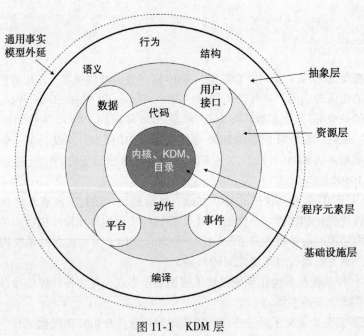

图 11-1　KDM 层

11.2.1　基础设施层

KDM 基础设施层包括**内核**、KDM 和目录(Inventory)包,它们为其他的包提供了一个公共内核,定义了系统构件的目录(Inventory)视图,并提供从元模型元素到构件(在软件系统中这些链接指向源代码或者二进制代码)的完全可追踪性。内核包定义了统一的扩展机制,可以为标准

KDM 实体附加多种属性。所以，KDM 成为通用事实模型的基础，参见第 9 章。KDM 是一个使用 MOF 的元模型，它通过从 OMG 的 MOF 到 XML 的映射定义了 KDM 的物理信息交换协议。此外，KDM 内核遵循资源描述框架（RDF），这样就可以保证 KDM 高效地映射为 RDF 元组。使用基于 MOF 的标准 OMG 技术可以获取多种表示 KDM 事实的、一致的物理表示形式。例如，一个一致性的实现可能通过定义 Java 类集合来表示内存中的 KDM 事实；而另一个实现可能会选择使用 RDF 元组来存储 KDM 事实，如 OpenRDF 或 Oracle。这两种实现方式可以通过交换标准 KDM XML 文件进行互操作，这些 XML 文件根据 KDM XML 模式建立，并由 KDM 标准定义。

11.2.2　程序元素层

程序元素层由代码包和动作包构成：

- **代码（code）包**使用编程语言表示编程元素。编程语言包括数据类型、过程、类、方法和变量。KDM 代码包提供了更深一层的细节，并且与软件系统的架构视图无缝整合起来。KDM 中的数据类型表示形式遵循 ISO 标准 ISO/IEC 11404：2007 通用目的数据类型。
- **动作（Action）包**解决应用的低层行为元素，包括语句间详细的控制和数据流。代码包和动作包相结合可以提供高精度的词汇表，以表示、交换由编程语言决定的事实，并强调详细的控制流和数据流事实，因为它们是由代码决定的。

11.2.3　资源层

资源层表示现存软件系统的操作环境，因为它是由运行时平台决定的。

用户接口（VI）包表示与现存软件系统的用户接口相关的知识。用户接口元素对于端到端系统是非常重要的端点，并且在系统中流动。

数据（Data）包表示与永久保存的数据相关的构件，如索引文件、关系数据库和其他类型的数据存储。这些构件对于企业软件是至关重要的，因为它们表示了企业的元数据。KDM 数据包还遵循另一个称为通用仓库元模型（Common Warehouse Metamodel）的 OMG 标准。

平台（Platform）包表示软件的操作环境，它与操作系统、中间件相关，还与如下信息相关：由运行时平台决定的组件间的控制流，如回调和进程间通信。平台包还包括词汇表以描述网络节点，并描述软件组件到网络节点的分配。系统的网络视图对于系统安全保证是很重要的。

事件（Event）包表示与现存系统的事件和状态转换行为相关的知识。这些控制流和数据流事实在应用代码中会在如下场景中定义：软件系统使用动态状态机管理代码；一些控制流由状态转换处理程序处理，并且处理程序由状态机管理器分配。表示出这些事实对于建立端到端场景是至关重要的，因为它们是由代码定义的，并由运行时平台支持。

11.2.4　抽象层

正如第 9 章中所介绍，抽象层是进入通用事实模型中的网关。这层的主要目的是在系统安全保证项目整个周期内支持综合系统模型。它是通过与遵循 OMG 安全保证体系的其他词汇表进行面向事实的整合来实现的，这些词汇表包括：第 4 章中的系统架构词汇表；第 5 章中的威胁和风险词汇表；系统特定词汇表。抽象层机制支持一个对象的标识，如一个特定系统资产。这既可以在外部进行，又通过以下方式进行：挖掘隐含的 KDM 事实、将对象输入为综合系统模型的元素、并建立相关对象的水平链接和隐含 KDM 对象间的垂直可追踪性链接。

概念（Conceptual）包包含如下的语义视角和行为视角：

- **语义（Linguistic）视角**表示业务领域知识和业务规则。这些事实可以从潜在的 KDM 事实中挖掘出来，或者先在外部进行标识，然后导入 KDM 事实库，最后通过重建垂直可追踪性链接与隐含的 KDM 事实整合。语义部分遵循第 9 章中所描述的通用事实模型和第 10 章中所描述的 OMG 业务词汇和业务规则的语义。
- **行为（Behavior）视角**表示操作和系统功能。这些事实可以从潜在的 KDM 事实中挖掘出来，或者在外部进行表示，导入 KDM 事实库，并通过重建垂直可追踪性链接与隐含的 KDM 事实整合起来。行为视图的输入是第 4 章中描述的一些操作和系统视图。

结构（Structure）包描述表示软件逻辑结构组织（如子系统、层和组件）的词汇表。这些事实可以从隐含的 KDM 事实中挖掘，或者在外部进行表示，导入 KDM 事实库，并通过重建垂直可追踪性链接与隐含的 KDM 事实整合起来。

编译（Build）包表示整合，以及软件系统的供应链视角。

11.3　发现系统事实的过程

KDM 是综合系统模型的基础。在第 3 章中描述的系统安全保证过程给出了建立该模型的高层活动概况，尤其是：

- **活动 2.3**：系统安全保证项目准备阶段的**建立系统模型**将重点放在建立所谓的基线系统模型上。
- **活动 4.1**：架构安全分析阶段的**发现系统事实**通过如下一些架构事实来提升基线模型：系统组件、功能、系统入口点、系统安全策略，以及第 4 章中所描述的系统特定词汇表。
- **活动 4.2**：架构安全分析阶段的**识别威胁**通过第 5 章中介绍的与威胁相关的网络安全词汇表（如资产、损害、威胁事件、威胁、风险度量等）组成的事实来提升综合系统模型。
- **活动 4.3**：架构安全分析阶段的**标识防御措施**通过第 5 章中介绍的与安全防御措施相关的网络安全词汇表（如标识、类别、系统位置，与所缓解的威胁的关系）事实来提升综合系统模型。
- **活动 4.4**：架构安全分析阶段的**漏洞检测**通过第 6 章和第 7 章中介绍的与漏洞检测相关的网络安全词汇表事实来提升综合系统模型。

通过这些活动，系统所对应的综合系统模型就包含对应于所有相关的系统安全保证视角的事实，并通过垂直可追踪性链接和水平链接关系互连起来，这些关系还包含了不同词汇表间的关系。这可以由图 11-2 所阐释。可追踪性链接是 KDM 协议中的关键机制之一。它们的主要好处是允许高层系统事实间的整合，如系统和操作视图、风险视图、供应链视图和生命周期过程视图，且这些视图是直接从系统实现的不同的机器可识别的构件（包括应用的源代码和二进制文件，网络配置、运行时平台配置和数据库描述）中提取出来的高精度事实。第 9 章介绍了面向事实的整合及垂直可追踪链接的细节。

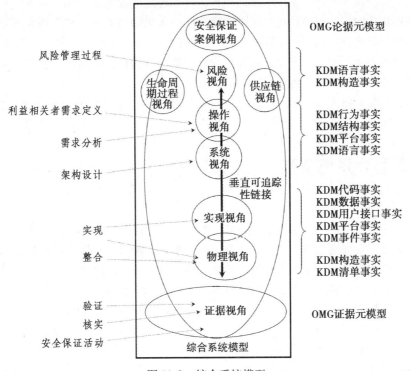

图 11-2　综合系统模型

在系统安全保证过程中的第三阶段所开发的系统安全保证案例（Case）与系统模型整合在一起。系统安全保证过程（参见第 3 章）的其他阶段分析综合系统模型，并收集证据以支持系统安全保证案例中的声明（Claim）。

建立基线系统模型从由 KDM 目录和编译视图（Build View）定义的物理视图开始。通过分析原始模型以理解所使用的编程语言和机器码格式、运行时平台等细节信息。在这个阶段必须获得用于实现系统的合适的 KDM 提取器工具。接下来，在建立基线模型过程中需要应用 KDM 提取器工具以从不同的应用代码中生成 KDM 代码事实，用户接口事实，与永久保存数据组织相关的数据事实，与网络配置和部署相关的平台事实，及与运行时资源和进程间通信相关的事实。这一阶段通常涉及一些迭代。通常来讲，首先提取出 KDM 代码事实，然后将代码事实作为输入以提取用户接口事实、数据事实、平台事实和事件事实。这是因为由运行时平台支持的资源管理是通过代码中所使用的应用编程接口（API）进行控制的。从代码的角度来看，这些 API 调用看起来就像调用库函数；而资源视图将这些 API 调用链接到表示特定资源的 KDM 元素，这些都是由运行时平台动态管理的。

如图 11-2 所示，物理视图和实现视图的提取是一个自底向上的过程。然而，提升基线系统的过程是通过多种高层事实，对应于系统和操作视角、风险视角、供应链视角和过程视角，可以是自顶向下、自底向上的，或者是它们的组合。具体的组织依赖于系统安全保证过程是如何整合到整个系统生命周期的，还依赖于高精度的机器可识别的内容以导入系统模型中。

理想的系统安全保证整合到系统生命周期和系统工程建模技术的利用可以通过从现存架构目录中导入系统和操作视图，以及从现存风险管理系统导入风险事实，实现自顶向下地完成整合系统模型。当不能获得机器可识别的构件时，可以从现存文档中手工输入，并整合到基线系统模型。在转换到操作过程中执行第三方安全评估时，如果不能获得构件，这时就需要通过自底向上地使用基线系统以在安全评估项目中标识事实。

本章的剩余部分对每一个 KDM 视角提供一个简洁的描述，以介绍它们是如何在系统安全保证过程中使用的。

11.4　发现基线系统事实

11.4.1　目录视图

建立基线系统模型的第一步是枚举当前可获得的构件。目录包定义了名词和动词概念的集合，它的目的是表示现存系统的物理构件，如资源文件、图片、配置文件和资源描述。系统的目录视图包括对应的对象和事实。目录事实还包括其他 KDM 元素间的可追踪性链接以及源代码和二进制代码的范围。这样就可以将一个模块的逻辑视图链接到对应的物理文件。

由特定 KDM 目录元素表示的源代码，它的本质由语言的属性所表征，而不是 KDM 词汇表的一部分。这样，从今天开始的未来几年，一些系统中包含用 visual basic 2020 编写的源文件 foo. bas，KDM 目录视图会使用如下的形式表示该构件：< SourceFile id = " sf0056" name = " foo. bas" language = " visual basic 2020" / >。另一方面，为了提取对应于文件 foo. bas 的逻辑结构的程序元素事实，必须获得 visual basic 2020 的提取器。这些考虑使得目录视图提取器成为事实收集过程的起始阶段。通过分析目录视图可以确定是否还需要其他额外的提取器。还可以利用目录视图计算系统评估项目的指标。构件是系统中知名的位置之一，通过其他事实可以链接到这些位置。例如，由静态分析工具检测出来的漏洞通常链接到一个特定的源文件。

目录包定义了目录视角，并且它由现存软件系统的整个软件开发环境所决定。该视角定义如下：

考虑：
- 系统的构件（软件项）是什么？
- 每个构件的广义角色是什么，如它是一个源文件、二进制文件、可执行文件或者配置文件？
- 构件是如何组织起来的？是组织成目录，还是组织成项目？
- 构件之间的依赖关系是什么样的？

分析方法：
目录视角支持如下的几种分析方法：
- 对于给定的构件，它依赖于什么构件？
- 系统使用了哪些不同的编程语言？
- 系统中是否存在可标识的第三方组件？这个分析是基于已知第三方包的签名进行的，例如开源组件、第三方库的头文件和 API。

- 系统所使用的运行时平台元素有哪些？
- 用于统计结果的关键度量参数有哪些，如源文件的总大小、代码的总行数，以及每种编程语言所使用的代码行数？

目录视图与其他 KDM 视图结合起来一起支持分析，并在给定从高层到低层源代码范围的垂直可追踪性链接的前提下，确定对应于一个给定 KDM 元素的初始构件。

构建方法：

- 目录视图通常通过目录扫描工具构建，通过目录扫描工具可以识别文件及其类型。
- 目录视图的构建由现存软件系统的特定开发和部署环境决定。
- 目录视图的构建由环境的语义和相应构件的语义所决定，并且它还以从给定开发环境到 KDM 的映射为基础。尤其是，目录视图提取器可能会使用已知编程语言的特征来猜测文件类型。

目录视图为系统的初始调查和建立基线系统模型提供基础，并在接下来的提升综合系统模型的过程中，使用 KDM 目录视图作为标准位置以将非 KDM 词汇表所表示的安全保证信息整合起来。尤其是，第 6 章和第 7 章中所描述的指标和第三方漏洞检测工具所检测出来的漏洞。

SBVR 中的目录视角词汇表

该部分描述 KDM 目录视角词汇表的相关概念。SBVR 结构化英语中的一些概念被包含进来以阐释如何将 KDM 词汇表定义为 SBVR 中的词汇表。图 11-3 阐释了 KDM 目录视角的名词概念。KDM 中有六个 Inventory Item（目录项）元素用以描述软件构件，分别为：Source File（源文件）、Executable File（可执行文件）、Binary File（二进制文件）、Image（图片）、Configuration（配置文件）和 Resource Description（资源描述文件）。Directory（详细目录）和 Project（项目）元素为软件构件提供层次化的组织。

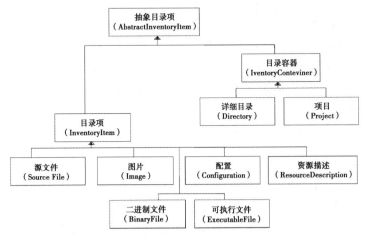

图 11-3　KDM 目录视图的名词概念

目录视图

定　　义：是一个表示关于现存软件系统物理构件事实的 KDM 视图。

来　　源：基于知识发现元模型 1.2（11.3.1）［Inventory Model］

广义概念：KDM 视图

引用模式：KDM 视图的id

源文件

定　　义：用编程语言写成的文本文件

来　　源：基于知识发现元模型 1.2（11.3.5）［源文件］

广义概念：目录项

引用模式：KDM 实体的id

源文件具有**编程语言**

定　　义：确定源文件的逻辑组织的编程语言

引用模式：源文件的编程语言

源文件具有**编码方式**

定　　义：决定解释源文件的编码方式

引用模式：源文件的编码

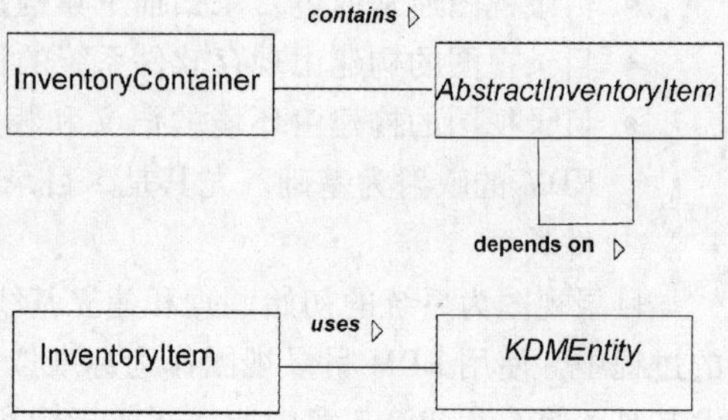

图 11-4　KDM 目录视角的动词概念

图 11-4 表示了 KDM 目录视角的动词概念。

抽象目录元素 1 依赖于（depends on）**抽象目录元素 2**

定　　义：目录的约束

来　　源：基于知识发现元模型 1.2（11.5.1）［Depends On］

概念类型：抽象目录关系

引用模式：KDM 关系的id

目录容器包含（contains）**目录元素**

定　　义：描述目录元素的层次结构关系

概念类型：KDM 内在关系

引用模式：目录容器的目录元素

目录元素使用（use）**KDM 实体**

定　　义：目录元素和 KDM 实体之间未明确规定的关系，并可以通过固定模式进一步
扩展。

来　　源：基于知识发现元模型 1.2（11.8.2）［Inventory Relationship］

概念类型：抽象目录关系

引用模式：KDM 关系的id

11.4.2　编译视图

建立基线系统模型的第二步是理解系统中构件的角色。构件被提取枚举出来，以作为目录视图的一部分。编译视图根据构件在系统生命周期中的角色建立起它们之间的联系。标识这些关系起始于系统的物理编译指令，如 makefile 文件和部署脚本。KDM 编译包定义了表示给定软件系统编译过程中事实的通用词汇表的名词和动词概念，包括从源文件到可执行文件的转换。接着，需要考虑系统架构信息，包括：其他生命周期过程和系统及供应链考虑。这些考虑并不能自动化地

从系统构件中得到，因此需要标识出来，然后加入综合系统模型。这些由系统安全保证项目的范围决定。

编译视角由下面的一些考虑所定义：

考虑：

- 编译过程的输入是什么？
- 编译过程产生了哪些构件？
- 执行编译步骤的工具有哪些？
- 编译过程的工作流是什么？
- 源构件的供应者是谁？

分析方法：

- 供应链分析（依赖于给定的供应者的构件有哪些？）

构建方法：

- 编译视图最初是通过分析给定系统的编译脚本和编译配置文件而构建的。这些输入是跟系统的开发环境相关的。编译提取器工具使用编译环境的语义知识以生成一个或多个编译视图。
- 编译视图的构建是由编译环境的语义所决定，并且以从给定编译环境到 KDM 的映射为基础。这种映射只与编译环境（如编译配置文件的格式等）相关，而与一个具体的软件系统无关。

编译视图和目录视图结合起来一起建立基线系统模型。在提升综合系统模型的后续过程中，使用 KDM 编译视图作为标准位置，将来自非 KDM 词汇表的不同安全保证信息整合起来，尤其是与过程生命周期和供应链相关的信息。

图 11-5 阐释了编译视角词汇表的名词概念。

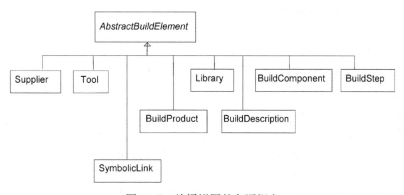

图 11-5　编译视图的名词概念

图 11-6 阐释了编译视角词汇表的动词概念。

编译过程被描述为转换步骤图，并由 BuildStep（编译步骤）元素所表示。BuildStep（编译步骤）元素以编译元素为输入，并输出编译元素，例如 Library（库）、BuildComponent（编译组件）和 BuildProduct（编译结果）。这三个元素是其他 KDM 元素的容器，尤其是目录模型中的元素。层次结构是通过从 BuildComponent 到 BuildComponent 所实现的元素的 "is implemented by" 关系创建。

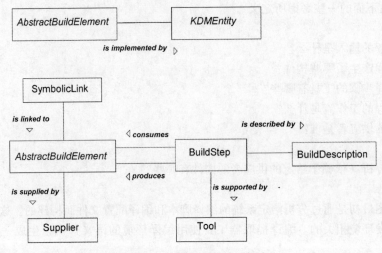

图 11-6　编译视角的动词概念

11.4.3　数据视图

　　KDM 数据包定义了名词和动词概念以描述软件系统中的持久数据的组织。数据视角中的事实通常由数据描述语言（如 SQL）决定，但在一些情况下也可能由代码元素所决定。KDM 数据视图使用与简单数据类型相关的代码包的元素。KDM 数据视图描述复杂类型数据的组织，如记录文件、关系数据库、结构化数据流、XML 模式和 XML 文档。

　　KDM 数据视角由如下的方面所定义：

考虑：

- 软件系统中的持久数据是如何组织的？
- 软件系统支持哪些信息模型？
- 持久数据的消费者有哪些？
- 持久数据的生产者有哪些？
- 对应于持久数据的事件有哪些？
- 和程序元素视图和平台视图一起考虑，在系统中将持久数据作为源或目的的应用场景有哪些？
- 和其他视图一起考虑，个人持久数据项的敏感程度是如何设置的？
- 和其他视图一起考虑，系统中的信息资产包括哪些？以及他们对应于哪些物理数据？
- 和其他视图一起考虑，关于信息资产的安全威胁有哪些？

分析方法：

数据架构视角支持如下几种分析方法：

- 数据聚集，即对于给定的 ColumnSet，通过与其他表的外键关系扩展而得到的数据集。

构建方法：

- 数据视图的构建通常通过分析给定数据管理平台的数据定义语言构件进行。数据提取器工具使用数据管理平台知识以生成一个或多个数据视图。
- 类似于 Cobol 语言的一些语言，它们的数据元素是显式定义的。可以通过类似于编译器的工具以系统构件为输入，并输出一个或多个数据视图（与对应的代码视图一起）。
- 数据视图的构建由数据管理平台的语义所决定，并以从给定数据管理平台到 KDM 的映射为基础。这种映射只与数据管理平台相关，而与具体的软件系统无关。

数据视图通常与代码视图和目录视图一起使用。并在接下来的提升综合系统模型的过程中，使用 KDM 数据视图作为标准位置以将非 KDM 词汇表所表示的安全保证信息整合起来，尤其是与信息资产和敏感度相关的信息。

图 11-7 阐释了 KDM 数据视角词汇表的名词概念。

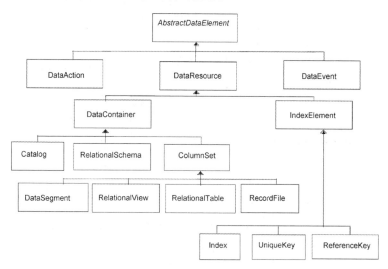

图 11-7　数据视角的名词概念

Catalog、RelationalSchema（关系模式）和 ColumnSet 元素是数据元素的容器；RelationalSchema 可能还包含 CodeItem（如表示存储过程）；ColumnSet 元素可能包含 ItemUnit（如表示数据库字段）。所有的元素可能包含 DataEvent 和 DataAction 元素，以表示与持久数据操作相关的具体行为。不同的 IndexElement 在 ItemUnit 的基础之上进行定义，通过"is implemented by"关系来表示字段组是如何形成主键、外键和数据库索引的。"reference（引用）"关系表示的是一个外键和对应的主键之间的链接关系。定义数据视图中的结构化关系的被动动词由图 11-8 所阐释。

图 11-9 阐释了数据视角的主动动词，且主动动词是通用词汇表的一部分，以支持系统功能和行为的分析。DataAction 是与 DataResource 元素相关的行为单元。那么为什么它这么重要呢？持久数据管理系统通过如下几种方式确定应用的数据流和控制流，如回调、异常、对变量的隐式赋值。在对系统进行端到端的分析时，必须考虑所有的控制流事实和数据流事实，并且必须收集所有关于分析合理性的安全保证证据。DataAction 和 DataEvent 为知识提取器工具提供通用词汇表和机制以合理地表示系统运行时平台的语义。在本章的后续的 KDM 平台视角部分会进行更详细的解释。

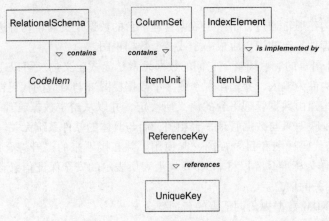

图 11-8　数据视角的被动动词

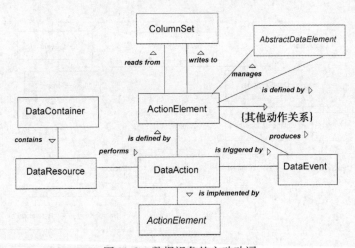

图 11-9　数据视角的主动动词

图 11-10 阐释了 KDM 数据视图的一部分。图中的左边部分展示了两个关系表和对应的 SQL 描述。右边部分展示了描述这些表的关键 KDM 事实，以及使用数据视图中的名词和动词概念描述这些事实。

接下来的图 11-11 在低解析层次（非详细）阐释了数据视图。这个视图展示了一个由工具生成的 KDM 视图，其中每个节点都是一个 RelationshipTable 元素。这些元素展示了 Click2Bricks 关系模式的 12 个表（这个系统在第 12 章中作为案例研究）。数据元素之间的依赖关系也称为 KDM 聚集关系。这些依赖总结了任意一对关系表的数据事实。名称为"ENV：SRC"和"ENV：SNK"的节点表示系统的剩余部分，即不在当前视图里面的任意元素。这些节点是聚集关系的终端节点，它们总结了剩余部分系统中 12 个主元素的使用情况（ENV：SRC 节点中的关系），以及这些元素如何使用剩余部分系统（ENV：SNK 节点中的关系）。表间的关系由从一个表到另一个表的外键所决定。关系表的使用由数据动作和应用代码中关系数据的使用决定，如 SQL SELECT 语句。

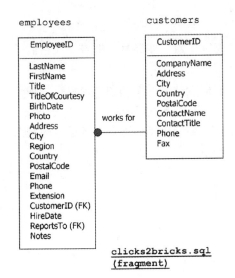

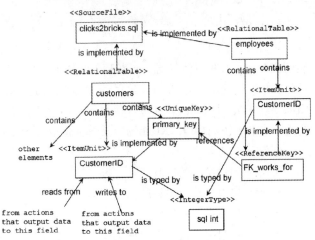

clicks2bricks.sql
(fragment)

```
CREATE TABLE `employees` (
`EmployeeID` int(10) unsigned NOT NULL
auto_increment,  `CustomerID` int(10)
unsigned NOT NULL,
...
PRIMARY KEY  (`EmployeeID`),
 CONSTRAINT `FK_works_for`
FOREIGN KEY (`CustomerID`)
REFERENCES `customers` (`CustomerID`))
ENGINE=InnoDB DEFAULT CHARSET=utf8;
```

KDM facts

there exists RelationalTable with name "employees".
there exists ItemUnit with name "CustomerID".
RelationalTable "employees" *contains* ItemUnit "CustomerID".
there exists UniqueKey with name "primary_key".
there exists ReferenceKey with name "FK_works_for".
RelationalTalbe "employees" *contains* ReferenceKey "FK_works_for".
ReferenceKey "FK_works_for" is implemented by ItemUnit "CustomerID".
there exists IntegerType with name "sql int".
ItemUnit "CustomerID" *is typed by* IntegerType "sql int".
ReferenceKey "FK_works_for" *references* UniqueKey "primary_key".
RelationalTable "employees" *is implemented by* SourceFile "clicks2bricks.sql".

图 11-10　KDM 数据视图实例

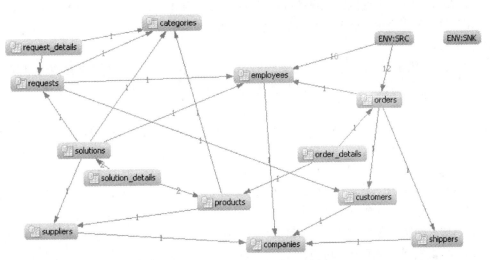

图 11-11　在低解析层次下的数据 KDM 视图

11.4.4 UI 视图

KDM 用户接口包定义了名词和动词集合，以表示用户接口元素，如屏幕、报告、及它们的域；接口元素的组合；操作序列；与系统中其他元素的关系等。用户接口因为涉及大量的细节属性而很繁琐，这些属性包括：元素颜色和位置属性，以及随时间变化，并影响图形窗口行为和外观的属性。这些细节通常与具体的图形框架相关，如 Java AWT、微软的 Windows 和 X Window。KDM 用户接口通用词汇表只包含很少数量的术语，因为 KDM 主要考虑不同点对点场景下的概念终端节点和系统的功能。KDM 用户接口视角由如下几个方面定义：

考虑：

- 系统用户接口的特有元素有哪些？
- 用户接口是如何组织的？
- 用户接口是如何使用系统构件的（如图像)？
- 有哪些数据流起源于用户接口？
- 有哪些数据流流向用户接口？
- 由用户接口事件触发的控制流有哪些？

分析方法：

用户接口架构视角支持如下一些分析方法：

- 数据流，如哪些场景从一个给定用户接口元素读取数据；哪些场景向一个给定用户接口元素写入数据；哪些场景管理一个给定的用户接口元素？
- 控制流，如一个给定用户接口元素事件可以触发哪些动作元素？哪些场景在一个给定的用户接口元素上进行操作？
- 工作流，如在一个给定的用户接口元素显示之后会显示哪些用户接口元素？在一个给定的用户接口元素显示之前会显示哪些用户接口元素？

构建方法：

- 用户接口视图通常通过分析给定系统的代码视图和用户接口相关的配置构件得到。用户接口提取器工具使用 API 知识和给定运行时平台的语义以生成一个或多个用户接口视图。
- 类似于 Cobol 语言的一些语言，它们的用户接口是显式定义的。可以通过类似于解析器的工具以系统构件为输入，然后输出一个或多个用户接口视图（和对应的代码视图一起）。
- 用户接口视图的构建由用户接口平台的语义所决定，并且它以从给定用户接口平台到 KDM 的映射为基础。这种映射只与用户接口平台相关，而与具体的软件系统无关。
- 用户接口视图通常与代码视图和目录视图一起使用。在架构安全分析阶段，可以通过 KDM 用户接口视图理解系统的功能。

图 11-12 阐释了用户接口视角中的名词概念。UIResource 元素 Screen 和 Report 是 UIField 元素的容器。对应的包含（contain）关系决定了用户接口视图中的结构。此外，UIResource 元素可以

包含 UIAction 和 UIEvent 元素以表示由运行时平台中的用户接口部分确定的控制流和数据流。这在接下来的运行时平台视图部分中会有更详细的介绍。

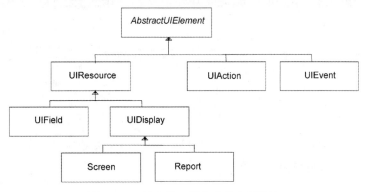

图 11-12　用户接口视角中的名词概念

图 11-13 阐释了用户接口视图中的动词概念。用户接口元素间的具体关系包括"UIResoure 流入（flow into）UIResource"和"UIResource 为 UIResource 提供布局（provide layout for）"。其他的动词概念描述代码和用户接口元素之间的控制流和数据流。

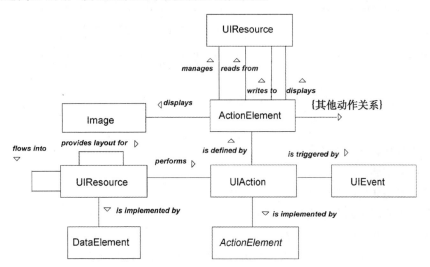

图 11-13　用户接口视角中的动词概念

图 11-14 阐释了 KDM 用户接口视图。图中的左边部分展示了一个典型的带有输入框和按钮的网页，以及用 JSP 所编写的代码的一部分。右边部分展示了对应于 KDM 用户接口视图的关键元素，以及使用 KDM 用户接口通用词汇表中的名词和动词概念所描述的 KDM 事实。

11.4.5　代码视图

代码视图提供了一个元素的集合，它的目的是为由编程语言决定的不同结构提供一个与编程语言无关的词汇表。代码视图由如下几个方面定义：

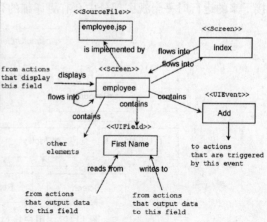

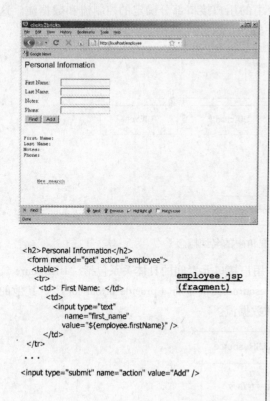

图 11-14　KDM 用户接口视图实例

考虑：

- 系统中的计算元素有哪些？
- 系统中有哪些模块？
- 计算元素是如何组织的？
- 计算元素所使用的数据类型有哪些？
- 系统行为的基本单元是什么？
- 代码元素之间存在什么样的关系？尤其是控制流关系和数据流关系？
- 哪些是重要的非计算元素？
- 计算元素和模块是如何与系统的物理构件联系起来的？

分析方法：

代码视图支持如下几种主要的分析方法：

- 组合，如哪些代码元素是属于 CompilationUnit、SharedUnit 或者 CodeAssembly？哪些动作元素属于 CallableUnit？
- 数据流，如哪些动作元素从一个给定的 StorableUnit 读取数据？哪些动作元素向一个给定的 StorableUnit 写数据？哪些动作元素创建一个给定 Datatype 的动态实例？哪些动作元素解决一个特定的 StorableUnit？哪些数据类型在调用中被作为实参？

- 控制流，如在一次调用中使用了哪些 CallableUnit？哪些动作元素在一个给定的动作元素之后执行？哪些动作元素在一个给定的动作元素之前执行？使用了哪些数据元素来分配一个给定动作元素的控制流？在哪些条件下，动作元素在一个给定的动作元素之后执行？控制流中存在哪些异常流？哪些动作元素作为一个给定模块或 CallableUnit 的入口点执行？
- 数据类型，如给定存储单元的数据类型是什么？给定指针类型的基准数据类型是什么？给定记录类型的元素的基准类型是什么？给定 CallableUnit 的签名是什么？
- 接口、模板和预处理的分析。代码模型中的所有的关系都不是传递的。需要额外的计算以得出所有的隐含信息，如计算一个给定动作元素之后执行的所有动作元素，或者计算一个给定动作元素的所有 CallableUnit。

KDM 中的聚集关系机制可以基于低层代码元素间的关系以推导 KDM 元素之间的关系，这些元素或者具有或者引用不同的代码元素（Module 和 CodeAssembly）。

构建方法：

- 对应于 KDM 代码视角的代码视图通常通过类似于解析器的工具构建，它们以系统构件为输入，然后生成一个或多个代码视图。
- 代码视图的构建由对应于构件的编程语言的语法和语义所决定，并且它以从给定编程语言到 KDM 的映射为基础。这种映射只与编程语言相关，而与具体的软件系统无关。
- 从特定编程语言到 KDM 的映射过程可能还会生成一些额外信息，如与系统相关的、与编程语言相关的或者与提取工具相关的信息。这些信息可以通过固定模式、属性或者注释添加到 KDM 元素中。

11.4.5.1　代码视图：结构元素

代码包定义了所谓的代码项元素，即由编程语言决定的命名元素，所谓的符号、定义、及他们之间的结构化关系。代码项进一步划分为 ComputationalObject（计算对象）、Datatype（数据类型）和 Module（模块）。动作包定义行为元素和不同的行为关系，这样就确定了代码项之间的控制流和数据流。

代码视角的描述可以进一步划分为如下几个部分：

- 表示模块的代码元素
- 表示计算对象的代码元素
- 表示数据类型的代码元素
- 表示预处理指令的代码元素
- 其他代码元素

KDM 的数据表示遵循国际标准 ISO/IEC 11404:2007（通用目的数据类型）。特别地，KDM 为数据元素（如全局和局部变量、常量、记录字段、参数、类成员、数组项、指针基元素）和数据类型提供了元模型元素。每个数据元素都有一个属性"类型"，以将数据元素和它对应的数据类型元素联系起来。KDM 将数据类型分为：元数量类型（如整数、布尔型）、用户自定义的复杂类型（如数组、指针和序列）和命名数据类型（如类、同义类型）。对应于数据类型的 KDM 元模型元素是一个通用类 Datatype 的子类。对应于数据元素的 KDM 元模型元素是一个通用类 DataElement 的子类。

KDM 代码元素表示现存的由编程语言决定的构件。KDM 元素为大多数的常见数据类型和数据元素提供足够的覆盖范围，可以包含各种主流编程语言。KDM 还提供功能强大的通用扩展元素，它们可以和固定模式一起使用以表示不常见的一些情况。

代码视角的名词概念分类由图 11-15 阐释。

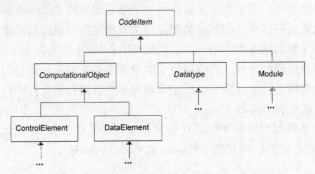

图 11-15　KDM 代码视角的名词概念分类

接下来的图 11-16 阐释了 KDM 整个代码视角的组织结构。因为 Datatype 元素是 KDM 代码词汇表中多半数以上的元素的基础，所以除了它外，其他大多数的顶层元素被分解到其他层。

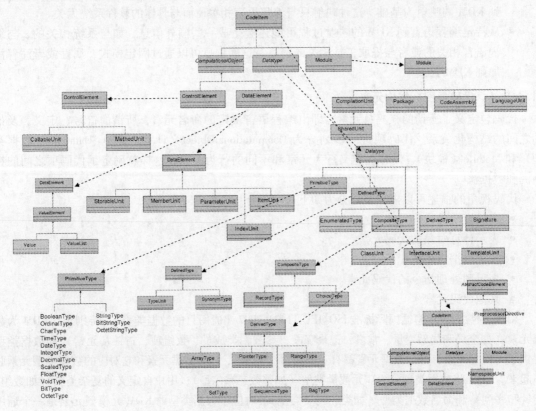

图 11-16　代码视角名词概念的完全的组织结构图

图 11-17 阐释了 KDM 代码视角的动词概念。动词概念"CodeItem 的类型由 Datatype 定义"描述了 CodeItem 和 Datatype 之间的关系。"Datatype 扩展 Datatype"的关系表示了系统 Datatype 之间的父子关系。

图 11-18 阐释了代码视图：图的左边展示了一份 Java 代码片段。图的中间部分是根据由 Java 语言定义的结构得到的代码示例的解构。在每个元素之上都是映射到 KDM 的指南。这样，对应于 Main. java 文件的元素 s1 映射到 KDM Compilation-Unit 元素。图 11-18 还阐释了代码片段中的一些隐式关系（如元素 e1 到 e4）。图的右边展示了 KDM 代码视图的一部分片段。

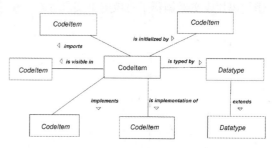

图 11-17 KDM 代码视角的动词概念

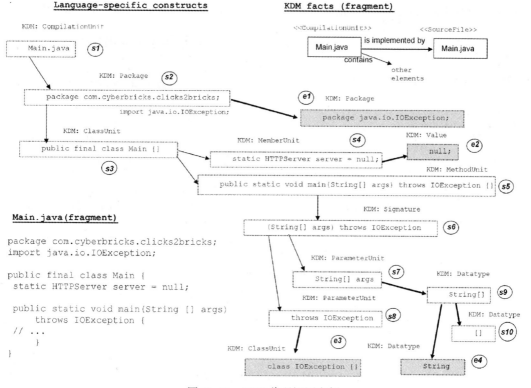

图 11-18 KDM 代码视图实例

11.4.5.2 代码视图：行为元素

动作包定义了行为的元素，包括：语句，及语句和代码项之间的控制流关系和数据流关系。图 11-19 阐释了来自代码视角行为元素的通用词汇表的名词概念。其中关键元素是 ActionElement，它表示应用代码中的一个语句（或者是语句的集合，或者是原始语句的一部分）。BlockUnit 表示原始应用代码中的语句块。

接下来的图11-20阐释了动词概念，它描述了应用代码中的基本数据流关系。图11-21通过使用代码片段实例阐释了对应的事实。

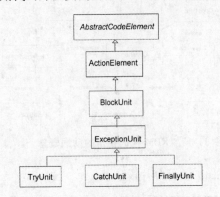

图 11-19　代码视角中的名词概念：动作

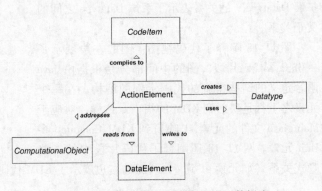

图 11-20　代码视角中的动词概念：数据流

HTTPServer.java(fragment)

```
public class HTTPServer {
InetAddress bindAddress;
int httpPort, backlog;
Server server;
...
public synchronized void start()
        throws IOException,
        IllegalStateException {
    ...
    server = new Server(httpPort,
                backlog,
                bindAddress);
    ...
    }
}
```

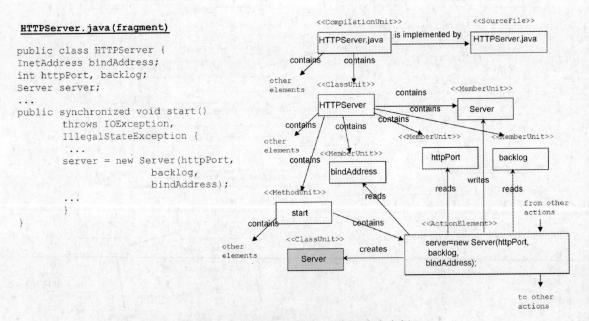

图 11-21　KDM 代码视图中的数据流事实实例

接下来的两个图：图 11-22 和图 11-23 阐释了基础的控制流关系。

接下来的两个图：图 11-24 和图 11-25 阐释了调用关系。

图 11-26 在较粗的解析层次阐释了代码事实。图中展示了一个由工具生成的视图，其中六个节点表示 Click2Bricks 应用中的类，最后一个节点表示一个 Java 包 Servlet。节点之间的关系实际上是 KDM 聚集关系，它们总结了存在于任意节点对之间的所有事实，包括表示系统剩余部分的两个 ENV 节点。

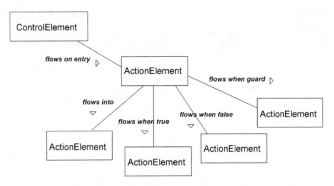

图 11-22　代码视图中的动词概念：控制流

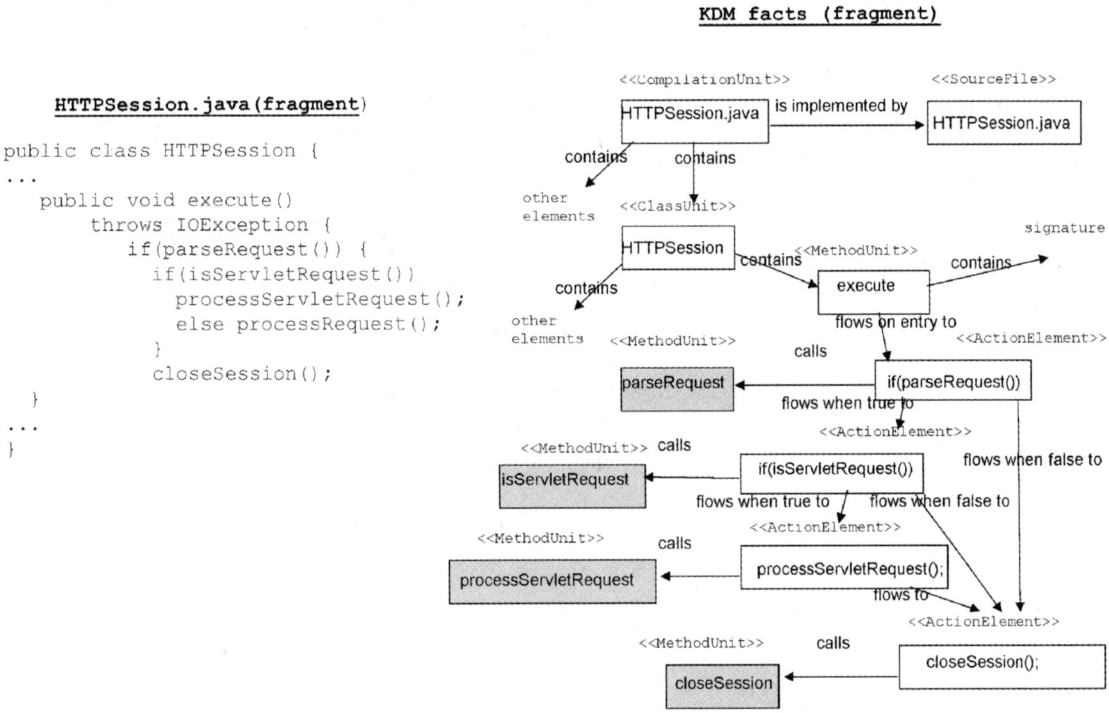

KDM facts (fragment)

HTTPSession.java(fragment)

```
public class HTTPSession {
...
    public void execute()
        throws IOException {
            if(parseRequest()) {
                if(isServletRequest())
                processServletRequest();
                else processRequest();
            }
            closeSession();
    }
...
}
```

图 11-23　KDM 代码视图中的控制流事实实例

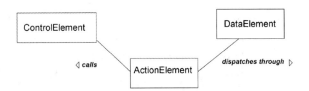

图 11-24　代码视角中的动词概念：调用

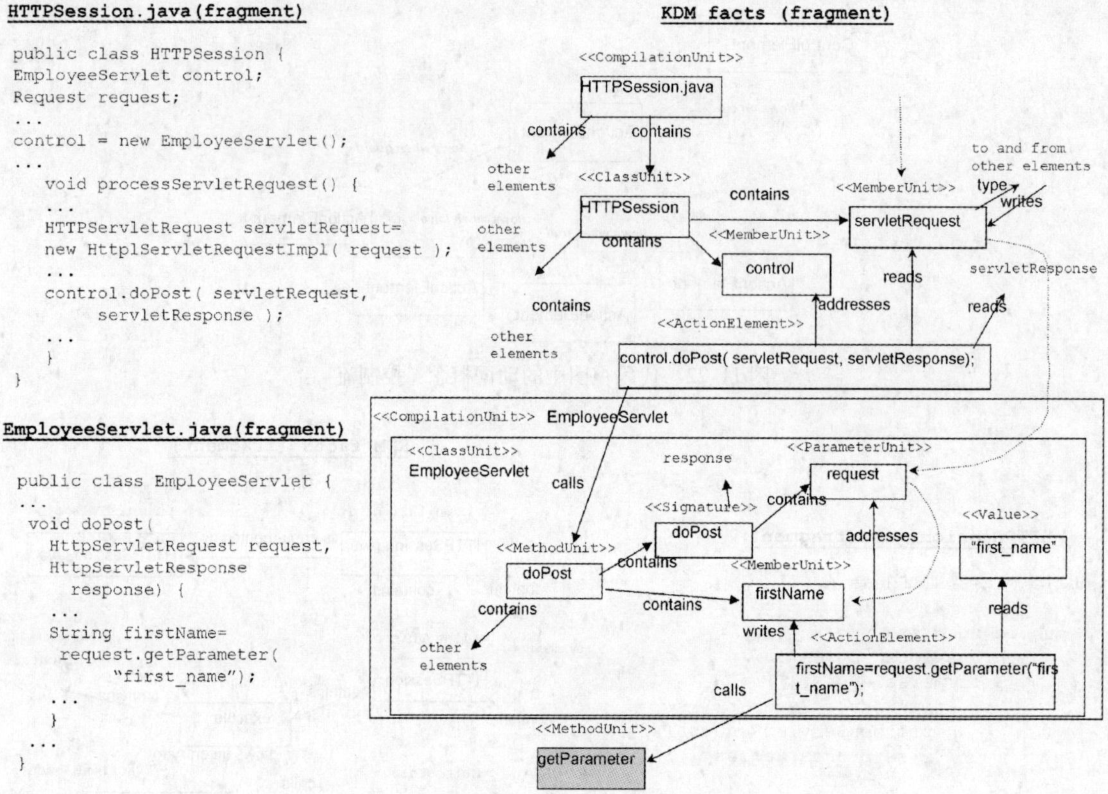

HTTPSession.java(fragment)
public class HTTPSession {
EmployeeServlet control;
Request request;
...
control = new EmployeeServlet();
...
void processServletRequest() {
...
HTTPServletRequest servletRequest=
new HttplServletRequestImpl(request);
...
control.doPost(servletRequest,
servletResponse);
...
}
}
EmployeeServlet.java(fragment)
public class EmployeeServlet {
...
void doPost(
HttpServletRequest request,
HttpServletResponse
response) {
...
String firstName=
request.getParameter(
"first_name");
...
}
...
}
KDM facts (fragment)
<<CompilationUnit>>
HTTPSession.java
contains
other elements
<<ClassUnit>>
HTTPSession
<<MemberUnit>>
servletRequest
to and from other elements
type
writes
control
reads
addresses
servletResponse
<<ActionElement>>
control.doPost(servletRequest, servletResponse);
<<CompilationUnit>> EmployeeServlet
<<ClassUnit>>
EmployeeServlet
calls
response
<<ParameterUnit>>
request
<<Signature>>
doPost
<<Value>>
"first_name"
<<MethodUnit>>
doPost
firstName
<<ActionElement>>
firstName=request.getParameter("first_name");
<<MethodUnit>>
getParameter

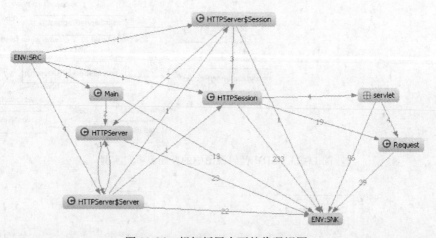

图 11-25　KDM 代码视图中的调用事实实例

HTTPServer$Session
ENV:SRC
Main
HTTPSession
servlet
HTTPServer
Request
HTTPServer$Server
ENV:SNK

图 11-26　粗解析层次下的代码视图

11.4.5.3　微 KDM

KDM 规范为每个视图定义了一个单独的兼容点。代码视角的普通兼容点并不会指定 ActionElement 的粒度。而是由知识提取器工具的供应商设定合适的解析层次。通常来讲,解析层次的选择是基于现有私有表示形式的解析层次的。KDM 视图与所选的解决方案无关,它对于架构评估是很有用的,因为它们支持基于事实的整合、垂直可追踪性链接,架构层次的聚集关系,这些都是低解析层次的。然而,在很细节的层次,动作元素的范围可能会导致在解释控制流和数据流的具体语义时出现混乱。这一点将由图 11-27 的左边部分所阐释,其中一个 ActionElement 表示一个复杂语句。关系的模式是不确定的。

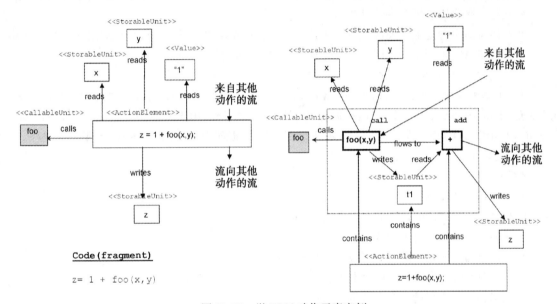

图 11-27 微 KDM 动作元素实例

为了支持对 KDM 视图进行高精度分析(包括完全静态分析),KDM 标准定义了一个加强版的兼容点,它包括高解析层次 ActionElement(也称为微动作)的详细定义。这个兼容点被称为微 KDM。微 KDM 动作规范从本质上为 KDM 定义了一个虚拟机。图 11-27 右边部分表示了左边实例的微 KDM 表示形式。其中的两个微动作分别是"Call"和"Add"。

微 KDM 动作被分为如下 11 类,括号中的数字表示的是每类微动作的总数:

- 比较动作,基于 ISO 11404(10);
- 原始数字类型操作,基于 ISO 11404(7);
- 原始数据类型的按位操作,基于 ISO 11404(7);
- 控制动作(13);
- 访问派生数据类型,基于 ISO 11404(13);
- Datatype(数据类型)之间的转换(4);
- StringType(字符串类型)的操作,基于 ISO 11404(5);
- SetType(集合类型)的操作,基于 ISO 11404(8);

- SequenceType（序列类型）的操作，基于 ISO 11404（5）；
- BagType（包类型）的操作，基于 ISO 11404（6）；
- 资源动作（4）。

11.4.6 平台视图

平台视角定义了元素的集合，以表示系统的运行时操作环境。应用代码不是自包含的，因为它不仅由所选编程语言决定，还由所选的运行时平台所决定。平台元素决定了应用的执行环境，并影响着端到端系统中的数据流和控制流。平台视角的元素提供了通用词汇表以解决如下的问题：

- 运行时平台为应用统一管理资源。
- 由运行时平台提供的关键服务，尤其是与资源管理相关的服务。应用代码通过调用应用编程接口 API 来调用平台服务，以管理资源的生命周期。
- 应用组件之间的控制流也由平台决定，包括进程间通信和应用组件的错误处理。

平台元素的实例包括：Unix 操作系统文件系统，Unix 操作系统进程管理系统，Windows 2000，OS/390，Java（J2SE），Perl 语言运行时支持，IBM CICS TS，IBM MQSeries，Jakarta Struts，BEA Tuxedo，CORBA，HTTP，TCP/IP，Eclipse，EJB，JMS，数据库中间件，Java Servlets 和 Java 线程。

平台视角由如下几方面定义：

考虑：

- 软件系统所使用的统一资源有哪些？
- 软件系统所使用的运行时平台元素有哪些？
- 哪些行为与运行时平台资源相关？
- 与运行时资源相关的事件可以触发哪些控制流？
- 运行时环境可以触发哪些控制流？
- 代码和运行时环境存在哪些绑定关系？
- 软件系统的部署配置是什么？
- 软件系统中哪些是动态线程或并发线程？

分析方法：

平台视角支持如下几种分析方法：

- 数据流，如哪些动作元素从一个给定资源读取数据？哪些动作元素向一个给定资源写数据？哪些动作元素管理一个给定资源？包括使用 MarshalledResource 或 MessageingResource 的间接数据流，其中使用一个特定的资源来完成"发送"动作元素到"接收"动作元素的数据流。
- 控制流，如一个给定资源的事件可以触发哪些动作元素？哪些动作元素在一个给定资源上进行操作？
- 根据资源句柄和它们在不同模块中的使用来标识资源实例。

构建方法：

- 对应于 KDM 平台架构视角的平台视图通常通过分析给定系统的代码视图和平台相关的配置构件以得到。平台提取器工具使用 API 知识和给定运行时平台的语义以生成一个或多个平台视图。

- 对于类似于 Cobol 的语言，其中运行时平台元素被显式地定义出来，可以通过类似于解析器的工具以系统构件为输入，然后得到一个或多个平台视图。
- 平台视图的构建由运行时平台语义决定，并以从给定运行时平台到 KDM 的映射为基础。这种映射只与具体的运行时平台相关，而与具体的软件系统无关。

平台视图通常和代码视图和目录视图一起使用。平台视图的目的是完善端到端系统中的数据流和控制流。

接下来的两个图：图 11-28 和图 11-29 阐释了 KDM 平台视角的名词和动词概念。

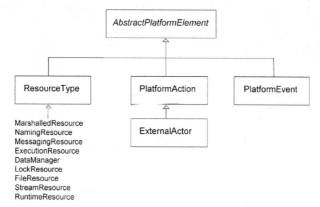

图 11-28　平台视角的名词概念

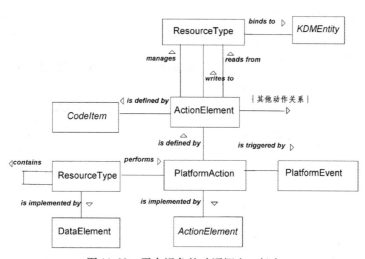

图 11-29　平台视角的动词概念：行为

图 11-30 到图 11-32 阐释了由运行时平台决定的行为，并展示了 KDM 事实如何表示这些行为以保证应用中的端到端控制流和数据流，并保证使用 KDM 视图执行因果分析的合理性。图 11-30 阐释了 Click2Bricks 系统中的三个 Java 类。代码使用了标准 Java 运行时平台中的 ThreadPoolExecutor 线程池执行器 API。由该机制决定的关键关系由下一个图阐释。从根本上说，线程池执行器对

象使用内部线程池启动 Java 线程。新启动的线程执行类的调用方法，然后提交给执行器。

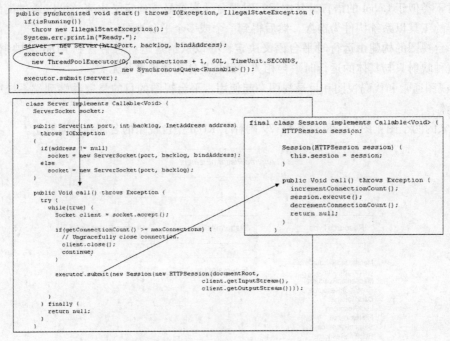

```
public synchronized void start() throws IOException, IllegalStateException {
  if(isRunning())
    throw new IllegalStateException();
  System.err.println("Ready.");
  server = new Server(httpPort, backlog, bindAddress);
  executor =
    new ThreadPoolExecutor(0, maxConnections + 1, 60L, TimeUnit.SECONDS,
                           new SynchronousQueue<Runnable>());
  executor.submit(server);
}
```

```
class Server implements Callable<Void> {
  ServerSocket socket;

  public Server(int port, int backlog, InetAddress address)
    throws IOException
  {
    if(address != null)
      socket = new ServerSocket(port, backlog, bindAddress);
    else
      socket = new ServerSocket(port, backlog);
  }

  public Void call() throws Exception {
    try {
      while(true) {
        Socket client = socket.accept();

        if(getConnectionCount() >= maxConnections) {
          // Ungracefully close connection.
          client.close();
          continue;
        }

        executor.submit(new Session(new HTTPSession(documentRoot,
                            client.getInputStream(),
                            client.getOutputStream())));
      }
    } finally {
      return null;
    }
  }
}
```

```
final class Session implements Callable<Void> {
  HTTPSession session;

  Session(HTTPSession session) {
    this.session = session;
  }

  public Void call() throws Exception {
    incrementConnectionCount();
    session.execute();
    decrementConnectionCount();
    return null;
  }
}
```

图 11-30   KDM 平台视图的平台行为：代码实例

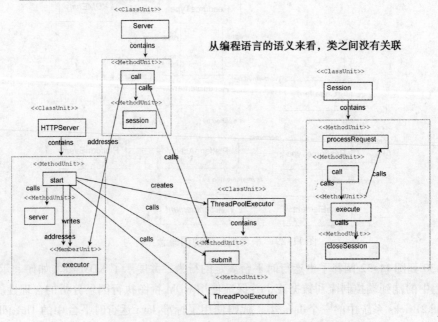

图 11-31   平台行为：KDM 代码视图并不足够

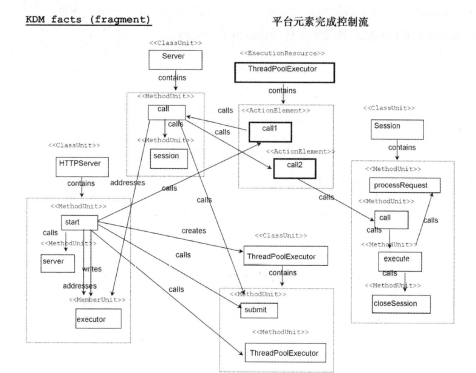

图 11-32　KDM 平台视图中的平台行为事实实例

从纯粹的代码（Java 语言）角度来看，类"Server"和"Session"中并没有名称为"call"的方法。从类 HTTPServer 到类 Server 和从类 Server 到类 Session 并不存在任何关系。然而类 HTTPServer 和 Server 存在到类 ThreadPoolExecutor 的方法的关系。如图 11-31 所示，代码视图并没有展示出 HTTPServer、Server 和 Session 之间的基本控制流关系的端到端场景。在系统中用于实现系统模型端到端数据流和控制流的知识是与 Java 运行时平台的语义相关的，尤其是 ThreadPoolExecutor API 的语义。

一旦将额外的平台相关知识导入到平台提取器工具中，工具就可以生成一些事实以恢复端到端场景。图 11-32 阐释了新生成的事实。注意到现在组合的 KDM 视图（代码视图和平台视图的结合）展示了从方法"start"到类 Server 中的"Call"方法，到类 Session 的"Call"方法，到类 Session 的"processRequest"方法的端到端场景。这是 Click2Bricks 系统中的关键功能场景。该实例中的 KDM 事实聚集为低解析层次，所有的方法都被作为调用关系的源。然而，元素级的调用关系被定义为将 ActionElement 作为源。

平台动作以对应的 API 知识为基础，从而表示系统运行时平台的抽象行为。KDM 数据视图、用户接口视图和事件视图都使用相同的机制。还可以将额外的动作与 DataResource、UIResource 和 KDM 状态转换视图元素联系起来以实现对应用或整个系统中端到端数据流和控制流的高精度表示。

图 11-33 阐释了 KDM 平台视角的名词概念，它描述了部署元素。部署视图展示了网络上机器节点之间的关系和软件系统组件是如何部署在这些节点上的。

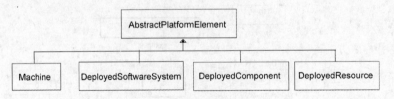

图 11-33　平台视角的名词概念：部署

图 11-34 阐释了平台视角的动词概念。

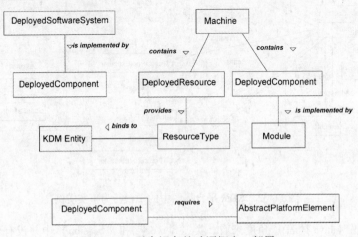

图 11-34　平台视角的动词概念：部署

机器元素是和分配到对应机器节点的 DeployedResource 和 DeployedComponent 的容器。另一方面，DeployedSoftwareSystem 元素聚集了一个系统中所有组件的集合。一个机器节点上可能安装了不同系统的组件，所以需要从主机和组件两个角度进行分组。

图 11-35 在第 12 章操作描述概念的基础上，阐释了 Click2Bricks 系统网络图的部署配置。部署元素的目的是扩展系统中的位置集合，以对系统进行分析或者与其他非 KDM 词汇表进行整合。

图 11-36 阐释了代码中与并发相关的其他名词和动词概念。需要运行时平台 API 方面的知识以生成这些视图。然而，一旦提取出这些事实，它们就与其他 KDM 事实无缝整合起来。

图 11-37 阐释了与并发相关的 KDM 事实。

11.4.7　事件视图

事件视角定义了元素的集合，以表示事件驱动的状态转换中的系统高层行为。KDM 事件视角中的元素表示状态、转换和事件。状态可以是具体的，如由一些基于状态机的运行时框架或高级编程语言（如 CHILL）显式支持的状态。还可以表示一些抽象状态，如对应于操作视图或系统视图的状态。还可以是设计状态，与特定的算法、资源和用户接口相关。

事件视角由下面的几方面定义：

考虑：

- 软件系统行为中的特定状态有哪些？
- 有哪些事件可以造成状态间的转换？
- 一个给定的状态可以执行哪些动作元素？

KDM facts (fragment)

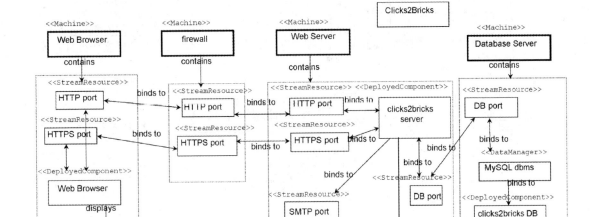

图 11-35　KDM 平台视图的实例：部署

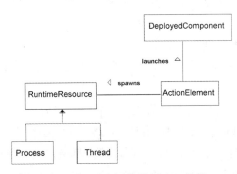

图 11-36　平台视角的概念：并发

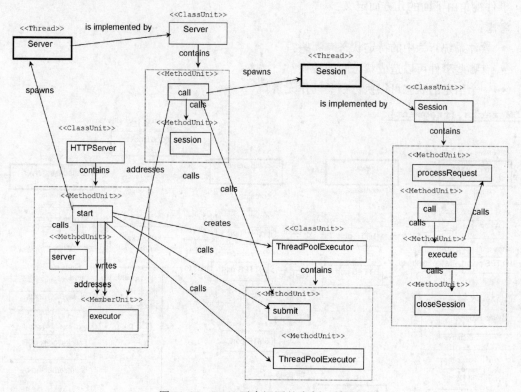

图 11-37　KDM 平台视图的实例：并发

分析方法：

事件架构视角支持如下几种主要的分析方法：

- 可达性，如给定状态可以到达哪些状态？
- 控制流，如一个给定状态转换可以触发哪些动作元素？在遍历状态转换图的过程中会执行哪些动作元素？
- 数据流，如在遍历状态转换图的过程中对应了哪些数据序列？

构建方法：

- 对应于 KDM 事件架构视角的事件视图通常通过分析给定系统的代码视图和与事件驱动框架相关的配置组件以得到。事件提取器工具使用 API 知识和事件驱动框架的语义以生成一个或多个事件视图。
- 事件视图的构建由事件驱动框架的语义所决定，并且它以从给定事件驱动框架到 KDM 的映射为基础。这种映射只与事件驱动框架相关，而与具体的软件系统无关。

事件视图通常和代码视图、数据视图、平台视图及目录视图一起使用，以表示与系统完全控制流相关的高精度事实，尤其是与运行时平台相关的事实。在架构安全分析阶段，将事件视图和行为视图一起使用以表示相关系统架构视图，并在实现层建立系统事实间的垂直可追踪性链接。此时，事件实体被用作标准位置，以将来自非 KDM 词汇表的不同安全保证信息整合起来，尤其是与系统功能相关的信息。

接下来的图 11-38 和图 11-39 阐释了 KDM 事件视角词汇表的名词和动词概念。这些元素在图 11-40 中通过事实实例做了更深入的阐释。

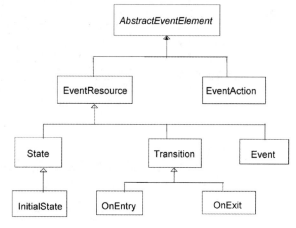

图 11-38　事件视角的名词概念

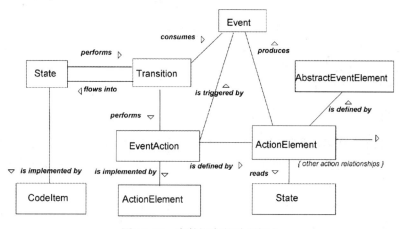

图 11-39　事件视角的动词概念

例如，Click2Bricks Web 服务器可能先初始化，然后进入等待连接的状态，在收到请求后生成会话以处理请求，并返回一个消息。根据 KDM 事件模型的视角语言，这个例子包含：三种状态实体，分别是服务器初始化、服务器运行和会话运行；三种事件实体，分别是连接、请求和消息；三种转换，分别是初始态到服务器准备、服务器准备和服务器运行之间的转换，服务器运行和会话运行之间的转换。

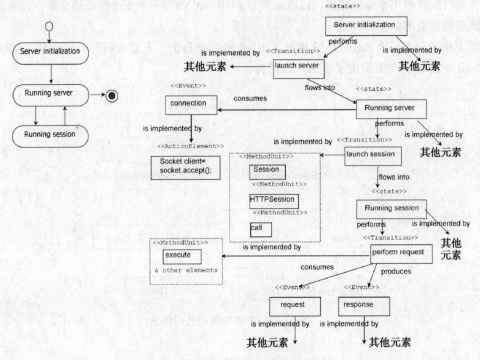

图 11-40　KDM 事件视图的事实实例

11.5　执行架构分析

11.5.1　结构视图

结构视角定义了一些名词和动词概念，以表示系统的架构元素，如子系统、层和包。结构视图还定义了同一系统中这些元素到其他 KDM 事实的可追踪性。结构视角由如下几个方面所定义：

考虑：

- 系统中的结构元素有哪些？这些元素是如何组织起来的？
- 组成系统的软件元素有哪些？
- 系统中的结构元素是如何与计算元素联系起来的？
- 基于计算元素之间的关系，这些元素之间存在什么样的关系？
- 系统中的结构化元素的接口是什么？

分析方法：

结构化架构视角支持如下几种分析方法：

- 依赖，如组件之间是如何联系起来的？

- 耦合性和内聚性，一个组件内部关系的数量和一个组件与其他组件关系的数量。
- 传出和传入关系，其他组件对一个组件的使用和一个组件对其他组件的使用。
- 接口，一个给定组件的必须的已有接口。

构建方法：

- 对应于 KDM 结构架构视角的结构视图通常通过分析给定系统的架构模型得到。结构提取器工具使用架构模型知识以生成一个或多个结构视图。
- 在某些情况下，可以通过手工分析系统架构和结构文档以得到结构视图。
- 结构视图的构建由系统架构描述所决定。
- 对应于给定架构描述的结构视图，其构建可能涉及一些额外信息，包括系统相关的信息和架构相关的信息。这些信息可以通过使用固定模式、属性和注释添加到 KDM 元素中。

系统的组织可能以单个结构视图展示，也可以以结构视图集合展示，这些结构视图表示了层、组件、子系统和包。这种表示将统一的架构扩展到模块共享的子系统中。

结构模型具有一组 StructualElement 实例。

包是结构模型的叶子元素，将系统代码模块划分为离散的、非重叠的部分。一个无差别的架构由一个单独的包表示。

StructualGroup 递归地将 StructualElement 表示为不同的结构部分。软件系统子类直接地或间接地通过其他结构元素为所有的系统包提供一个聚集点。包可能进一步划分为子系统、层、组件和架构视图。

结构视图通常与代码视图、数据视图、平台视图、用户接口视图和目录视图一起使用。结构元素是系统中的主要位置，以将不同的非 KDM 词汇表整合起来，尤其是操作视图、系统视图、威胁和风险。

图 11-41 和图 11-42 阐释了 KDM 结构视角的名词和动词概念。

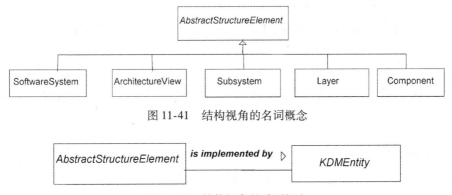

图 11-41　结构视角的名词概念

图 11-42　结构视角的动词概念

结构视图的关系完全由聚集关系机制所定义。由结构视图定义的唯一关系建立了系统元素（结构词汇表名词概念实例）和其他 KDM 元素之间的可追踪性链接。图 11-43 阐释了 Click2Bricks 系统（第 12 章中所描述的案例研究）的结构视图。

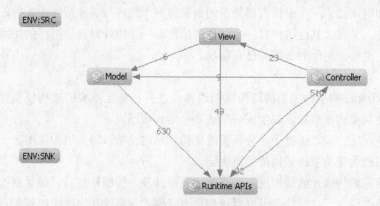

图 11-43　低解析层次的结构视图实例

图 11-43 中的视图将 Click2Bricks 系统的整个代码库映射为 MVC（Model-View-Controller）架构模式的元素。

图 11-43 中的事实可以用如下的 SBVR 结构化英语描述：

存在名称为"View"的子系统；

存在名称为"Controller"的子系统；

存在名称为"Model"的子系统；

子系统 View 依赖于（depend on）子系统 Model；

子系统 View 依赖于子系统 Runtime Platform API；

子系统 Model 依赖于子系统 Runtime Platform API；

子系统 Controller 依赖于子系统 View；

子系统 Controller 依赖于子系统 Model；

子系统 View 依赖于子系统 Runtime Platform API。

图 11-43 展示的子系统 Model、View、Controller 和 Runtime Platform API 覆盖了所有的系统事实集合。这是因为缺少到 ENV 节点结束和从 ENV 节点发出的关系（即从剩余系统发出的和到剩余系统的），还因为 KDM 系统模型是一个闭合系统，并且包含了关于系统的所有已知事实（在模型范围内）。在这些假设下，上面的视图就是如下声明的证据：子系统 Model 仅依赖于子系统 Runtime Platform API 的内部实体。

11.5.2　概念视图

在 KDM 概念包中定义的概念视角为分析阶段从现存代码中发现知识，以创建语义和行为模型提供了基石。

概念视角由如下几个方面进行定义：

考虑：

• 系统实现的领域概念有哪些?

- 系统的行为元素有哪些？
- 系统实现的业务规则有哪些？
- 系统支持的场景有哪些？

分析方法：

概念视角支持如下的几种分析方法：

- 概念关系，根据代码实体和数据实体的实现，概念实体之间的关系有哪些？
- 场景流，根据每个场景所引用的动作元素之间的关系，判断任意两个场景之间存在怎样的控制流关系？
- BehaviorUnit（行为单元）耦合，根据每个行为单元所引用的动作元素，判断两个行为单元之间存在什么样的控制流关系和数据流关系。
- 业务规则分析，根据业务规则所引用的动作元素判断业务规则的逻辑是什么。

概念视图通常与代码视图、数据视图、平台视图、用户接口视图和目录视图一起使用。

构建方法：

- 概念视图可以通过手工方式产生，手工方式包括使用信息分析，以及分析系统架构和架构文档。
- 概念视图的构建由领域模型和系统架构描述决定。
- 对应于特定架构描述的概念视图，其构建可能涉及额外的信息（系统相关信息和架构相关信息）。这些信息可以通过使用固定模式、属性和注释以添加到 KDM 元素中。

概念模型允许将遵循 KDM 规范的模型映射为遵循其他规范的模型。在第 10 章中已经介绍，它已经提供"概念"类，即 TermUnit 和 FactUnit，以便于映射到 SBVR 规范。

KDM TermUnit 是 SBVR 名词概念或 SBVR 个体概念在 KDM 视图中的一级元素表示。这个元素可以通过使用"由实现"关系的垂直可追踪性链接，由代码、数据、用户接口和平台视图低层次的 KDM 元素以进一步连接到它的实现。这是将 KDM 作为通用事实模型和导入词汇表机制的关键。在第 4~7 章中已经介绍使用遵循 KDM 规范的工具以建立综合系统模型。

类似地，一个 KDM FactUnit 是综合事实模型中 SBVR 动词概念的表示。KDM RuleUnit 元素是 SBVR 行为指南元素的表示。

概念模型还提供行为类型，即 BehaviorUnit 和 ScenarioUnit，以支持到不同外部模型的映射，包括但不局限于：活动图/流图，泳道图，使用案例的场景。

下面阐释了这些行为类型之间的差异：

- BehaviorUnit 通过一些应用逻辑中的路径和关联条件来表示行为图。该图由与 KDM 程序元素层的流关系相关的 ActionElement 实现。图最小可以是一个单独的 ActionElement。BehaviorUnit 是 ActionElement 的一个抽象，因为它提供了一个建模元素，以表示 ActionElement 的集合。从应用领域的角度来看，这是很有意义的。并且，还可以将这种表示形式作为 KDM 概念模型的一级元素进行操控。
- ScenarioUnit 表示行为图中的一个路径（或多个相关路径）。例如，ScenarioUnit 对应于系统中的一个轨迹，或者一个使用案例。ScenarioUnit 可以具有整个 BehaviorUnit 的集合，Be-haviorUnit 之间通过 ConceptualFlow 联系起来，这样就可以表示在实现软件系统时原始行为图中的一部分。在图上多条路径之间进行导航的条件可以表示为 RuleUnit。

- RuleUnit 表示一个条件，或一组条件，或者一个约束。BehaviorUnit 是在由 BehaviorUnit 表示的行为图上进行有意义的导航的条件的表示。

11.5.2.1 语义视角

语义元素的目的是在低层的、物理的实现视角和高层的描述系统业务规则的策略文档之间提供一座桥梁。并且，从领域相关的词汇表术语到个体代码元素的系统可追踪性有利于高效地进行系统导航，并且还可以对特定评估活动进行安全保证。

图 11-44 阐释了 KDM 语义视角的名词概念。

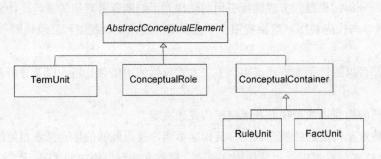

图 11-44　语义视角的名词概念

接下来的图 11-45 阐释了语义视角的动词概念。

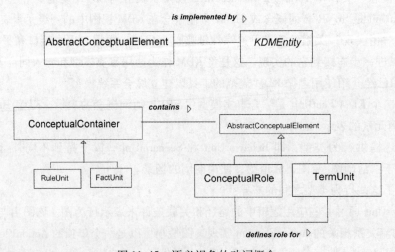

图 11-45　语义视角的动词概念

图 11-46 阐释了 Click2Bricks 系统概念模型的 KDM 语义事实，这部分内容将在第 12 章中进行详细介绍。

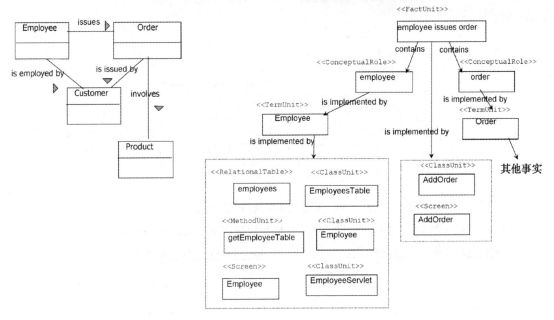

图 11-46　概念视图中的 KDM 语义事实实例

11.5.2.2　行为视角

行为元素的目的是在低层的、物理的实现视角和高层的系统功能视图之间提供一座桥梁。并且，从系统功能到个体代码元素的系统可追踪性有利于高效地进行系统导航，并且还可以对特定评估活动进行安全保证。

接下来的两个图：图 11-47 和图 11-48 阐释了 KDM 行为视角的概念。

BehaviorUnit 是一个命名的功能单位，由到其他 KDM 元素（如 ActionElement）的垂直可追踪性链接定义。并且，涉及 BehaviorUnit 的直接的流入型事实可以根据需要生成。

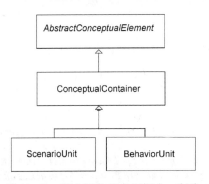

图 11-47　概念视角的名词概念：行为

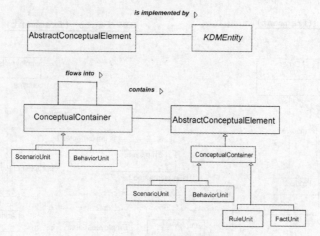

图 11-48　概念视角的动词概念：行为

图 11-49 阐释了第 12 章中的 Click2Bricks 系统数据流图的 KDM BehaviorUnit。

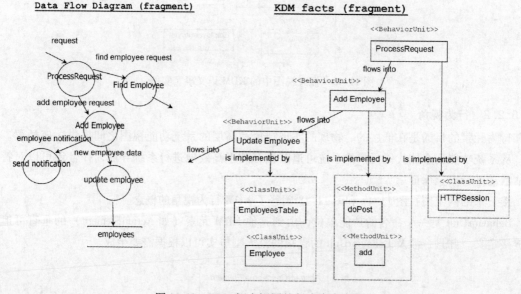

图 11-49　KDM 概念视图的行为事实实例

参考文献

ISO/IEC 19506 *Architecture Driven Modernization—Knowledge Discovery Metamodel.* (2009).

Object Management Group. (2006). *Knowledge Discovery Metamodel (KDM) 1.2.*

Object Management Group. (2009). *Semantics of Business Vocabularies and Rules (SBVR) 1.1.*

Object Management Group. *XML Model Interchange (XMI).*

W3C. (2008). *Extensible Markup Language (XML) 1.0* (5th ed). W3C Recommendation.

第 12 章

案 例 研 究

在获取所有的证据之前下结论是最常犯的错误之一，那样会使得判断有倾向性。
……

知道比解释为什么知道要容易得多。如果有人让你证明 2 加 2 为什么得 4，你也许会
感到很困难，尽管你很确信 2 加 2 得 4。

——柯南·道尔，《血字的研究》

12.1 引言

在本章中将通过一个案例研究来讲解系统安全保证评估中所需要进行的活动，重点介绍内容
交换和如何在整个系统安全保证项目中使用综合系统模型来管理网络安全知识。我们还解释了概
念文档，包括：系统运营概念（CONOP）文档和基于 SBVR 中完整词汇表的系统安全策略文档。
这些文档是系统安全保证项目定义阶段的关键输入。然后，介绍了建立基线系统模型所需的活动。
在第 11 章提供了很多例子，阐释了系统事实交换标准协议的核心概念，这些例子也是源于本章的
案例的。我们给出了可用于不同运行时平台的通用内容框架。可支付的系统评估依赖于这些内容
的获取，通过将这些内容导入到项目准备阶段就可以建立起一个全面的基线系统模型。该模型可
识别所有的原始系统事实，从而提供充分的安全保证。

然后，我们将会介绍如何使用系统架构信息以提供基线系统模型及如何在网络安全内容之间
建立可追踪性链接。例如，表示所关注系统的信息资产和基线系统事实的元素，及实现一些信息
资产的关系数据库中的表。

本章还介绍了系统安全保证案例的开发过程，并集中注意力于描述安全功能需求评估的特定
目标，即对应于特定安全威胁的不可观察的属性。我们还演示了根据属性的特征，如何系统地展
开安全保证案例的目标，并考虑了如何使用它们以指导安全分析和安全保证案例的证据收集。本
书的在线附录还包含其他关于使用 KDM 兼容工具进行分析和证据收集的实例。

12.2 背景

这里所关注的系统指的是 Clicks2Bricks 系统。它是由一个虚构的 Cyber Bricks 公司所开发的虚
构的系统。下面是一些背景信息。Cyber Bricks 公司是一个私有企业，它从事 cyber bricks 新型设备

的开发。Cyber Bricks 公司提供新型产品和服务。它们的旗舰产品是 iBrick。Cyber Bricks 公司还生产 iBrick Wall 产品，并提供 RoadToBricks 服务。在线 iMortar 商店与 iBrick 和 iBrick Wall 紧密整合在一起，并在过去的九个月里销量获得了很大的提高。

为了在 cyber brick 应用领域建立领导地位，公司决定建立一个网站以为不断增长的在线社区供应商和客户提供支持。称为 Clicks2Bricks 新系统会作为供应商和客户跟踪当前产品和需求的市场。网站社区还包括服务提供者，他们可以基于产品提供具有附加值的服务。Cyber Bricks 公司的目标是在可行的解决方案中促进互操作性，即要找出不同方案间的差异，找出与 cyber bricks 有关的具有价值的内容，并将该内容发布在精心设计的交互性网站以支持在线用户社区。初始版本所具有的功能很有限，主要关注的是与整个 cyber bricks 社区利益相关的质量内容。

12.3　运营概念

这部分包括 Clicks2Bricks 交互网站信息系统的运营概念 CONOPS，版本为 1.0。

12.3.1　执行摘要

这部分提供关于 Clicks2Bricks 交互 Web 系统运营的基本信息（由 Cyber Brick 公司提供），对 Clicks2Bricks 系统进行描述，包括：连接细节、数据敏感信息、对 Clicks2Bricks 软件和硬件的访问限制、Clicks2Bricks 系统的用户社区及先关设备、运营管理和维护 Clicks2Bricks 系统的人员和职位。这份文档是安全建议的基础。

12.3.2　目的

Clicks2Bricks 系统的目标是为不断增长的在线社区用户提供支持。Clicks2Bricks 系统可以为 cyber brick 社区中的信息交换提供便利。Clicks2Bricks 设备的最初版本具有有限的功能。该系统允许一个用户创建一份在线简历（包含登录数据及相关数据）。Clicks2Bricks 系统还允许用户访问在线内容、允许客户搜索产品和服务、允许供应商发布产品和服务信息、允许服务提供者发布他们的服务信息。客户还可以输入满足某些功能的请求，供应商则针对客户需求来描述所能提供的产品或服务。然后，客户就可以对特定产品或服务下订单。Clicks2Bricks 系统还允许向 Clicks2Bricks 系统增加具有附加值的内容。Clicks2Bricks 社区管理员可以对用户和内容进行管理。由 Clicks2Bricks 系统产生和处理的信息是非保密的。系统还可以收集关于注册用户的信息，而这些信息是保密的。

图 12-1 提供了 Clicks2Bricks 系统操作的高层阐释。序号表示了系统中典型的事务流顺序。

12.3.3　位置

Clicks2Bricks 系统包括一个位于 Cyber Brick 公司办公楼 A 的市场部的服务器，和一个位于办公楼 A 的数据中心的专用数据服务器。普通用户可以通过由 Jolly Byte Stream 因特网提供商提供的专用光纤访问系统。SMTP 服务器位于公司办公楼 A 的数据中心。Cyber Brick 公司的员工可以通过与办公楼 A 的市场部相连的个人计算机或笔记本访问 Clicks2Bricks 系统。普通用户则通过因特网访问 Clicks2Bricks 系统。

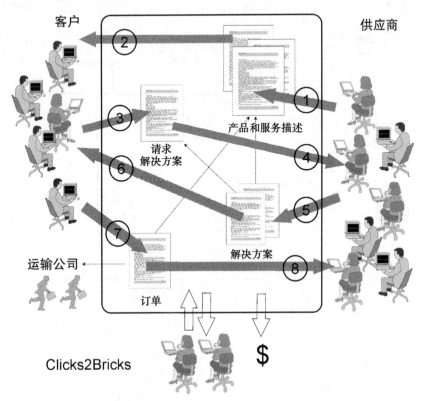

图 12-1　Clicks2Bricks 系统的操作概念

12.3.4　运营授权

Clicks2Bricks 系统的运营授权单位是 Cyber Brick 公司的市场部。Clicks2Bricks 系统的服务器软件和硬件的拥有权、维护和管理都由 Cyber Brick 公司的工程部完成。

Clicks2Bricks 系统的信息系统安全办公室 ISSO 由首席安全官指派。系统的信息系统安全办公室的责任由 Cyber Brick 公司的安全策略决定。

12.3.5　系统架构

Clicks2Bricks 系统由一个运行 Clicks2Bricks 应用的 Web 服务器和一个专用数据库服务器组成（参见图 12-2）。服务器安装的是 Linux 操作系统。非结构化的在线内容存储在本地目录，由 Web 服务器进行管理。结构化的数据则存储在专门的数据库服务器上，数据库服务器上运行的是 Linux 操作系统，并使用开源数据库管理系统 MySQL。该系统在防火墙的保护下连接到因特网。

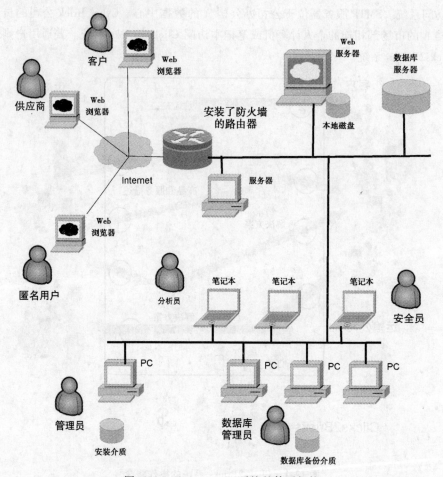

图 12-2　Clicks2Bricks 系统的体系架构

12.3.5.1　Clicks2Bricks Web 服务器

　　Web 服务器通过监听 HTTPS 端口处理 Clicks2Bricks 系统的用户所提交的请求。Clicks2Bricks 通过 HTTP 端口为匿名未注册用户提供很有限的服务，只允许他们浏览欢迎主页，及存储在 Web 服务器本地磁盘的广义内容。Web 服务器处理注册用户的登录请求，并建立安全的会话，在这期间还可能处理了多个这样的请求。注册用户还可以基于本身的访问权限浏览订阅内容，并增加订阅内容。订阅内容的请求由数据库服务器进行处理。

12.3.5.2　Clicks2Bricks 数据库服务器

　　Clicks2Bricks 系统的数据库服务器处理订阅内容的请求，并允许对订阅内容进行修改。数据库服务器还包含 Clicks2Bricks 系统的注册用户的个人信息。

12.3.5.3　SMTP 服务器

　　Clicks2Bricks 系统使用内部 SMTP 服务器为注册用户和管理员发送电子邮件通知。

12.3.6 系统假设

1）Clicks2Bricks 应用会被安装在服务器上，该服务器按当前行业标准是安全的，并且服务器安装了所有的当前安全补丁。

2）Clicks2Bricks 网站使用数据库服务器，该服务器按当前工业标准是安全的，并且数据库服务器安装所有的当前安全补丁。

3）数据库服务器必须通过防火墙阻止来自因特网的直接访问，以保护数据库服务器。

4）Clicks2Bricks 应用应该通过防火墙阻止来自因特网的直接访问（除 HTTP 和 HTTPS 端口外）。

5）Clicks2Bricks Web 服务器和数据库服务器的通信应该在私有网络中进行。

12.3.7 外部依赖

1）Clicks2Bricks 系统依赖于服务器上所安装的操作系统的安全。

2）Clicks2Bricks 系统依赖于数据库服务器的安全。

3）Clicks2Bricks 系统依赖于 Web 服务器和数据库服务器之间的网络的安全。如果网络被攻占，就可以查看敏感数据，或者对数据库服务器进行直接攻击。

4）Clicks2Bricks 系统依赖于 Web 服务器会话管理的安全。如果 Web 服务器的会话管理不安全，攻击者就可能劫持另一个用户会话。

5）Clicks2Bricks 系统依赖于外部 SMTP 服务器以向用户和管理员发送通知。

12.3.8 实现假设

1）Clicks2Bricks 将使用开源 BareHttp Web 服务器，并使用 servlet 扩充它，以实现业务逻辑。

2）Clicks2Bricks 系统并不考虑信息交换的合法性、是否合乎契约，及带来的财政影响。这些问题由 Cyber Brick 公司的其他部门解决。Clicks2Bricks 将会使用一个外部 SMTP 服务器发送通知，并将整合到对应部门的业务过程中。

12.3.9 与其他系统的接口

1）Clicks2Bricks 系统通过 Jolly Byte Stream 因特网服务提供商连接到因特网。

2）Clicks2Bricks 使用由 Cyber Bricks 公司其他部门维护的外部 SMTP 服务器。

3）Clicks2Bricks 系统使用 Cyber Bricks 公司办公楼的电力供应。

12.3.10 安全假设

1）个人信息安全——Cyber Bricks 公司的所有员工和承包商都已经通过背景检查。Clicks2Bricks 用户社区由在 cyber brick 行业工作的员工组成。Clicks2Bricks 系统的用户对于信息的访问权限是不同的。

2）物理安全——服务器、个人电脑、路由器和防火墙都位于 Cyber Bricks 公司内部，并受本地安全保证制度的保护。服务器、路由器和防火墙所在的位置都进行严格的访问管理。一些关键员工所使用的笔记本电脑是可移动的，并且在全球任意位置使用。对于这些笔记本电脑以及存储在笔记本电脑中的信息的使用是通过密码机制进行保护的。安装介质和备份介质都存储在安全的站外设备上。

3）规程安全——信息系统安全办公室 ISSO 负责在整个系统中有资产或者有信息处理的地方。ISSO 的角色是：提供安全建议；生成并维护系统安全保证案例；协调安全事故响应；并对 Cyber Bricks 公司的首席安全官的安全命令进行响应。

4）信息技术安全——下面的例子重点突出了 Clicks2Bricks 系统 ITSEC 方面的安全特征。

Clicks2Bricks 系统的注册。任意用户可以提交一个注册请求。判断注册请求是否可以通过，可以通过如下三步：首先，用户的域名和用户所声称的就职公司的域名必须一致。其次，向用户发出通知，确认用户的身份以及访问信息的需求。最后，Clicks2Bricks 系统管理员对新用户赋予相应的权限。向 Clicks2Bricks 系统注册的新公司由 Clicks2Bricks 系统管理员在收到请求并完成服务契约时手工完成。Cyber Bricks 公司的员工可以由系统管理员和 Clicks2Bricks 的 ISSO 授权，对 Cyber2Bricks 系统进行访问。但不管是由谁授权，都需要有规范化的访问权限授予许可。

注册用户需要通过用户名和密码进行验证。

传输安全：Clicks2Bricks 系统的通信是建立在安全 Socket 层之上的。

12.3.11 外部安全注意事项

1）Clicks2Bricks 系统没有对密码的质量进行控制。用户和内容作者必须选择强密码，以防止被猜测出来或者被暴力破解出来。

2）Clicks2Bricks 系统必须支持 HTTPS。

12.3.12 内部安全注意事项

1）所有对数据库的查询都通过一个证书集进行验证，即 Web 服务器的身份验证。

2）Clicks2Bricks 系统在 Clicks2Bricks 内部网络使用一个 SMTP 服务器。

12.4 SBVR 中 Clicks2Bricks 的业务词汇表和安全策略

Clicks2Bricks 系统的具体安全需求由下面的策略陈述决定：

1）Clicks2Bricks 系统禁止未订阅的内容被泄露给未注册用户。

2）Clicks2Bricks 系统禁止将订单信息泄露给未授权用户。

3）Clicks2Bricks 系统禁止将 Clicks2Bricks 客户信息泄露给未授权用户。

4）Clicks2Bricks 系统禁止未注册用户向 Clicks2Bricks 系统提交内容。

在理解这些陈述时需要一些背景知识。这些背景知识可以由 Clicks2Bricks 系统语义模型进行定义。第 10 章中介绍的语义模型定义了名词和动词概念以概念化某些可能的世界，这些概念还可以表示在这些世界中哪些是必须的、允许的或者强制的。语义模型为具体的事实集合提供概念模式，以定义一个可能的世界。这部分展示了 SBVR 中 Clicks2Bricks 系统的完全描述，包括与 Clicks2Bricks 系统运营相关的术语的词汇表，并在 Clicks2Bricks 系统词汇表的基础上将安全策略定义为业务规则。安全需求使用由 Clicks2Bricks 系统语义社区共享的词汇表。这个社区包括 Clicks2Bricks 系统的利益相关者，及其他通过各种方式而与 Clicks2Bricks 有联系的所有人。这个词汇表是用英语进行表示的。然而，还存在一个使用德语描述的 Clicks2Bricks 系统词汇表，并且表示相同的概念集。Clicks2Bricks 语义社区的德语子社区采用的就是这种表示形式。表示相同概念集的德语版词汇表会在本书的德语版中看到。

Cyber brick

定　　义：一个虚构的产品

注　　释：对于普通人而言，一个 cyber brick 只不过是 0 和 1 的组合，但是经过专业安装之后，它就可以成为网络中最强大的信息系统。

描　　述：在本案例分析中将其作为一个充满活力的业务体系的基础。

Cyber Bricks 公司

定　　义：一个虚构的公司，其业务与 cyber brick 相关

公司

定　　义：一个法律认可的企业，致力于为客户、企业和政府部门提供产品和服务

来　　源：Steven M. Sheffrin（2003）. Economics：Principles in action. Upper Saddle River, New Jersey 07458：Pearson Prentice Hall. pp. 29. ISBN 0-13-063085-3

引用模式：公司名称

公司具有名称

公司具有地址

公司在一个位置运营

公司雇佣人

同义形式：人被公司所雇佣

产品归公司所有

注　　释：这个动词短语常用含义还包括人和非商业机构也可以获得产品。

人

定　　义：具有合法权利和义务的人类个体

引用模式：人的名字

引用模式：人的名字和人的生日

引用模式：人的名字和人的住址

引用模式：人的名字和人的电子邮件地址

人具有名字

<u>人</u>具有<u>地址</u>

<u>人</u>具有<u>生日</u>

<u>人</u>具有<u>电子邮件地址</u>

<u>产品</u>

    定   义：与 cyber bricks 相关的物品，并为了销售而生产或精炼

    同 义 词：商品

    引用模式：<u>产品 id</u>

<u>产品</u>由<u>公司</u>生产

    同义形式：<u>公司</u>生产<u>产品</u>

    注   释：为了本案例研究，还包括为了销售将原始材料转换为产品或对产品进行优化

<u>产品</u>由<u>公司</u>供应

    同义形式：<u>公司</u>供应<u>产品</u>

    注   释：一种产品除了由制造商供应外，还可以由其他公司供应

<u>产品</u>由<u>公司</u>运输

    同义形式：<u>公司</u>运输<u>产品</u>

    注   释：一种产品除了有制造商运输外，还可以由其他公司运输

<u>产品</u>供应给<u>公司</u>

    同义形式：<u>产品</u>被卖给<u>公司</u>

    同义形式：<u>公司</u>购买<u>产品</u>

    注   释：这个动词短语通常还表示将产品销售给个人或非商业机构

    注   释：购买产品不在本短语的表示范围内

<u>公司</u>订购<u>产品</u>

    广义概念：运营

    注   释：一般来讲，一个公司下订单后，会将产品运输到该公司。产品由供应商发货，并由运输公司运输。

    注   释：一般来讲，运输还通常与产品所有权从供应商到买方公司的转换和买方公司向供应商支付酬金联系在一起。

    注   释：可以由供应商或者买方公司对运输公司支付酬金。

<u>制造商</u>

    定   义：制造<u>产品</u>的<u>公司</u>

<u>供应商</u>

    定   义：供应<u>产品</u>的<u>公司</u>

<u>运输公司</u>

    定   义：运输<u>产品</u>的<u>公司</u>

<u>客户</u>

定　　义：订购产品或获得产品的公司

获得者

　　定　　义：获得产品的公司

雇主

　　定　　义：雇佣员工的公司

员工

　　定　　义：公司所雇佣的人员

文档

　　定　　义：作为官方记录的信息或证据，可以是一张手写的、打印出来的或电子文件。

产品列表

　　定　　义：描述产品的文档

　　引用模式：项 id

产品由供应商列出

　　同义形式：为了供应商的利益产品被列出

　　同义形式：供应商列出产品

　　必　须　性：为了供应商利益而被列出的产品列表由对应的供应商供应

产品列表描述了产品。

产品列表具有项 id。

为了供应商的利益，产品由人列出。

　　同义形式：人为了供应商的利益而列出产品

　　必　须　性：为了供应商的利益而列出产品的人，受雇于供应商

解决方案请求

定　　义：描述业务需要和必须被方案满足的要求列表的文档

引用模式：请求 id

解决方案请求具有请求 id。

解决方案请求由客户发出。

　　同义形式：客户发出解决方案请求

　　广义概念：运营

为了客户的利益，解决方案请求由人发出

　　同义形式：人为了客户公司的利益，发出解决方案请求

　　必　须　性：为了客户的利益而发出解决方案请求的人，必须受雇于客户。

解决方案

　　定　　义：为了响应解决方案请求而由供应商发出的文档，列出了解决客户要求的产品
　　　　　　　集合。

　　引用模式：解决方案 id

解决方案具有方案 id

解决方案处理了解决方案请求。

可 能 性：解决方案请求可能有零个或多个解决方案。

解决方案包括解决方案项。

解决方案由供应商发出。

    同义形式：供应商发出解决方案

    广义概念：运营

解决方案是为了供应商的利益，而由人发出

    同义形式：人发出解决方案，是为了供应商的利益

    必 须 性：为了供应商的利益而发出解决方案的人受雇于供应商

订单

    定 　 义：由客户发出的包含客户欲购买的产品集合的文档

    引用模式：订单 id

    可 能 性：订单可能包含零个或多个产品

    必 须 性：订单必须至少包含一个产品

订单包括订单项

    同义形式：订单项是订单的一部分

订单项

    定 　 义：属于订单的一部分的文档，并且包含了一种提交订单的客户欲购买的产品。

订单项被发送到特定位置

订单项涉及业务项

订单项由运输公司运输

订单由客户发出

    同义形式：客户发出订单

    广义概念：运营

订单是为了客户的利益而由人发出

    同义形式：人为了客户公司的利益而发出订单

    必 须 性：为了客户的利益而发出订单的人受雇于客户

通知

    定 　 义：通知接受者关于业务事件的文档

人接收通知

    同义形式：通知具有接受者

人被通知业务事件

指定联系人

公司具有指定联系人

产品列表通知

    定   义：告知供应商列出产品列表的通知

    广义概念：通知

如果为了公司的利益而将一个产品列出，那么必须通知公司指定联系人。

发布解决方案

    定   义：对应于供应商发布解决方案这一事实的业务事件

    广义概念：业务事件

解决方案通知

    定   义：关于供应商发布解决方案的通知

    广义概念：通知

针对公司发出的解决方案请求，当发布解决方案时，必须通知公司指定联系人。

下订单

    定   义：对应于客户下订单这一事实的业务事件

    广义概念：业务事件

订单包含业务项

    定   义：订单包含订单项，订单项包含业务项

订单通知

    定   义：关于客户发出订单的通知

    广义概念：通知

当公司提供的业务项被下订单时，必须通知公司指定联系人。

Clicks2Bricks

    定   义：一个由Cyber Bricks公司开发的虚构的信息系统

Cyber Bricks公司员工

    定   义：由Cyber Bricks公司雇佣的人

    广义概念：人

    概念类型：角色

管理员

    定   义：Cyber Bricks公司的一个员工，且负责Clicks2Bricks的运营

    概念类型：角色

分析员

    定   义：Cyber Bricks公司的一个员工，且负责分析Clicks2Bricks的订阅内容，并维护对
            外开放的网页

    概念类型：角色

数据库管理员

定   义：Cyber Bricks公司的一个员工，且负责管理Clicks2Bricks的数据库服务器

概念类型：<u>角色</u>

<u>安全员</u>

    定   义：<u>Cyber Bricks 公司</u>的一个<u>员工</u>，且负责管理<u>Clicks2Bricks</u> 的安全

    概念类型：<u>角色</u>

<u>注册用户</u>

    定   义：在<u>Clicks2Bricks</u> 系统中注册为客户的<u>公司</u>

    广义概念：<u>公司</u>

    注   释：假定没有一家公司既扮演客户，又扮演供应商禁止一个注册为<u>供应商</u>的<u>公司</u>再注册为<u>客户</u>。

<u>注册客户</u>

<u>注册客户</u>具有<u>身份</u>。

<u>注册客户的身份</u>

    定   义：通过公司的特征而标识一个注册客户的文档

    广义概念：<u>文档</u>

<u>注册用户的身份</u>包含<u>客户名称</u>。

<u>注册用户的身份</u>包含<u>客户地址</u>。

<u>注册用户的身份</u>包含<u>客户公司运营的位置</u>。

<u>注册供应商</u>

    定   义：<u>Clicks2Bricks</u> 系统中注册为供应商的<u>公司</u>

    广义概念：<u>公司</u>

    注   释：假定没有一家公司既扮演客户，又扮演供应商禁止一个注册为<u>客户</u>的<u>公司</u>再注册为<u>供应商</u>。

<u>用户</u>与<u>Clicks2Bricks</u> 系统进行交互。

<u>用户</u>

    定   义：与<u>Clicks2Bricks</u> 系统进行交互的一个<u>人</u>或计算机系统

    广义概念：事物

    概念类型：角色

<u>匿名用户</u>

    定   义：没有向<u>Clicks2Bricks</u> 系统提交登录证书的<u>用户</u>

    广义概念：<u>用户</u>

<u>用户</u>向<u>Clicks2Bricks</u> 系统注册。

<u>注册通知</u>

    定   义：关于一个<u>用户注册</u>的<u>通知</u>

    广义概念：<u>通知</u>

<u>注册</u>

定　　义：对应于用户向 Clicks2Bricks 系统注册这一事实的业务事件

广义概念：业务事件

当用户向 Clicks2Bricks 系统提交注册请求时，必须通知管理员。

当用户向 Clicks2Bricks 系统提交注册请求，并声称属于某公司员工时，必须通知公司指定联系人。

人允许注册

定　　义：当用户所声称的公司与他所在公司一致时，指定为公司联系人的那个人允许用户注册。

注册被允许

定　　义：人允许注册的事实

用户接受登录证书

如果用户被允许注册，那么用户必须能接收到登录证书。

注册用户

定　　义：一个具有 Clicks2Bricks 系统登录证书的人

概念类型：人

注　　释：注册用户与雇主存在关联关系

必　须　性：注册用户必须与一个雇主关联起来

注　　释：一个注册用户的动作可能由计算机系统完成。然而，这些动作归因于一个特定的人，或者这个人的雇主。

注册用户具有身份。

一个注册用户的身份

信息定义：通过人的特征而标识用户的任何文档

广义概念：文档

注册用户的身份包括姓名。

注册用户的身份包括地址。

注册用户的身份包括出生日期。

注册用户的身份包括电子邮件地址。

订阅内容

定　　义：由一个注册客户或注册供应商发送给 Clicks2Bricks 系统的文档

开放网页

定　　义：由分析员发送给 Clicks2Bricks 系统的文档

用户向 Clicks2Bricks 系统提交文档。

用户被授权发布文档。

定　　义：如果用户是注册供应商，且发布产品列表或者解决方案，或者用户是注册客户，且发布解决方案请求或订单，那么用户被授权向 Clicks2Bricks 系统提交文档。

未授权用户

  定 义：没有授权发布文档的用户

Clicks2Bricks 系统接受来自用户的文档。

禁止 Clicks2Bricks 系统接受来自未授权用户的文档。

用户通过 Clicks2Bricks 系统访问文档

  同义形式：文档被用户浏览

内容由用户发布

  定 义：当公司指定联系人用户 1 向 Clicks2Bricks 系统添加文档，或者存在一个用户 2 向
       Clicks2Bricks 系统添加文档，且用户 2 受雇于公司，那么称用户 1 发布文档。

用户被授权访问文档

  定 义：当用户是注册的，且文档由用户发布，或者文档是解决方案，或者文档是产品
       列表，或者文档是解决方案请求，或者文档是由用户的雇主提交的、涉及一个
       产品的订单项，那么称用户被授权访问文档。

Clicks2Bricks 系统向用户公开文档

未授权用户

  定 义：未授予对文档访问权限的用户

未注册用户

  定 义：没有注册的用户

Clicks2Bricks 系统禁止向未注册用户公开任何订阅内容。

Clicks2Bricks 系统禁止向未授权用户泄露注册客户身份。

Clicks2Bricks 系统禁止向未授权用户泄露注册用户身份。

  SBVR 对 Clicks2Bricks 系统运营词汇表和规则的描述标识了与系统相关的事实词汇表，以描述
Clicks2Bricks 系统的运营快照（对业务对象、行动者及业务运营的描述）。完整的语义模型通常定
义了一个比运营事实模型所需的还要大的概念集合，但是它将运营概念模式定义为一个子集，因
为许多关于系统的陈述需要引用它的业务实体和运营（但是也有一些包括其他概念，尤其是与管
理生命周期过程相关的概念）。当标识出运营概念模式后，可以使用形式化的 SBVR 描述自动建立
一个强健的系统原型，因为形式化的 SBVR 定义包含足够的信息以生成存储运营事实快照的数据
库结构，对应于运营的查询和更新的存储过程，甚至用户接口原型。这一过程对于利益相关者需
求定义阶段和需求分析阶段是非常有价值的。SBVR 的这种使用方式不是本书所讨论的范围。在
这一章的后面我们还将介绍如何将 Clicks2Bricks 词汇表导入综合系统模型中，以支持系统安全保
证案例中的安全分析和证据搜集。系统事实除了包括第 4 章中的操作视角和系统视角，还包括
Clicks2Bricks 词汇表。在第 5 章到第 7 章中引入了其他与系统安全保证相关的视角，并在第 9 章的
结尾进行总结。在不同的形式化层次上，使用 SBVR 来描述这些视角。SBVR 语义模型描述了所有
相关的系统视图，从对应于业务事务的业务/运营事实，到描述业务过程的行为和结构的事实，到
使业务过程成为可能的行为和系统结构。SBVR 在进行描述时集中于概念化，以及由概念化描述

的世界中什么是必须的、允许的、强制的陈述句。所以，使用 SBVR 来表示网络安全的所有通用词汇表。

12.5　建立综合系统模型

在第 3 章和第 11 章中介绍了建立系统模型的过程。在这部分中，我们将展示如何将之前介绍的理论应用于 Clicks2Bricks。我们将使用面向事实的过程，并假定有一个与 KDM 一致的基于事实的知识库以存储系统视图［ISO 19506］。

12.5.1　建立基线系统模型

建立基线系统模型的第一步是为系统创建一个 KDM 目录视图。这是系统构件的一个纯粹的物理视图，而与它的内部逻辑结构无关。目录视图中的元素提供了所关心系统的初始位置状态集。这个视图对于保证基线系统的完整性至关重要，因为可以将其他视图的覆盖范围与这个视图进行对比以验证。接下来，我们将展示表示第 11 章中介绍的目录事实的 KDM XML 表示形式的片段。还可以将这个 XML 文件［XMI］进一步作为为 OMG 安全保证体系信息交换协议的开发方法的实例，该方法在第 8 章中描述，用于 SBVR 词汇表间的无缝转换，还可以使用概念 UML 图表和用于交换事实的物理 XML 格式来进行阐述。

```xml
<?xml version="1.0" encoding="UTF-8"?>
<kdm:Segment xmi:version="2.1"
xmlns:xmi="http://schema.omg.org/spec/XMI/2.1"
xmlns:kdm="http://schema.omg.org/spec/KDM/1.2/kdm"
xmlns:source="http://schema.omg.org/spec/KDM/1.2/source"
name="Clicks2Bricks Inventory Fragment">
    <model xmi:id="id.0" xmi:type="source:InventoryModel">
    <inventoryElement xmi:id="id.1" xmi:type="source:Directory"
name="clicks2bricks">
    <inventoryElement xmi:id="id.2" xmi:type="source:Directory"
name="org">
    <inventoryElement xmi:id="id.3"
xmi:type="source:Directory" name="savarese">
    <inventoryElement xmi:id="id.4"
xmi:type="source:Directory" name="barehttp">
    <inventoryElement xmi:id="id.5"
xmi:type="source:SourceFile" name="HTTPServer.java"
language="java 1.5" encoding=UTF=8"/>
    <inventoryElement xmi:id="id.6"
  xmi:type="source:SourceFile" name="HTTPSession.java"
  language="java 1.5" encoding="UTF-8"/>
    <inventoryElement xmi:id="id.7"
xmi:type="source:SourceFile" name="Main.java"
language="java 1.5" encoding="UTF-8"/>
    <inventoryElement xmi:id="id.8"
```

```
    xmi:type="source:SourceFile" name="Request.java"
    language="java 1.5" encoding="UTF-8"/>
        <inventoryElement xmi:id="id.8"
    xmi:type="source:SourceFile" name="overview.html"
    language="generic html" encoding="UTF-8">
        <inventoryRelation xmi:id="id.10"
    xmi:type="source:DependsOn" to="id.4" from="id.8"/>
        </inventoryElement>
      </InventoryElement>
    </InventoryElement>
  </InventoryElement>
</inventoryElement>
</model>
</kdm:Segment>
```

当识别并分析所关注的系统中的编译指令后，就可以理解系统构件和它们的角色之间的额外关系，从而创建一个编译视图。目录视图之外的所有的 KDM 视图描述了系统的逻辑结构和概念结构。所以，需要类似于编译器的知识提取工具以理解系统构件的语法和语义。例如，编译视图通常通过分析类似于 Unix make 工具的 makefile 文件来生成。此外，还支持其他自动化编译工具，并且每种工具都有自己的编译配置文件格式。可支付的系统安全保证依赖于知识提取器工具，以支持不同的现有的和私有的格式及语言。所以说，基线模型可以以实时方式进行组织。OMG 安全保证体系强调标准协议，以使类似于编译器的工具导出相关系统事实，从而将其整合到系统模型中。

接下来，在建立基准系统模型时，需要标识出编程语言（或机器码格式），数据描述语言和用户接口元素。从而，生成程序元素视图、数据视图和用户接口视图。这些视图的一些例子已经在第 11 章中给出。

建立基准系统模型的最后一步是标识运行时平台元素，并创建平台视图。通常地，可以将程序元素视图作为输入之一，以分析平台 API 接口和库函数，并应用平台模式生成对应于系统的完全的控制流和数据流的事实，最后得到平台视图。这一步骤非常重要，通常还需要安全保证论据的支持。正如第 3 章描述的，这样就可以保证安全分析的合理性。

在第 11 章中提供了一些平台视图的实例，下面将分析 ThreadPoolExecutor。第 11 章中已经指出重要事实可能会丢失，并且可能因为对由运行时平台定义的控制流的不充分考虑，而造成分析的不合理性。当只考虑 Java 编程语言的语义时，HTTPServer、Server 和 Session 类之间就不存在联系，并且 Server 和 Session 类的调用方法也未被使用。只有当标识出额外的平台资源和对应的平台动作，并将其添加到模型中去，才有可能标识出系统行为和功能。这一点可以通过第 11 章中的事件视角和行为视角看出。否则，系统模型对于第 3 章中描述的架构安全分析中的因果分析就不是合理的。

ThreadPoolExecutor 可以通过下面的非规范化的模型描述：

- 库：java. util. concurrent
- API：ThreadPollExecutor，ThreadPollExecutor：：submit

- 映射到 KDM 资源：ExecutionResource ThreadPoolExecutor，这个元素的完全标识由对这个类编译器的调用决定。
- 每一个对 Submit（提交）方法的调用必须由以下几点支持：一个在对应的 ThreadPoolExecutor 资源中的唯一的 ActionElement（引用为抽象动作）、一个从原始提交 ActionElement 到抽象行为的调用关系和一个从抽象行为到类的方法的类关系。

这些模式表示有价值的内容以建立既成本有效又有充分安全保证的系统模型。第 10 章中的语义模型介绍了如何在系统事实交换标准协议的基础上使用 SBVR 以形式化这些模式。然后将这些模式导入通用平台知识发现工具中，以建立系统的平台视图。在第 8 章中介绍了 OMG 软件安全保证体系中的内容导入协议。还可以通过如下的方式为系统模型提供更深层的合理性：交叉分析目录视图、程序元素视图和所应用的平台模式，以验证系统代码中所使用的库函数和 API 接口的覆盖范围。

12.5.2 使用系统架构事实以提升基线模型

包含代码视图、数据视图、用户接口视图和平台视图的基线系统模型必须改善以匹配系统安全保证案例和大多数网络安全知识所在的粒度。在系统事实交换标准协议的框架内，可以将 KDM 抽象层对应的元素添加到综合系统模型中，并从新元素到基线系统模型中已存在的低层元素建立垂直可追踪性链接关系。系统事实发现阶段包含五个步骤：添加结构元素、添加功能元素、标识入口点、添加语义元素和添加规则元素。改善的系统事实使用 KDM 结构视图、KDM 语义视图、KDM 行为视图和 KDM 事件视图。在展现 KDM 视图时，已经在第 11 章中给出了一些例子。

在 CONOPS 文档中标识出系统结构元素（子系统、架构层、组件等），并在架构描述文档中给出了详细的描述。目前，越来越多的系统工程项目倾向于使用机器可识别的架构库，这也是在第 4 章中将 DoDAFter 作为例子的原因。机器可识别的架构构件，如 SysML 模型，可以导入到综合系统模型中，并与基线事实进行链接。在第 8 章中将这种导入过程描述为具体的知识发现协议。注意：一个 SysML 或一个 UML 架构模型，尽管是机器可识别的，但不是面向事实的，因为它的基础是一个具有特质和属性的类。为了将信息从一个 SysML 或一个 UML 模型导入到基于事实的知识库中，必须像第 4 章中所讲的那样标识出名词和动词概念的词汇表，并将类的属性分解为元动词概念。面向事实的方法中的名词概念不具有任何属性。也就是说，可以通过一种自底向上的方法——逆向建模，来发现高层的结构组件。在这种方法中，分析人员使用基线视图检查系统，使得元素的组织合理化，并标识高层子系统。这样，首先标识出子系统的实现；然后记录新 KDM 元素；最后在新元素和已有元素之间建立可追踪性链接关系。当导入现存的机器可识别的架构元素时，首先创建新的 KDM 元素；然后分析人员标识出它们的实现方式，并创建可追踪性链接。后者是一种更加有效的处理方式。另一方面，在目录视图和代码视图中，也存在很多可以标识出高层结构的指导性元素。

上面介绍的同样适用于功能元素和语义元素。SBVR 词汇表可以导入到综合系统模型中。并且，SBVR 词汇表中的关键术语，即对应于完整语义模型的运营概念模式子集的术语，用 KDM

TermUnit 元素和 FactUnit 元素表示，并通过垂直可追踪链接关系而与元素的实现联系起来。这样得到的事实在第 11 章中的语义视图部分给出了解释。

下面看一个具体的实例，介绍如何根据基线模型使用自底向上的方法得到类似于第 11 章中的结构视角的结构模型。首先，代码视图包含了关于系统结构的初始信息，这样使得对代码视图的检查和操作都很高效。但是，它与系统的逻辑架构可能相关，也可能不相关。我们讨论的是将文件物理组织为目录和包。KDM 代码视图可以获取这些事实。并且，KDM 中的视图包含很多具有"包含（contain）"或"由……实现（is implemented by）"的事实。这些事实定义了系统元素的层次结构。例如，图 12-3 展示了 Clicks2Bricks 系统基线模型的代码视图的顶层元素。图表中的节点是 KDM 包元素，对应于顶层 Java 包。具有"ENV：SRC"和"ENV：SNK"这样的节点表示的是系统的其余部分，即当前图表的环境。

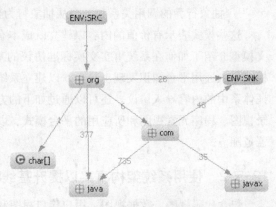

图 12-3　Clicks2Bricks 系统的顶层 java 包视图

每次只能检查整个层次结构的一个层（如图 12-4）。这里，org 包包含两个包：apache 包和 savarese 包，且 savarese 包只包含单独的类。第三层的类图在第 11 章中的代码视角中给出了详细的介绍。

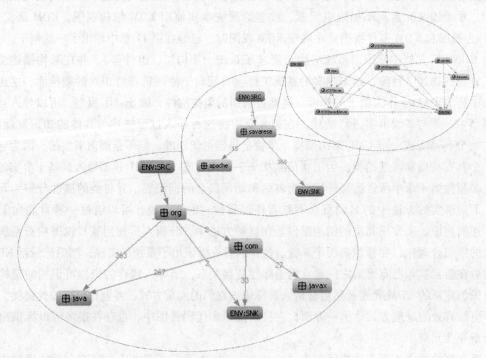

图 12-4　Click2Bricks 系统中 Java 包层次结构

　　所以，当在自底向上进行分析以发现软件系统高层元素时，模型始终是有层次结构的，可管理的。

　　我们可以向 KDM 事实库提交查询以选择所有叶子节点包（不包含子包），并将它们在一个视图中呈现，这在图 12-5 中给出了详细的解释。每个节点表示一个叶子节点包。四个高亮的节点是应用包。

　　该视图还建议 Click2Bricks 系统 MVC 架构，并以包的名字和平台包的关系的结构为基础，如 net、apache、servlet、io 和 sql。

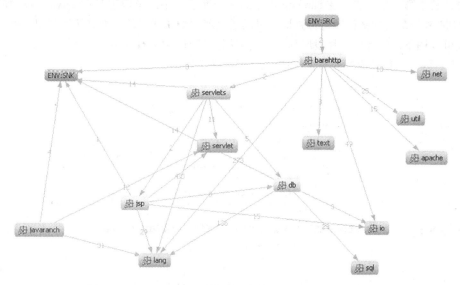

图 12-5　Click2Bricks 系统中的所有叶子节点 Java 包视图

　　基线代码视图的层次结构由"包含（contain）"事实所定义，这样就标识出了定义每一个代码元素层次结构的单亲（如一个 MethodUnit 包含在且只包含在一个 ClassUnit 中）。另一方面，新视图是一个结构视图中的 ArchitectureView 元素，它使用不同粒度下的多对多的"由实现（is implemented by）"事实。所以，barehttp 包可以被链接到多个层次结构中。在经过上面的处理后，我们就可以创建一个称为"全叶子节点包"的新的结构视图，它只有一个名称为 package view 的 ArchitectureView 元素。上图中的元素都是 package view 视图的实现。下面将创建另一个称为 application package 应用包的视图，其中只包含应用包（如图 12-6 所示）。

　　Barehttp 包与新元素 application package 是"由实现（is implemented by）"的关系，它在图中是不可见的，

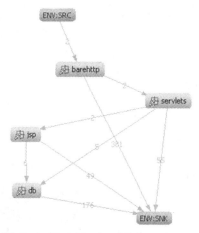

图 12-6　Click2Bricks 系统中 application package 视图

只在 KDM 事实库中是可见的。

接下来的逻辑步骤是为了创建有 Model、View 和 Controller 子系统的结构视图，类似于第 11 章中的结构视图。

以上视图中的关系都是所谓的 KDM 聚集关系。这些关系并不对应于单独的动词概念，相反，它们是如下低层关系的聚集：节点 barehttp 和节点 servlets 之间的关系表示了所有的低层关系，其中源"被包含"在 barehttp 节点中，目标"被包含"在 servlets 节点中；"由实现"关系和"包含"关系以同样的方式决定聚集关系。也就是说，在 Click2Bricks 系统的完全代码库中有两个唯一的位置，其中第一个位置是在 barehttp 包中的一个元素，第二个位置是在 servlets 包中的一个元素。对 KDM 基于事实的知识库进行查询，可以通过使用到源代码的标准链接以列出这些位置。这两个位置可以用下面的源代码片段所阐释，它们都在类 HTTPSession 中，一个在方法 ProcessServletRequest 中，另一个在类成员静态初始化中，如图 12-7 所示。

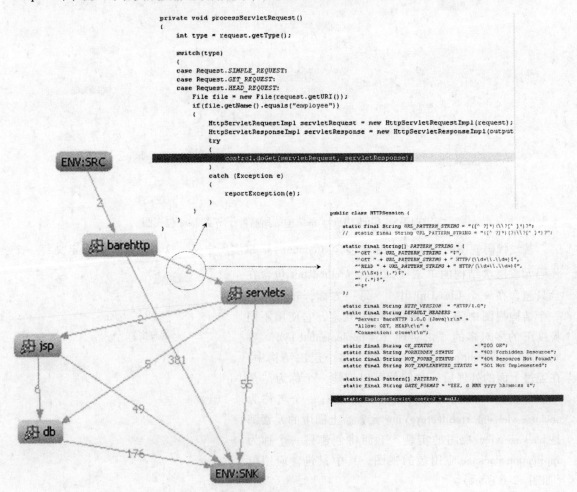

图 12-7　由可追踪性链接所提供的聚集关系

KDM 视图通过环境机制支持安全保证分析。所有的 KDM 视图都是闭合的，并且从如下角度包含关于整个事实库的信息：每个 KDM 视图都可以显示从剩余系统（ENV：SRC）到当前视图节点和从当前视图节点到剩余系统（ENV：SNK）的聚集关系。这样，上图可以支持如下声明：servlets 包只被 barehttp 包使用，而不被其他任何包使用。KDM 还具有如下一些重要属性：KDM 视图中不仅是聚集关系表示两个元素之间存在依赖关系，同时如果两个元素之间不存在聚集关系，说明这两个元素之间不存在依赖关系。

12.6 将网络安全事实映射到系统事实

系统安全保证项目中的下一阶段是标识网络安全元素（如信任等级（外部参与者类别）、资产、威胁事件和威胁），并通过创建新元素和建立到综合系统模型中现存元素的可追踪性链接以将它们映射到系统模型中。网络安全元素表示为第 5 章中描述的独立的词汇表，它并不是系统事实交换标准协议的一部分。然而，系统事实是位置信息，资产、威胁事件和安全威胁的其他组件都与系统事实相联系。将这些元素添加到综合系统模型中的过程是基于事实的整合过程。

下面是 Click2Bricks 系统的一些信息资产：

A1 – 1. 用户登录证书

　描　　述：用户登录证书，用户名和密码

　信任等级：TL2 具有登录证书的远程用户

A1 – 4. 客户标识

　描　　述：根据 Click2Bricks 安全策略，客户标识只对通过订单联系起来的供应商和客户员工可见。客户标识包括公司名称、电子邮件地址、住址、由特定客户发起的请求、注册用户（特定客户的员工）的用户名和由特定客户发起的订单。

　信任等级：TL3 供应商

A1 – 6. 员工个人数据

　描　　述：用户输入的个人数据，如联系信息，雇主等。

　信任等级：TL2 具有登录证书的远程用户（只有用户，管理员和用户雇主指定的联系人）

A1 – 9. 订单

　描　　述：订单是由客户发起的文档。订单包括客户欲购买的产品和服务列表。订单只应该对对应的供应商可见。

　信任等级：TL3 供应商

通过创建新 KDM 概念视图（将每个资产元素作为新的 TermUnit 导入）和创建从实现每个资产的物理元素到信任等级的关系，以此将这些元素添加到综合系统模型中。对于某些元素（如订单），只需要将它连接到对应的语义元素，因为它之前是从 SBVR 词汇表中导入的。表示资产的 TermUnit 用一个单独的名称为"asset"的概念视图表示。可以通过建立从每个资产 TermUnit 到表示概念"asset"且名称为"asset"的 TermUnit 的"is an instance of"关系实现更精细的整合。

下面是 Click2Bricks 系统的一些威胁事件：

C-1. 用户登录证书的泄露

 描 述：

 资 产：A1-1 用户登录证书

C-5. 用户个人数据的泄露

 资 产：A1-6 用户个人数据

 后 果：涉及个人隐私泄露，在某些地区是非法的，可能会导致诉讼，对 Cyber Bricks 公司的声誉也会造成潜在损害

C-6. 订单泄露

 资 产：A1-9 订单

 后 果：违反了与客户的契约，可能会丢失客户，可能造成收入减少，可能导致诉讼

  这些元素也被作为 KDM TermUnit 添加到综合系统模型中，并链接到对应的资产。然后需要对系统的功能视图进行系统分析，以标识出可以产生威胁事件的位置，并建立到威胁事件元素的"is implemented by"链接。

  下面是 Click2Bricks 系统的一些威胁：

威胁 2：登录信息的泄露

 名 称：对手获得另一个用户登录证书

 描 述：如果一个用户获得另一个用户的登录证书，他就可以执行那个用户可以进行的任何操作。

 后 果：信息泄露，特权提升，篡改

 入 口 点：登录页面，数据库存储过程

 资 产：用户登录数据

 威胁代理：黑客

威胁 3：会话劫持

 名 称：对手获得另一个用户的会话 ID

 描 述：如果一个攻击者获得一个已登录用户的会话 ID，他就可以执行那个用户可进行的任何操作

 后 果：特权提升

 入 口 点：Web 服务器监听端口（HTTP 和 HTTPS）

 资 产：登录会话

 威胁代理：黑客

威胁 4：用户数据泄露

 名 称：对手获取另一个用户的个人数据

 描 述：泄露另一个用户的个人数据会造成隐私问题，然后人们就不会再信任 Click2Bricks 系统

 后 果：欺骗、信息泄露

 入 口 点：Web 服务器监听端口（HTTP 和 HTTPS）

　　资　　产：用户个人信息

　　威胁代理：黑客

　　威胁元素也被作为 KDM TermUnit 添加到综合系统模型中，并被链接到对应的资产、入口点、威胁事件和威胁代理元素上。一旦标识出所有的威胁和风险元素后，可以在综合系统模型中使用第 5 章所介绍的安全保证策略的组合，以进行系统分析和威胁验证。

　　可以使用相同的方法标识出防御措施。

　　最后，综合系统模型包含所有的网络安全元素，并可以用于管理所有的系统资产事实。通用事实模型和系统事实交换标准协议提供了统一的、可扩展的、可伸缩的环境，以管理整个评估项目期间的事实，并将这些事实用于高效的再评估和增量式运营风险分析。

　　信息交换在系统地、高效地识别威胁和风险的过程中扮演着重要的角色，这些交换还允许对结果的正确性进行额外的安全保证。威胁和风险识别的主要内容以风险分析检查清单的形式呈现，包括：资产类别、通用损害、威胁类型、威胁活动、威胁代理类别和防御措施分类。这些内容当以机器可识别的形式表示时，可以导入到综合系统模型中，基于通用类别将个体实体（如资产、威胁事件、威胁、具体的威胁代理和防御措施）划分到不同容器中。

　　威胁模型由运营概念决定，所以对应的内容可以与建立基线系统模型的过程同时进行。在第 8 章中，这被描述为 OMG 保证体系的通用知识协议。然而，必须将威胁模型和基线系统模型联系起来，因为需要保证所有的系统相关威胁都被解决了。这种联系通过第 5 章中描述的系统的基于架构的威胁识别方法建立。另一方面，第 6 章和第 7 章中描述的漏洞检测也可以将通用威胁模型与基线系统模型结合起来。第 8 章将这种联系描述为知识细化协议。此外，系统分析由安全保证声明所驱动，并通过推导链接声明的中间事实来进一步提供基线系统模型和威胁模型之间的联系。尤其是防御措施的有效性声明，它使用的是威胁模型的词汇表。然而，证据最终使用的是基线系统模型的词汇表。这些考虑对于理解安全保证案例的通用结构是至关重要的，这些在第 3 章中进行了详细的解释。

12.7　安全保证案例

　　这个部分阐释了 Click2Bricks 系统的安全保证案例 ARM 和 SEAM，以阐释第 3 章描述的系统安全保证过程的第三阶段。图 12-8 给出了一个简化的顶层声明，关注于满足已识别的安全需求。在这个案例研究中，我们主要分析一个安全需求，称为"不可见性"。它的定义如下：系统需要保证所有的用户/主体不可访问由其他用户/主体在对象/资源上的操作。图 12-9 展示了这个属性的语义分析结果，以识别相关的名词和动词概念，从而为这个属性的安全保证案例的开发提供指导。第一级只是简单地列出不可见属性中所使用的原始名词和动词概念。第二层将这些概念映射到综合系统模型中的概念上。图 12-10 描述了不可见性所对应的顶层安全保证案例。图 12-11 到图 12-16 将图 12-10 中的论据细化，并为系统分析和证据收集提供指导。本书的在线附录给出了高级技术实例，以展示如何使用 OMG 软件安全保证体系工具来分析综合系统模型，并收集证据以支持这个安全保证案例。

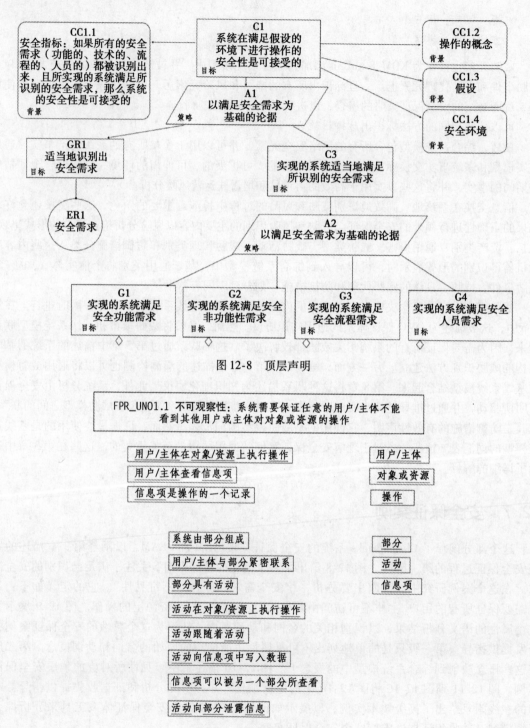

图 12-8　顶层声明

图 12-9　不可见属性的分析

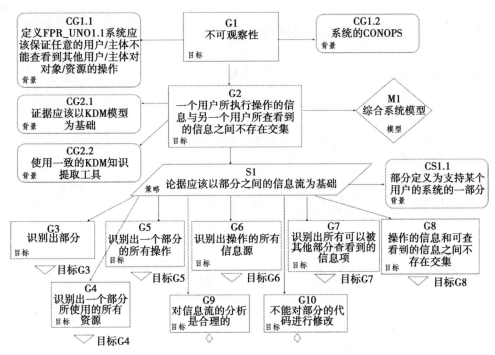

图 12-10　不可见性声明：G1-G10

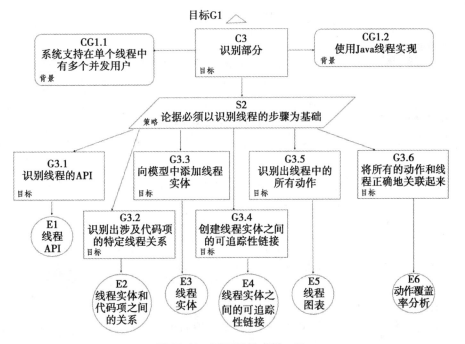

图 12-11　不可见性声明：G3

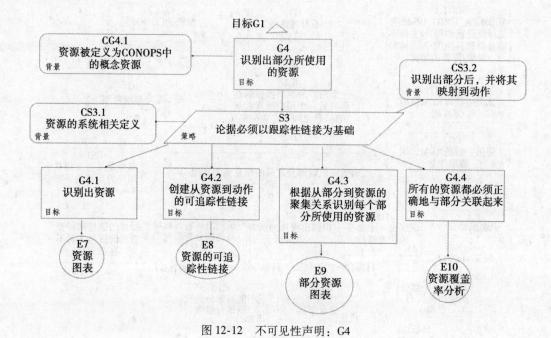

图 12-12　不可见性声明：G4

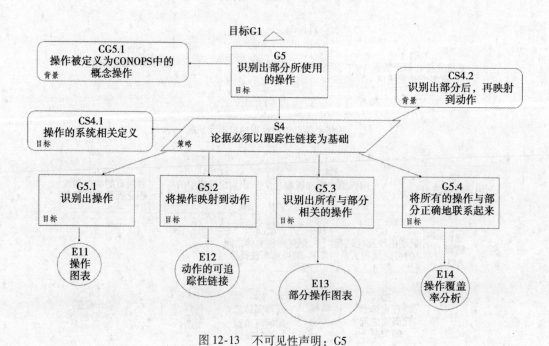

图 12-13　不可见性声明：G5

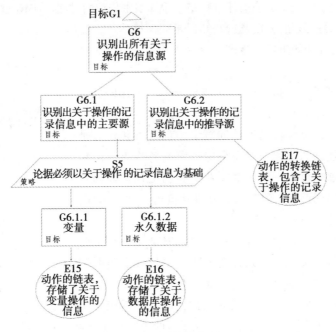

图 12-14 不可见性声明：G6

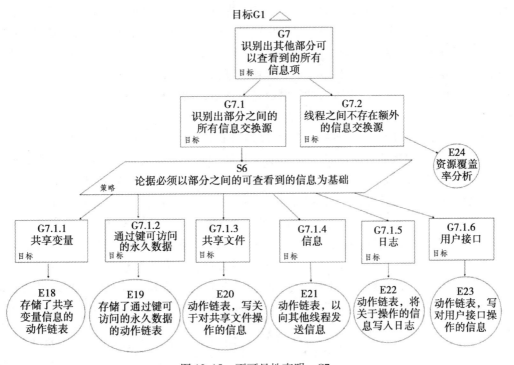

图 12-15 不可见性声明：G7

在网络系统中建立安全态势的信任过程是一个知识密集型的过程。OMG 软件安全保证体系方法重点考虑哪些知识是必须的，以及这些知识是如何描述、收集和交换的，以建立信任。知识共享对于提高正在进行评估的组织的生产力是至关重要的，因为这样可对劳动力进行划分。

安全保证案例将系统分析组织为一些系统的、协作的、基于目标的活动。安全保证案例的元素是事实，这些事实是基于特定概念承诺的事实，包含名词和动词短语的词汇表和什么是必须的、允许的和强制的陈述。将安全保证声明解构为子声明的过程与词汇表的细化过程一致，直到叶子声明的词汇表和综合系统模型中事实的词汇表一致。系统分析支持这一细化过程，因为它可以从低层系统事实中推导出更全面的事实。实际上，安全保证案例提供半形式化的正当理由，因为安全保证案例的目标是为了引导分析人员执行剩余系统分析，以填补子声明和知识库中元素级事实之间的鸿沟，而不是完全正式地查询知识库。所以，安全保证案例是一个实用的工具，以管理系统分析过程，并将得到的结果以简洁、完全、有说服力的方式与系统利益相关者沟通。

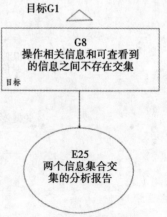

图 12-16　不可见性声明：G8

系统安全保证与侦探的工作类似：大多数的时间用于寻找证据。证据收集由安全保证案例指导，所有的证据收集活动都是计划好的，并且对支持安全保证声明的贡献也是显式的。安全保证案例清晰地展示了证据和对应的证据分析结果，因为它解释了为什么数据可以支持安全保证声明。安全保证案例用于管理收集的证据项，并且安全保证案例给出了一些反证，并为系统安全态势足够强健且可以依赖，提供了一个合理的理由。最后，安全保证案例将所有的假设文档化，所以当运营环境改变时，可以进行增量式再评估，这样所有接受的风险就不会不合理地累积。

OMG 安全保证体系定义了一些标准协议以进行安全保证知识交换。这些标准的基础是厂商独立的、与编程语言无关的系统事实交换协议——知识发现元模型。OMG 安全保证体系所使用的知识发现和共享方法是非常严格的，其中个体知识单元是机器可识别的事实。这些事实可以用易于阅读的、结构化英语表示的陈述来描述，并用高效的存储格式进行存储，或者用多种机器可识别的格式进行表示，如 XML。描述系统事实的、厂商独立的协议可以为安全保证建立并交换其他机器可识别的内容，如漏洞模式或者通用平台描述。OMG 厂商独立协议启用机器可识别的内容，这样可以被合适的私有工具解释，也可以独立于生产者和消费者进行开发和交换，因此可推进网络安全工业化的进程，并利用规模经济效益的优势。OMG 安全保证体系向基于事实的、可重复的、系统的、可支付的网络系统安全保证迈进了一步。

参考文献

Object Management Group. (2010). *Argumentation Metamodel (ARM)*.

ISO/IEC 19508 *Architecture Driven Modernization—Knowledge Discovery Metamodel*. (2009).

Object Management Group. (2006). *Knowledge Discovery Metamodel (KDM) 1.2*.

Object Management Group. (2010). *Software Assurance Evidence Metamodel (SAEM)*.

Object Management Group. (2009). *Semantics of Business Vocabularies and Rules (SBVR) 1.1*.

Object Management Group. *XML Model Interchange (XMI)*.

W3C. (2008). *Extensible Markup Language (XML) 1.0* (5th ed). W3C Recommendation.

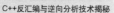